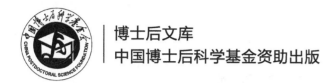

博士后文库

中国博士后科学基金资助出版

竹建筑的低碳设计

黄祖坚　著

U0303101

科　学　出　版　社

北　京

内 容 简 介

本书致力于建立清晰的碳排放评估框架及可操作性强的碳减排技术方案,指导竹建筑低碳设计,以提高竹资源利用价值,并减少竹建筑生命周期碳排放。全书分三篇,上篇"'建筑用竹'低碳潜力",综述全球竹资源、竹工业和竹建筑技术现状,以准确把握相关知识基础;中篇"竹建筑碳排放计算模型",解析竹建筑生命周期碳排放机制,开发碳排放计算模型,并为工程应用准备典型竹材碳排放计算基础参数;下篇"竹建筑低碳设计方法",结合我国产竹区实地室外气候条件和人员室内舒适需求,解析竹建筑系统、构造和材料的气候响应机制,并寻求适应性低碳设计方法。

本书适合对竹材建筑应用感兴趣的土木建筑学科的科研工作者、工程设计师和广大师生阅读参考。

图书在版编目(CIP)数据

竹建筑的低碳设计 / 黄祖坚著. —北京 : 科学出版社,2024. 6
(博士后文库)
ISBN 978-7-03-074741-9

Ⅰ. ①竹⋯　Ⅱ. ①黄⋯　Ⅲ. ①竹结构-建筑设计-节能设计-研究
Ⅳ. ①TU366.1

中国国家版本馆 CIP 数据核字(2023)第 016210 号

责任编辑:裴　育　周　炜　乔丽维 / 责任校对:任苗苗
责任印制:赵　博 / 封面设计:陈　敬

科学出版社 出版
北京东黄城根北街 16 号
邮政编码:100717
http://www.sciencep.com

涿州市般润文化传播有限公司印刷
科学出版社发行　各地新华书店经销
*

2024 年 6 月第 一 版　开本:720×1000 1/16
2025 年 1 月第二次印刷　印张:15 1/4
字数:307 000
定价:138.00 元
(如有印装质量问题,我社负责调换)

"博士后文库"序言

1985 年,在李政道先生的倡议和邓小平同志的亲自关怀下,我国建立了博士后制度,同时设立了博士后科学基金。30 多年来,在党和国家的高度重视下,在社会各方面的关心和支持下,博士后制度为我国培养了一大批青年高层次创新人才。在这一过程中,博士后科学基金发挥了不可替代的独特作用。

博士后科学基金是中国特色博士后制度的重要组成部分,专门用于资助博士后研究人员开展创新探索。博士后科学基金的资助,对正处于独立科研生涯起步阶段的博士后研究人员来说,适逢其时,有利于培养他们独立的科研人格、在选题方面的竞争意识以及负责的精神,是他们独立从事科研工作的"第一桶金"。尽管博士后科学基金资助金额不大,但对博士后青年创新人才的培养和激励作用不可估量。四两拨千斤,博士后科学基金有效地推动了博士后研究人员迅速成长为高水平的研究人才,"小基金发挥了大作用"。

在博士后科学基金的资助下,博士后研究人员的优秀学术成果不断涌现。2013 年,为提高博士后科学基金的资助效益,中国博士后科学基金会联合科学出版社开展了博士后优秀学术专著出版资助工作,通过专家评审遴选出优秀的博士后学术著作,收入"博士后文库",由博士后科学基金资助、科学出版社出版。我们希望,借此打造专属于博士后学术创新的旗舰图书品牌,激励博士后研究人员潜心科研,扎实治学,提升博士后优秀学术成果的社会影响力。

2015 年,国务院办公厅印发了《关于改革完善博士后制度的意见》(国办发〔2015〕87 号),将"实施自然科学、人文社会科学优秀博士后论著出版支持计划"作为"十三五"期间博士后工作的重要内容和提升博士后研究人员培养质量的重要手段,这更加凸显了出版资助工作的意义。我相信,我们提供的这个出版资助平台将对博士后研究人员激发创新智慧、凝聚创新力量发挥独特的作用,促使博士后研究人员的创新成果更好地服务于创新驱动发展战略和创新型国家的建设。

祝愿广大博士后研究人员在博士后科学基金的资助下早日成长为栋梁之才,为实现中华民族伟大复兴的中国梦做出更大的贡献。

中国博士后科学基金会理事长

前　言

竹子是颇具低碳潜力的建材资源,广泛分布于全球的中低纬度地区,在传统建筑中扮演了重要角色。20世纪70年代以来,大量工业竹材在亚太产竹国家得以开发并逐渐走向建筑市场。在当今新气候目标和低碳发展愿景下,工业竹材及其建筑应用的环境影响有待系统评估,新型竹建筑的低碳营建有待寻求科学的解决方案。现有可持续建筑理论由于更加注重广泛的适用性而往往舍去对问题特殊性的兼顾,这使其在实际应用中多停留在"思想"指导的层面,而非提供具体的"方法",尤其难以适用于缺乏基础研究的竹建筑活动。作者认为,低碳建筑需要揭示碳排放机制,进行碳排放计算,诊断碳排放热点,再制定减碳方案。

本书通过夯实相关基础性研究,为"建筑用竹"建立低碳设计方法,致力于研发清晰的竹建筑碳排放评估框架及可操作性强的碳减排技术方案,提高竹资源利用价值,减少竹建筑生命周期碳排放。为此,首先综述全球竹资源与竹工业概况,理清竹建筑应用的历史传统和技术现状,总结竹建筑活动的特殊性,揭示竹建筑的碳排放机制。基于此,在梳理国内外现有通用建筑碳排放计算方法的基础上,制定适合竹建筑在设计早期阶段进行全生命周期低碳性能评估的碳排放计算方法,并在模型框架内开展对材料基础参数的详实研究。最后,结合上述计算方法和基础参数,在我国南方产竹区9个代表城市开展低碳建筑设计研究。

本书分为上、中、下三篇,共八章:

第1章,竹资源与竹工业。综述全球竹林和竹种资源概况,以及我国的竹资源优势、机遇和挑战;剖析原竹材料形式与特点;重点介绍当今竹材工业化利用的技术现状及与建筑全生命周期相关的竹建材产品生产、竹材防腐及末端利用技术,梳理工业竹材产品体系及其建筑应用潜力。

第2章,竹建筑活动概览。结合全球产竹区建筑常用竹种的资源分布和特性解析,理清与原竹材料类型相对应的传统竹建筑活动历史、当今实践与技术局限。通过现代材料改性及建筑体系演进规律对新型竹构建筑体系发展的影响分析,评估工业竹材建筑应用的技术现状和发展潜力。

第3章,"建筑用竹"的低碳机制。基于全产业系统视角和建筑全生命周期视角,归纳低碳竹建筑活动的特殊性,以此促进对相应低碳评价指标的制定。在梳理林业、建材工业、建筑工业各环节碳排放相关知识基础上,总结出"建筑用竹"存在竹林生态系统碳汇、竹建材产品碳储存和竹材建筑应用产品替代三方面的减碳机制。

　　第4章,竹建筑碳排放计算模型(LCCO$_2$)。剖析竹建筑全生命周期各阶段产生的碳排放,将其归纳为以建筑实物为载体的隐含碳排放 C_{bm} 及以建筑空间为载体的直接和间接碳排放 C_{bo}。确立以建材消耗量和综合碳排放因子计算建材 C_{bm},以能源需求和能源碳排放因子计算建筑运行 C_{bo}。提出材料参数的生命周期统计阶段和统计边界方案,可适应不同的竹建筑应用场景,并在建筑设计早期阶段,通过建材用量和建筑能耗模拟,快速计算竹建筑全生命周期总碳排放。

　　第5章,竹材碳排放基础参数。在 LCCO$_2$ 模型框架内,开展竹材材料参数的基础研究,包括典型竹材综合碳排放因子和物理性质两方面。首先收集既有研究中各类竹材产品碳排放相关原始数据,在对比和批判性分析原始数据的基础上,进行统计阶段和边界要素的归一,结合更新的基础能源、物料参数,生成可支持竹建筑 C_{bm} 计算的典型竹材综合碳排放因子。开展竹材物理性质测试,获得典型竹材基本物理性质、湿物理性质和热物理性质基础参数,可支持竹建筑 C_{bo} 模拟。

　　第6章,竹建筑碳排放的气候响应。竹建筑的 C_{bo} 模拟与气候适应性低碳设计需要基于当地准确的气象数据。为此,基于我国南方地区9座代表城市气象站记录的当地逐时气象源数据,开发可支持竹建筑热湿过程耦合模拟的测试参考年气象数据并进行代表性评估和检验。通过测试参考年气象要素偏移和平行对比模拟,解析当地空气温度、相对湿度、太阳辐射、风等气象要素对竹建筑 C_{bo} 的影响权重,为气候适应性竹建筑低碳设计提供依据。

　　第7章,气候适应性竹建筑系统与构造低碳优化。在竹建筑气候响应机制的基础上,以我国夏热冬暖地区的代表城市广州作为外部条件,开展低碳导向的竹建筑系统、构造与材料参数优化。通过多模型平行对比模拟和单因子影响分析,解析竹建筑 HVAC 工况设置、外围护结构构造类型选择、构造层材料设置、核心腔体布置等设计方案,总结竹建筑总碳排放 C_{sum} 及 C_{bm} 和 C_{bo} 分项的影响规律。据此,提出气候适应性竹建筑系统与构造低碳优化方法。

　　第8章,“以竹代木”的低碳前景评估。结合我国“以竹代木”的需求背景,梳理相关竹木森林碳汇潜力,以及竹木材料在微观结构、化学组成、力学、热湿物理性质方面的研究进展。在我国南方产竹区代表城市,开展与木材单元在材料、构造乃至建筑系统性能层面的平行对比,论证当地“以竹代木”的可行性,呈现优势竹材品种并提出面向实践的技术建议。

　　本书是对作者在华南理工大学和清华大学从事博士后研究工作的系统性总结。首先感谢博士生阶段中德两位导师孙一民教授和 Florian Musso 教授,两位先生将作者领入可持续建筑材料及其建筑技术的研究领域,并在作者博士毕业后继续给予倾力指导。孙一民教授也是作者第一站博士后的合作导师。第一站期间,作者前往德国弗劳恩霍夫建筑物理研究所(Fraunhofer IBP)访学,特别感谢合作导师 Hartwig Künzel 教授提供的工作条件和技术指导。撰写本书时,作者在清华大学进行第二站博士后研究,特别感谢合作导师林波荣教授,指导作者开展低碳建材与建筑设计研究,探索本学科落实国家"双碳"目标任务的政策路径与技术策略。

博士后期间,作者受中国博士后科学基金特别资助(2020T130209)、面上资助(2018M640782、2022M711815)和国际交流计划学术交流项目资助,获得国家自然科学基金面上项目(52278020)和青年科学基金项目(51908219)、广东省自然科学基金面上项目(2019A1515012124)、广州市科技计划基础与应用基础研究项目(202201010295)、中央高校基本科研业务费项目(2018MS51)的资助,还受中国科学技术协会优秀中外青年交流计划项目资助,前往德国 Fraunhofer IBP 访学。以上多项资助让作者得以自主、系统地开展"建筑用竹"相关的可持续评价模型、工程应用基础参数、气候适应性设计方法和应用案例等系列主题研究,在相关领域取得一定进展。本书入选"博士后文库",受中国博士后科学基金"优秀学术专著出版资助",特此鸣谢。

本书为读者呈现了丰富的图表和数据,相信可以为低碳竹建筑相关的科学研究和工程应用提供一定参考。但作者也深知,要形成完善的低碳理论体系尚需大量基础研究和实践验证,本书提出的相关方法也需要基于可靠的基础参数,并通过实证工作进行检验、反馈和优化。作者仍将继续不断结合新的科研项目,开展竹木乃至更多可再生建筑材料的工程应用研究工作,持续地完善这一知识系统。希望本书能在该领域抛砖引玉,给出初步轮廓,引起学界讨论。由于作者水平有限,书中不足之处在所难免,恳请广大读者批评指正。

黄祖坚

2022 年 8 月于清华园

目　录

上篇　"建筑用竹"低碳潜力

中篇　竹建筑碳排放计算模型

下篇　竹建筑低碳设计方法

上 篇
"建筑用竹"低碳潜力

第1章 竹资源与竹工业

1.1 竹 资 源

1.1.1 全球竹林资源概况

竹子被称为"第二森林"资源,广泛分布于热带、亚热带和温带地区。全球竹林面积约为 3700 万 hm^2,被归为亚太竹区、美洲竹区和非洲竹区,三大竹区占比分别为 67%、30% 和 3%。欧洲无本土竹种[1]。(图 1.1、表 1.1)

图 1.1 毛竹山林和植株照片

资料来源:拍摄于浙江安吉,2018

表 1.1 世界竹林主要分布

地区	种属	分布
亚太	50 多属,1100 多种	中国、日本、韩国、印度、孟加拉国、尼泊尔、不丹、斯里兰卡、越南、马来西亚、菲律宾、印度尼西亚、缅甸、老挝、泰国、柬埔寨、东帝汶
美洲	18 属,560 多种	巴西、哥伦比亚、厄瓜多尔、秘鲁、智利、阿根廷、苏里南、委内瑞拉、哥斯达黎加、巴拿马、洪都拉斯、尼加拉瓜、危地马拉、古巴、牙买加、墨西哥

续表

地区	种属	分布
非洲	数十种	埃塞俄比亚、肯尼亚、坦桑尼亚、乌干达、厄立特里亚、布隆迪、卢旺达、尼日利亚、加纳、塞内加尔、贝宁、利比里亚、塞拉利昂、多哥、喀麦隆、刚果（金）、中非、马达加斯加、南非、莫桑比克、马拉维
欧洲	无本土竹种	英国、法国、德国、意大利、比利时、荷兰等欧洲国家从亚洲、非洲、拉丁美洲国家引种

1. 亚太竹区

亚太竹区包含东亚、东南亚、南亚及西太平洋诸岛的中、低纬度地区。南、北、东和西边界大概分别在 42°S 的新西兰、51°N 的库页岛中部、太平洋诸岛和印度洋西南部。根据国际竹藤组织（International Bamboo and Rattan Organization，INBAR）的数据，在全球已确认的 1642 种竹种中，亚洲竹种占比约 70%。其中，商用竹种占比超过 70%，包括中国的毛竹、麻竹、绿竹、早竹、淡竹、桂竹，越南的小叶龙竹、巴苦竹、粉单竹，马来西亚的簕竹、马来甜龙竹等。东亚竹产业发展较为充分，其中以中国为主导；东南亚竹产业以越南为代表，正在快速发展；南亚虽拥有大量竹林，但竹产业尚欠发达[2]。（表 1.2）

表 1.2　亚太竹区竹林主要分布

地区	国家	竹林面积/万 hm²	竹类资源	
			属	种
东亚	中国	641.16	39	870（其中栽培用经济竹种 50 多种）
	日本	14.13	13	230
	韩国	2.21	5	19
南亚	印度	548	23	136
	孟加拉国	49	9	33
	尼泊尔	6	12	53
	斯里兰卡	74.2	19	10
东南亚	越南	153.3	20	216
	马来西亚	500	10	70
	菲律宾	18.8	—	62
	印度尼西亚	210	25	160

续表

地区	国家	竹林面积/万 hm²	竹类资源	
			属	种
东南亚	缅甸	85.9	21	102
	老挝	224	15	86
	泰国	26	17	72
	柬埔寨	13	4	—

注:除表中所列国家外,亚太竹区还包含不丹和东帝汶,但缺乏竹林和竹类资源数据。

资料来源:FAO. Global forest resources assessment 2010 (FRA 2010)—Country Report [R]. Roma: Food and Agriculture Organization of the United Nations (FAO), 2010.

Li Z Y, Long T T, Li N, et al. Main bamboo species and their utilization in Asia countries [J]. World Bamboo and Rattan, 2020, (4):1-7.

2. 美洲竹区

美洲竹区通常指拉丁美洲和加勒比地区,主要分布在南纬 47°至北纬 27°,主要产竹国家包括巴西、哥伦比亚、秘鲁、厄瓜多尔、墨西哥等,拥有 560 多种竹种,其中商用价值最高的是瓜多竹。与亚洲竹区相比,美洲竹区产业现代化发展较慢,规模和效益均相对有限[3]。（表 1.3）

表 1.3　美洲竹区竹林主要分布

地区	国家	竹林面积/万 hm²	竹类资源	
			属	种
南美地区	巴西	930	20	256
	哥伦比亚	4.0	18	105
	秘鲁	400(竹木混交林)	—	65
	智利	90	—	14
中美洲	哥斯达黎加	0.076	8	39
加勒比地区	古巴	0.49	14	41
	牙买加	6.44(竹木混交林)	—	10
北美地区	墨西哥	1.2	8	37

注:除表中所列国家外,美洲竹区还包含厄瓜多尔、阿根廷、苏里南、委内瑞拉、巴拿马、洪都拉斯、尼加拉瓜和危地马拉,但缺乏竹林和竹类资源数据。

资料来源:FAO. Global forest resources assessment 2010(FRA 2010)—Country Report [R]. Roma: Food and Agriculture Organization of the United Nations (FAO), 2010.

李智勇, Jácome P, Long T T,等. 拉丁美洲和加勒比地区主要竹种资源与利用[J]. 世界竹藤通讯, 2020,18(3):7-12.

3. 非洲竹区

非洲地区竹林面积缺乏权威统计,据联合国粮食及农业组织(Food and Agriculture Organization of the United Nations,FAO)2010 年数据,非洲竹林面积约为 363 万 hm²;而根据 INBAR 2019 年数据,该值达到 600 万 hm²(不含刚果(金))。主要包含东部非洲 7 国、西部非洲 7 国、中部非洲 3 国和南部非洲 4 国。当前,非洲竹资源现代化加工水平较低,以传统加工利用方式为主[4]。(表 1.4)

表 1.4　非洲竹区竹林主要分布

地区	国家	竹林面积/万 hm²	竹类资源	
			属	种
东部非洲	埃塞俄比亚	147	—	40
	肯尼亚	14	—	40
	坦桑尼亚	13(2013 年)	—	4
	乌干达	5.5	—	13
西部非洲	尼日利亚	159(FAO,2010 年)	—	
	加纳	20	—	22
	塞内加尔	66	—	2
中部非洲	喀麦隆	122(2019 年)	—	8
南部非洲	马达加斯加	112	—	33
	莫桑比克	50	—	8

注:除表中所列国家外,非洲竹区还包含厄立特里亚、布隆迪、卢旺达、贝宁、利比里亚、塞拉利昂、多哥、刚果(金)、中非、南非和马拉维,但缺乏竹林和竹类资源数据。

资料来源:FAO. Global forest resources assessment 2010 (FRA 2010)—Country Report [R]. Roma: Food and Agriculture Organization of the United Nations (FAO), 2010.

李智勇, Bekele W, Thang T, 等. 非洲主要国家竹种资源与利用[J]. 世界竹藤通讯,2020,18(5):1-9.

1.1.2　全球竹种资源概况

1. 竹种分类

植物体系中包含两大类型,即草本植物和木本植物,木本植物被进一步分为裸子植物(gymnosperms)和被子植物(angiosperms)。裸子植物包括针叶木或称"软木",具有针状叶子,除少数物种外,几乎全年不落叶。被子植物被进一步分为双子叶植物（dicotyledons）和单子叶植物（monocotyledons），双子叶植物包括具有宽阔叶子的"硬木"，通常在秋季或者冬季落叶。单子叶植物中，最重要的成员则为木本竹和棕榈。（图 1.2）

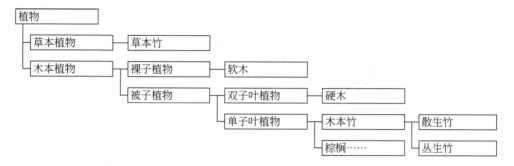

图 1.2　植物学分类中的竹子

从竹子自身角度分类，竹子归属于禾本科中的竹亚科（Bambusoideae），竹亚科又分为草本竹（herbaceous bamboo）和木本竹（woody bamboo）两个大类，前者通常具有小径、柔软的竹秆；后者通常具有木质、一般为空心、被隔膜分隔的竹秆。已知的竹种大概有 1642 种，其中仅有少数竹种具有较大秆径和较长竹秆[1]。

木材通常被分为软木和硬木两组，前者生长在温带和寒带地区，后者生长在温带和热带地区，两种木材在树干和树叶的解剖学上存在不同之处。在对木本竹种进行分类时，同样有几组相对概念：

散生竹（scattered bamboo）—丛生竹（clumping bamboo）；

单轴根茎（monopodial rhizome）—合轴根茎（sympodial rhizome）；

长颈薄型根茎（leptomorph rhizome）—短颈厚型根茎（pachymorph rhizome）；

温带竹（temperate bamboo）—热带竹（tropical bamboo）。

其中，散生竹对应单轴与长颈薄型根茎，通常生长在温带区域；丛生竹对应合轴和短颈厚型根茎，通常生长在热带地区。①②（图 1.3）

———————————

①　散生竹和丛生竹在竹秆形态、解剖结构和生长过程有共同之处。但染色体数量上有差别，其中散生竹染色体 $2n=48$，丛生竹染色体 $2n=72$。具有较少染色体通常被认为是进化型的，而具有较多染色体为原始型的[1]。

②　1879 年，Rivieres 首次明确竹根茎的两种基本形式，采用术语 caespitose 或 clumping 代表 pachymorph，以及 tracant 或 running 代表 leptomorph。1925 年，McClure 在中国时引入 monopodial 和 sympodial，再往后在华盛顿的 Smithsonian 学会时，他发展出 leptomorph 和 paquimorph。如今 leptomorph 和 paquimorph 主要在美洲的植物学家和分类学家中被用来指代亚洲的 monopodial 和 sympodial[1]。

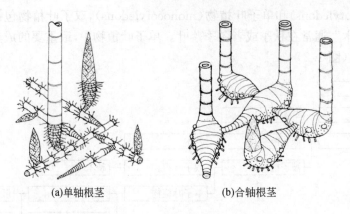

　　(a)单轴根茎　　　　　　　　　　　　(b)合轴根茎

图1.3　竹子根茎分类[1]

2. 热带竹与温带竹

　　根据 INBAR 发布的统计报告,2016 年,全球拥有竹类植物 1642 种,分布在 127 个属。其中,草本竹约 22 属,木本竹约 105 属。木本竹可分为热带木本竹和温带木本竹,前者约 74 属,后者约 31 属[5]。

　　(1)热带竹分布。亚太、美洲和非洲地区均分布有热带竹种,这类竹不能抗霜冻,无法生长在高纬度和高海拔地区。代表竹种有美洲的瓜多竹属(*Guadua*)、亚洲的牡竹属(*Dendrocalamus*)和簕竹属(*Bambusa*)。

　　(2)温带竹分布。温带竹主要分布在亚洲的中国、日本和韩国,这类竹具有相对较强的抗霜冻能力,可经受寒冷的冬季,还可生长在高海拔地区。代表竹种有青篱竹属(*Arundinaria*)和刚竹属(*Phyllostachys*),后者包括我国的毛竹(Moso,学名 *Phyllostachys heterocycla*(Carr.)Mitford cv. *pubescens*)。在美洲只有三种属于青篱竹属的原生亚种,生长在北纬 46°以下的美国东南部[1]。

3. 优势竹种

　　INBAR 根据竹种利用价值、种植情况、产品及加工、种质及遗传资源、农业生态 5 项指标,筛选出 20 项优势竹种。其中,除毛竹是分布在温带地区的散生竹种外,其余为主要分布在亚洲和美洲的热带和亚热带地区的丛生竹种,包括刺竹属 7 种、牡竹属 4 种、巨竹属(*Gigantochloa*)3 种,以及空竹属(*Cephalostachyum*)、瓜多竹属(*Guadua*)、梨竹属(*Melocanna*)、群蕊竹属(*Ochlandra*)、泰竹属(*Thyrsostachys*)的 5 个竹种。总体上,东亚的毛竹(*Phyllostachys edulis*)和南美洲的瓜多竹(*Guadua angustifolia*)是表现最为突出的两个竹种[6]。

1.1.3 我国竹资源的特点

1. 资源分布

我国的丛生竹以刺竹属、牡竹属等为代表,主要分布在亚热带南部和热带北部。散生竹以刚竹属、大节竹属(Indosasa)等为代表,主要分布在中亚热带和北亚热带。我国植被分类中,竹子属于阔叶植被组,分为温带竹林、暖温带竹林和热带竹林。竹区被分为五大区、六小分区[7]:

Ⅰ北方散射竹区。范围包括四川北部、甘肃东南部、山西和山东南部、河北西南部、河南、湖北。拥有竹种 10 属约 29 种,主要竹种为散生竹,如刺竹和刚竹属。进一步地,可分为三个自然分布区:淮河和汉水上游的北亚热带温暖湿润区,黄河中下游温暖半湿润区,以及山西、甘肃和宁夏交界处的温带半干旱区。

Ⅱ长江以南混杂竹区。范围包括湖南、江西、四川、浙江东南部和福建西北部,25°N~30°N,拥有散生竹种(如刚竹、箬竹属(Indocalamus)和大明竹属(Pleioblastus))和丛生竹种(如麻竹亚属(Sinocalamus)和刺竹属),是毛竹的分布中心。该区人工林大,竹产业发达。

Ⅲ西南高山竹区。位于横断山脉附近,范围包括西藏东南部、云南西北和东北部、四川西南和南部,海拔 1500~3800m 甚至更高。拥有丛生竹,如箭竹属(Fargesia)和玉山竹属(Yushania),偶尔有其他属,如箬竹属、香竹属(Chimonocalamus)和寒竹属(Chimonobambusa)。

Ⅳ南方丛生竹区,分为华南和西南分区。

Ⅳ-a 华南分区。位于南亚热带季风常绿阔叶林带和热带季节性雨林带之间,范围包括广东南部至南岭山脉的一部分、福建沿海地区和台湾。拥有丛生竹刺竹属和思劳竹属(Schizostachyum),是多种刺竹的分布中心,还有一些混合根茎类型的竹属,如唐竹属(Sinobambusa)。

Ⅳ-b 西南分区。范围包括广西西部、贵州南部和云南大部地区。拥有丛生竹牡竹属、巨竹属、空竹属和泰竹属,是牡竹属的分布中心。

Ⅴ云南、海南攀竹区。范围包括海南岛中南部、云南南部和西部边界地区、西藏南部边界地区。拥有丛生和攀爬竹属,如梨藤竹属(Melocalamus)、藤竹属(Dinochloa)、思劳竹属和一些刺竹属。

而在垂直分布上,一般地,丛生竹主导低海拔地区,如刺竹属、牡竹属、思劳竹属,以及一些攀爬竹和落叶竹。高海拔地区主要是藏箭竹属(Borinda)、箭竹属、玉山竹属、筱竹属(Thamnocalamus)。寒竹属及其亚属筇竹属(Qiongzhuea)主要分布在中海拔地区。

2. 资源优势

1) 拥有主要的温带优势竹种

根据薛纪如的研究,我国竹林资源丰富,分布在上述五大竹区,拥有毛竹、龙竹 (*Dendrocalamus giganteus*)和青皮竹(*Bambusa textilis*)等优势竹种。其中,温带竹毛竹是我国工业用竹的主要品种,也是全球范围内少有的散生单轴优势竹种,约有 70 种已被公认的细分物种。我国拥有的毛竹占全球总量 90% 以上。毛竹适合作为多种人造板的原料,并可产出竹笋、竹纤维、竹炭和竹醋液等系列产品,工业利用价值高[8]。

毛竹通常位于年均气温 16~20℃、降雨量 1000~2000mm、气候湿润、相对湿度超过 80% 的亚热带地区,适合于酸性、中性紫色、黄色和带红色的黄色土壤,生长在长江流域及其他南方省份,范围从台湾向西到云南,广东和广西向北到江苏北部、安徽乃至河南南部。土壤须具有良好的排水性,能适应山地、丘陵和平原等各类地形。一般地,毛竹林竹株密度为 1500~4200 秆/hm^2,平均约 3000 秆/hm^2。竹株平均直径为 11.6cm,最大可达 20cm,平均高度 18m,最大可达 22.5m。单秆重量平均为 35kg。地上生物量 50.85~233.46t/hm^2,其中 70%~75% 包含在竹秆中[7]。

2) 林业规模大,集约经营

20 世纪 50 年代末、60 年代初,森林生态学家、竹类专家熊文愈开始对以毛竹为代表的竹林扩大、丰产和经营开展研究,使竹林及相关产业逐步走向现代化。在 70 年代,经过充分的论证,中国启动"南竹北移"工程,将毛竹竹笋引入山东、河北、河南和秦岭北部。我国拥有的竹林面积约占世界总量的 1/4,产竹量占比超过 1/3,竹材人造板产量占比在 85% 以上。2014~2018 年,我国完成第九次全国森林资源清查。结果显示,我国竹林面积共 641.16 万 hm^2,其中毛竹林 467.78 万 hm^2,占 72.96%。拥有毛竹 141.25 亿株,胸径 7cm 以下、7~11cm、11cm 以上的分别占 16.68%、61.92%、21.40%。

2008 年,中共中央印发〔2008〕10 号文《中共中央 国务院关于全面推进集体林权制度改革的意见》,集体林区全面实行林地承包经营体制改革。此外,中国配给了竹子造林补贴,目的在于提高竹业工作者的收入,促进竹产业发展。这在一定程度上调动了竹农经营竹林的积极性。在"中国十大竹乡"的永安,竹林面积 102 万亩①,占森林面积的 29.6%,人均 6.7 亩,拥有乡土竹种 15 属、76 种。2021 年,永安竹拥有林竹加工企业 206 家,产业产值 95.5 亿元。

---

① 1 亩≈666.7 平方米。

3）工业化利用程度高，产品体系丰富

20 世纪 80 年代，木材加工与人造板工艺学专家张齐生院士及其团队在竹材加工领域的研究工作取得进展，先后成功开发出竹材胶合板、竹材碎料板、竹材复合层积材等系列产品，竹材工业逐渐走向与现代材料技术结合、工业化利用的轨道。目前我国开发有原竹、竹材人造板、竹纤维、竹炭、竹醋液等完善的"全竹利用"系列产品，并拥有核心专利，工业化利用水平、机械化程度、产品种类和生产规模均占领先地位。

目前我国竹产业已形成 100 多个系列、近万种产品，应用在建筑、家具、包装、造纸、食品、纺织、化工等领域。对于人造板工业，我国拥有多种适合作为竹材人造板原料的竹种。例如，毛竹是得到最为充分研究和开发的温带竹，经济价值高，可作为各类人造板的原料；龙竹是巨型丛生竹，高度可达 30m，胸径可达 30cm，在云南热带地区种植最广，纤维较粗，可加工成竹地板；中华大节竹（*Indosasa sinica*）是主要分布在西南地区的中大型竹种，高度 16～22m，胸径 8～14cm，可作为建筑材料；沙罗单竹（*Schizostachyum funghomii*）分布在华南到西南一带，胸径 8～10cm，节间 60～120cm；箭竹（*Fargesia* spp.）是西南高海拔地区的优势竹种，可用于制作刨花板[7]。

4）承担生态安全、森林保护等多种功能

研究表明，每公顷竹林地下根茎可长达 100km，生长到 60cm 的深度，并可以存活长达 1 个世纪，因此蓄水、固土能力优异。我国的温带竹种具有较强的抗寒能力，可在高海拔及陡峭的坡地生存，可在上游河流两岸涵养水源、固定土壤[8]。再加上其快速生长的特性，使得竹林可以在地上生物量遭受破坏（如火灾）后快速恢复。根据经验，集约经营的竹林每年可采伐竹株占总量的 1/6～1/3，持续的采伐可使竹林保持高效生长。FAO 和 INBAR 的研究报告显示，在印度，有一块土地由于密集制砖导致严重退化，经过种植竹子，20 年后地下水位上升了 10m。在尼泊尔，种植竹子被证明可以有效地减少土壤侵蚀和洪水破坏[9]。

我国也有类似案例，20 世纪 80 年代，在浙江省安吉县，农民大量开垦荒山和荒地，种植板栗和茶叶，与国内其他地方类似，不可持续的种植和耕作方式加剧了土地退化、土壤侵蚀，污染了水，并削弱土壤的保水能力，导致当地雨季（5/6 月和 8/9 月）水土流失、滑坡和泥石流等灾害频发。2008 年起，安吉县开展土地修复计划项目，其中发展竹林被作为关键措施，先后将 1800hm² 核桃林和 537hm² 针叶林转化为阔叶林和竹林，采用的竹种主要包括毛竹、红哺鸡竹（*Phyllostachys iridescens*）、紫竹（*Phyllostachys nigra*）。至 2010 年，安吉县土壤流失量为 56.1 万吨，比 1999 年下降了 49.2%。

我国人均用地面积少，耕地面积缺乏，使得竹林种植不能与粮食生产相竞争。山地、陡坡、贫瘠、退化等不宜耕作的土地可用于发展竹林。我国木材森林资源不足，1984 年《中华人民共和国森林法》颁布后，保护森林资源成为国家政策，在此影响下的建材行业更缺乏国产木材。2021 年,我国木材产品市场总消费量约 5.0 亿 m^3,2014 年以来,对外依存度常年维持在 50% 以上,是世界上最大的木材进口国。速生丰产的竹资源的高效利用和"以竹代木",被视为缓解木材短缺、保护森林资源的有效策略之一。

3. 机遇与挑战

我国木材缺口大,亟待寻找和研发木材替代品,竹材是最为理想的可能性之一。竹子成材需要 3～5 年,远远快于软木和硬木,也明显快于成材期 10～15 年的一般速生树种。中国年产竹 31.45 亿根(2019 年),相当于 4600 多万 m^3,且持续增长,这将有潜力显著弥补木材缺口。20 世纪 70 年代,我国提出"以竹代木",80 年代以来,陆续成功开发出各类工业竹材。21 世纪,开始明确以政策促进竹建筑及相关产业的发展。2015 年 8 月,工信部和住建部联合发布《促进绿色建材生产和应用行动方案》,鼓励在竹资源丰富地区,开展竹制建材和竹结构建筑。2021 年 10 月,国发〔2021〕23 号《2030 年前碳达峰行动方案》提到要加强木竹建材等低碳建材产品研发应用、推广绿色低碳建材和绿色建造方式。

在"双碳"目标驱动下,我国植物基建筑材料产品工业化开发与应用具有广阔前景。推行"绿色建筑"、"绿色建材"、"新农村建设",给竹产业及竹建筑的发展带来机遇,同时也应看到与之并行的挑战。就整个产业链而言,涉及竹种资源培育和管理、竹材加工和利用、竹建筑设计和施工等,相关专业人才有待培育和提高。

我国大量竹子生长在山区,尚未有成熟的机械和技术进行机械化、规模化采伐,基本依赖人工操作。随着劳动力成本上升,将形成价格上的竞争劣势。生产过程仍需投入大量人工,属于劳动力密集型产业,加工过程的运输、圆竹截断、分片、剖篾、编帘、疏解等工序中都需要相关人员对机械进行操作,单元干燥、施胶、铺装、热压、成型等步骤也都需要人员参与。与国际木材工业技术相比,我国竹材加工和利用的自动化、连续化程度不足,而且精细化、订制化加工能力不足,导致产品附加值不高,且产品同质化严重,应用领域窄,主要集中在竹地板等大宗产品领域。此外,竹材耐久性、防火性仍是制约因素。

毛竹林生物量、营养元素分布分别是表征毛竹群落结构与功能、系统生产力和持久性的主要参数。针对福建北部地区毛竹纯林、竹阔混交林和竹针混交林的营养元素分布格局及生物循环特性进行的对比研究表明,混交林的养分归还能力高于毛竹纯林。集约经营会导致土壤总有机碳、水溶性有机碳、微生物生物量碳和可矿化碳明显降低,而且重复使用的化肥本身就属于温室气体来源。单一的人工林会导致森林生物多样性下降,并削弱其生态系统服务功能。大规模人工造林还可能影响水资源,损失大量溪流,并加重土壤盐碱化和酸化。因此,避免为实现短期经济效益而过度开发,导致竹林长期生产力和生态服务功能下降,以及生物多样性的丧失,是从全产业链角度实现可持续性发展所要应对的挑战。

1.2　原　　竹

1. 竹秆

竹子由根茎、竹秆、竹枝和竹叶构成,竹秆为材料利用的主要部位[①],此部位对应木材的树干。不同竹种的竹秆尺寸不一,从长度 0.1～0.3m、秆径 0.2～0.3cm 到长度 30～35m,秆径 25～35cm 不等。即使对于同一竹种,受气候、地形、土壤、海拔、竹秆年龄、竹秆部位等因素影响,无法统一取值。(表 1.5)

表 1.5　竹秆构成

图示	描述	一般尺寸
a 空腔(cavity)	由竹壁围合的腔体	—
b 隔膜(diaphragm)	水平的扁瓣体,将腔体分隔开	很薄
c 竹节(node)	在竹壁外围,对应隔膜位置	3～10mm
d 竹枝(branch)	仅在竹节处出现	—
e 节间(internode)	两竹节间部位	15～50cm
f 竹壁(wall)	环绕的纤维束,将空腔和外部分开	10～25mm

资料来源:Janssen J J A. Building with Bamboo: A Handbook [M]. London: Intermediate Technology Publications, 1988.

2. 节间

节间是竹秆的主要构成,由几乎完全纵向平行排列的纤维束组成(图 1.4(a))。从横截面上看,可根据竹秆相对壁厚分为四种类型(图 1.4(b)),图中所示为相对的壁厚。类型 1 和 2 较为常见,涵盖主要的大型竹种;类型 3 和 4 较为少有,存在于一些小径竹种,因此即使是实心,其实际厚度也不大。

横截面形态一定程度上影响着竹材的利用方式,如瓜多竹和巨龙竹等,属于类型 2,具有较大的秆径和壁厚,力学强度高,可以圆竹方式直接作为承重杆件。而

---

① 部分学者认为埋在地下的根茎(rhizome)是竹茎(stem)的主要部分,而长出地面的竹秆(culm)仅为其分支(branch),本书研究对象是作为主要的材料利用部位的竹秆。

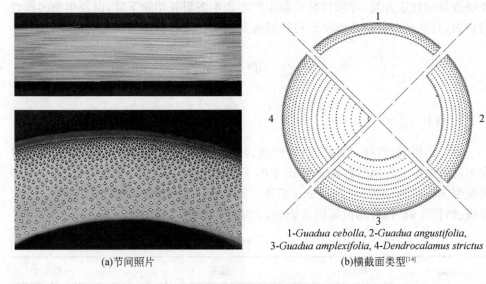

(a)节间照片　　　　　　　　　　　　　　(b)横截面类型[14]

1-*Guadua cebolla*, 2-*Guadua angustifolia*,
3-*Guadua amplexifolia*, 4-*Dendrocalamus strictus*

图 1.4　节间照片和横截面类型

资料来源：(a)de Vos V. Bamboo for exterior joinery：A research in material and market perspectives [D].
Wageningen：Van Hall Larenstein University of Applied Sciences，2010.

毛竹壁厚一般仅有 8～10mm，形态分布上偏于类型 1，通常被加工为各类人造板使用，现有技术已可将其进行整竹展平，获得无胶板材。

3. 竹节

竹节是形态和节间生长活动的核心部位，竹子仅在此处生长出竹根和竹枝。竹节也是竹秆生长早期阶段水分和营养横向传输的唯一通道，因此在微观结构上，竹节中有少量径向发展的纤维。竹节对于竹秆的物理性质、力学强度、干燥过程和防腐剂的施用效果具有重要影响。（图 1.5）

4. 圆竹及其分解形式

原竹以圆竹及其分解形式指代。竹秆是竹材利用的主要部位，整竹使用时称为竹筒。对竹筒进行分解处理，可以得到竹片、竹篾、竹纤维、竹刨花等单元。竹篾经过编织，可以形成竹席、竹帘等板材或卷材形式。（表 1.6）

 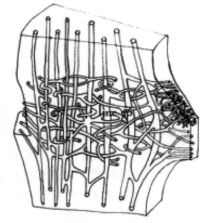

(a)竹节照片(上-毛竹，下-瓜多竹)   (b)竹节微观结构

图 1.5 竹节照片和微观结构

资料来源：(a)de Vos V. Bamboo for exterior joinery：A research in material and market perspectives [D].
Wageningen：Van Hall Larenstein University of Applied Sciences，2010.

(b) Liese W. Bamboos-biology，silvics，properties，utilization [R]. Eschborn：Deutsche Gesellschaft für Technische Zusammenarbeit (GTZ)，1985.

表 1.6 圆竹及其分解形式[10]

类型	长度/mm	宽度/mm	厚度/mm
竹筒(culm)	灵活	10~250(竹筒直径)	5~30(竹壁厚度)
半竹筒(half-split culm)	灵活	10~250(竹筒直径)	5~30(竹壁厚度)
竹片(split)	2000~4000	15~30	10~30
竹条(strip)	500~3000	10~30	3~10
竹束片(flattened bamboo)	2500	30	<15
竹篾(sliver)	灵活	5~30	0.5~3.5
竹纤维(fiber)	1.5	0.015~0.020	0.015~0.020
竹束(fiber bundles)	灵活	10~20	1~10
竹刨花(particle)	1~20	1~5	1~5
竹窄长薄平刨花(strand)	100~180	10~50	0.5~1
竹削片(chip)	30~50	10~30	1~3
竹席(woven mat)	灵活	灵活	3~10
竹帘(curtain)	灵活	灵活	3~5
竹单板(veneer)	灵活	灵活	0.6~1.0

1.3　竹材工业化利用

1.3.1　"全竹利用"理念

根据经验,一个国家或地区的竹产业在初级发展阶段经常存在资源利用效率低的问题。产业体系未完善,产品生产单一,是导致原料利用率低的原因。例如,只生产竹地板时,原竹利用率小于 25%,而单独生产竹签的原竹利用率则不足10%。"全竹利用"有利于将竹株的生物量充分利用。例如,一根竹秆的中部可以用于制作竹重组材和竹缠绕复合材,中下部可以制作竹集成材,中上部可以用于生产竹篾,进而制作竹帘、竹席乃至由竹帘、竹席胶合而成的胶合板。竹秆的加工剩余物,可加工成竹纤维板、竹炭、竹浆、竹燃料等,其中竹燃料在形式上可以是生物质燃料颗粒。竹基部可加工成竹炭,这一过程中还可产生竹醋液作为副产品。竹枝可提取竹纤维进而生产纺织品。竹叶可提取用于制作饮料和药物的黄酮等化学成分。(表 1.7)

表 1.7　竹株各部位利用方式

部位	利用方式
竹叶	肥料、饲料、颜料、药品、果汁、饮料提取物
竹枝	竹扫帚
竹梢	竹签、竹棒、竹竿、脚手架
竹秆中上部	竹帘、竹席、竹编织品、竹工艺品
竹秆中下部	竹集成材家居、竹集成材地板
竹基部(竹浦头)	竹炭
竹笋	食用竹笋
竹鞘	笋壳工艺品
竹根茎	竹鞭工艺品

通过"全竹利用",整合区域竹资源,可提高竹原料利用率,同时增加产品附加值,以利于市场推广。福建省拥有约 100 万 hm^2 竹林,其中大部分为毛竹。在产竹区三明和建瓯,有许多工厂聚集在几公里范围内,共享竹林资源并形成分工。例如,竹笋公司专门在春季采集食用笋;不同类型的竹材和竹产品加工工厂分享采伐的竹秆,用于生产竹家具、安全帽、竹地板等各类产品。竹林中较为老化、不适合作为以上产品原料的部分竹秆被以更低的价格出售给其他工厂,用于提取木质素,可作为陶瓷和染料的分散剂和增强剂,剩余的纤维素用于生产纸

浆。以上行业的加工余料,如竹材锯末,也被开发为增值产品。例如,某活性炭公司将收购的余料加工为 30 多种不同的竹炭产品,可应用于居室除臭、饮用水净化等领域。根据 2019 年的调研数据,该公司每月处理这类老化竹秆多达约 100 万吨,且竹炭生产最后剩余的竹废料被用于与农作物残渣结合,转化为燃料颗粒,继续为生产提供能源[11]。

"全竹利用"理念在我国被提出,得到了较好实践。20 世纪 80 年代以来,我国成功开发出竹材人造板、竹笋、竹纤维、竹炭等系列产品。目前,我国竹产业生产体系丰富,产品涉及 10 大类、近万个品种。王衍在 2012 年以国家知识产权局中国专利数据库为数据源,分析 1985～2011 年我国竹产业领域相关专利文献,分析结果表明,我国竹产业经历了 1989～1993 年和 1998～2006 年两个发展阶段,并在 2007～2010 年进入成熟期,2011 年后进入新一轮技术开发阶段,竹产业从传统的食品、工艺品和家具用品逐渐向化工制药和竹材人造板等高技术领域发展[12]。

1.3.2　竹材人造板生产技术

作为禾本科植物,竹子生长快速,相同时间内可以比大多数速生木种积累更多的生物量,因此在原材料再生阶段存在速度优势。竹材以标准化人造板材或方材的形式,在建筑和其他如家具、包装、运输等领域被视为木材的理想替代品。据文献记载,20 世纪 40 年代,世界上就有竹材人造板的生产记录,但直到 80 年代,竹材人造板研发工作才真正取得突破性进展。得益于木材工业技术被借鉴于竹材的工业化利用研究,先后开发出竹胶合板、竹刨花板及竹定向刨花板、竹集成材、竹重组材、整竹展平板、竹纤维、竹炭、竹醋液等系列工业产品,应用于建筑模板、承重结构、车厢底板、家具、饰面工程、纺织、日用品、食品等领域。(图 1.6)

根据生产工艺学分类,典型竹材人造板包括竹席/竹帘胶合板、竹集成板、竹刨花板、竹定向结构刨花板、竹重组材。此外,还有整竹展平板,由于生产过程中无胶黏剂添加,这类板材有时不被视为改性竹材。各类板材由于组坯方式、模具使用、尺寸规格不同,可存在一定差异,并且可以与木材、塑料、钢材、玻璃纤维、混凝土等

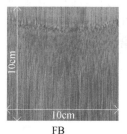
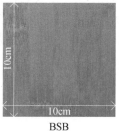

FB　　　　　　　BSB　　　　　　　BMB　　　　　　　BF

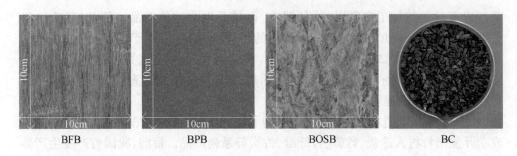

图 1.6　竹材工业化产品照片[13,14]

FB-整竹展平板(原竹);BSB-竹集成材;BMB-竹胶合板;BF-竹原纤维;BFB-竹重组材;BPB-竹刨花板;
BOSB-竹定向结构刨花板;BC-竹炭

材料形成复合人造板。从细分产品看,已有数十种竹材人造板得到开发[14]。但这些不同类型的板材中,仅竹席/竹帘胶合板、竹集成材和竹重组材得到规模化应用,市场化产品推广到各种终端用途,其他技术要么处在不同的研发阶段,要么仅停留在实验室的试生产。这与技术水平的不可商业化、竹原料供应不足、"以竹代木"的环境、社会和经济效益认识缺失等诸多方面原因有关。

以竹重组材为例,其技术发展可分为三个阶段。20 世纪 80 年代末期,借鉴重组木技术,在实验室通过热压成功制备出重组竹。但由于采用低压成型,产品密度低($<$0.9g/cm³),胶合强度差,并且尺寸稳定性差,容易受外界热湿环境影响。90 年代末期,竹重组材高压成型工艺及专用模具、冷压热固化法得到开发,形成高密度产品($>$1.0g/cm³)和大尺寸产品(长×宽可达 6000mm×2500mm),但竹束疏解工艺尚不成熟,导致疏解程度不够、含湿量不均、树脂分布不均等问题;采用真空加压浸胶、高温热处理等技术改善产品的耐水性和尺寸稳定性,但热处理过程中,过高温度和过长时间会导致竹纤维束发生大量损耗,质量损失率高达 10%~20%,并且存在能耗大、成本增加等问题。21 世纪,采用纤维原位可控分离技术形成纵向不断、横向交织的网状纤维化单板,树脂梯级导入技术将树脂施加到不同层次的竹材内部组织,并通过差速异步点裂微创技术,有效地破坏竹材表面的硅质和蜡质层。这一工艺可省去去除竹青竹黄的步骤,使生产效率和原料利用率得到提高,并可根据产品性能目标,调整材料密度、胶黏剂用量、成型温度、时间、工艺步骤等条件,实现产品性能的可调控性[15]。

1.3.3　竹材防腐技术

1. 破坏类型

多数竹种的天然耐久性差,使用寿命短。在中国、印度尼西亚、菲律宾和印度的调研表明,原竹暴露于空气并接触到地面时,平均使用寿命仅为 1~2 年。当被遮盖起来并且与地面脱离时,使用寿命有望达到 3~5 年。在室内使用时,使用寿命为 6~8 年。特殊情况下,如在农村地区厨房中使用时,可以得到烟熏的"养护",其使用寿命可以期望达到 10~15 年[1]。引起竹材发生破坏的原因大致可归为非生物因素和生物因素,竹材对生物因素破坏的抵抗力尤为脆弱。

1)非生物因素

非生物因素主要包括燃烧和开裂。竹材具有与木材相似的化学组分,因而燃烧特性相近,但原竹因中空而与空气接触充分,燃烧更加迅速。关于开裂,由竹材纤维素和半纤维素的游离羟基(—OH)引起的吸湿性,使竹材可以吸附空气中的水分子;在一定的温度和湿度条件下,水分从竹材向空气蒸发,引起干缩,从而可能导致裂缝、翘曲乃至开裂问题。开裂形式与竹种、竹龄、原竹直径相关。竹壁由内向外密度降低,导致径向上具有不均匀的干缩率。原竹切向和径向干缩率是纵向的 3~4 倍,因此裂缝通常为纵向,且由外层向内层延伸[1]。

2)生物因素

竹子细胞壁的化学组分和含量与阔叶木材相似,但非细胞壁物质,如淀粉、还原糖、蛋白质、脂肪和矿物质等含量高得多,容易成为昆虫(甲虫、白蚁)特别是霉菌(褐腐病菌、白腐病菌、软腐病菌)的营养物质基础[16]。此外,竹秆不含有硬木或者其他许多树种与生俱来的天然毒性物质。这些因素使得竹材对于这些生物的天然抵抗力差。(图 1.7)

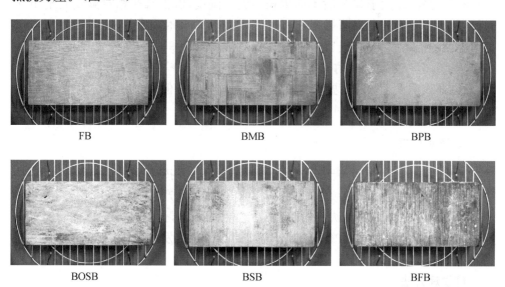

FB　　　　　　　BMB　　　　　　　BPB

BOSB　　　　　　　BSB　　　　　　　BFB

图 1.7　高湿环境中的发霉竹材照片[14]

昆虫破坏一般见于原竹，干燥竹材主要虫害为甲虫，如粉蠹等，以及白蚁，如地下白蚁、干木白蚁等[16]。这些昆虫幼虫生长发育的最佳温度范围为 20～30℃，低于 10℃ 或高于 35～38℃ 时，活动会大大减少；低于 0～5℃ 或高于 40～45℃ 时，会停止生长，进入休眠状态；低于 −5℃ 或者高于 48～52℃，可能在短时间内死亡[7]。

竹材易发霉菌包括毛霉、蓝霉、木霉、曲霉、枝孢菌等，给竹材造成的损害包括染色和结构性腐烂两种方式。其中，染色霉菌主要以非细胞壁物质为食，对细胞的实际危害很小，几乎不会影响竹材强度，但是分泌的彩色菌丝、孢子和色素可能会将竹材表面染成蓝色、棕色或灰色，这种颜色即使使用漂白剂或者刀刮也很难消除；腐蚀真菌可以分泌针对纤维素和半纤维素的水解酶，如纤维素切割酶、β-木聚糖切割酶、β-木糖苷和甘露聚糖酶等，或者分泌木质素分解酶，如木质素过氧化物酶、漆酶、锰依赖性过氧化物酶等，通过分解和消化纤维素、半纤维素和木质素来获得营养，造成细胞破坏，导致竹材强度降低。根据吴光金在 1990～1993 年的研究，大约有 20 种腐蚀真菌，其中 12 种为常发生类型，分别为顶青霉、微紫青霉、绿霉、扩张青霉、黑根霉、黑曲霉、粉红单端孢霉、乳酸镰孢霉、爪哇镰孢霉、串珠镰孢霉、黄曲霉、产黄青霉[17]。

大多数染色霉菌和腐烂霉菌都出现在 10～40℃ 的温度范围，最适宜温度为 20～30℃。青霉菌、镰孢霉最适宜温度为 25～30℃，粉红单端孢霉最适宜温度为 20～25℃，当温度大于 35℃ 时不能生长。关于湿度，镰孢霉在相对湿度大于 40% 时就可以发芽，而其余真菌需要在相对湿度大于 63% 时发芽，发芽速率随着空气相对湿度的提高而提高，最适合的空气相对湿度约为 93%。关于酸碱度，最适宜 pH 约为 5，但一些耐酸或耐碱的霉菌可在 pH 为 1.5～11 的极端范围内存活。此外，研究还表明大多数霉菌要求材料含湿量超过 20%，但除一些软腐真菌外，多数霉菌的繁殖会在水分饱和时受到抑制[17]。

2. 保护处理

竹材保护的目的是创造一个使蛀虫和霉菌无法发挥生理功能的环境，相应方法需要基于竹材生产条件，如加工流程、生产环境以及产品的价值和用途，分为物理方法和化学方法。一般认为，物理方法会更加环保，但物理方法可能暂时效果好，却无法防止竹材在之后的加工、运输和储存中再次发生生物破坏，因此实践中经常与化学方法结合使用。

1）物理方法

物理方法包括蒸煮、浸水、干燥、电磁波辐射和空气调节。蒸煮是通过加热竹材以溶解一些可溶解的营养物质，同时消灭蛀虫和霉菌。浸水是通过淡水浸没溶

解一些可溶的营养物质,并向竹细胞中注入游离水来创造缺氧环境。干燥为用火
或者阳光加热竹材,直接杀死蛀虫或霉菌,或者至少通过降低含湿量使其更难生
存。电磁波辐射中,远红外线和微波辐射可引起竹材内部对分子振动和旋转的共
振吸收,同时将竹材加热到高于蛀虫和霉菌耐受极限的高温;紫外线、X 射线和 R
射线辐射可以通过破坏其内部生物活性物质而消灭蛀虫和霉菌。空气调节为控制
竹材储存环境的空气成分,降低氧气含量,使霉菌无法生存,并窒息蛀虫。

2)化学方法

化学方法主要是使用杀虫剂和杀菌剂,可分为有机化合物和无机化合物两种
类型。有机化合物包含有卤代烃、苯酚及其衍生物、有机磷化物、氨基甲酸酯、除虫
菊酯、季铵盐、金属有机化合物、硫氰酸盐、羧酸和羧酸盐等类别。无机化合物主要
有五水硫酸铜、二水重铬酸钠、三氧化铬、氧化硼、二水砷酸二氢钠、二水五氧化二
砷、亚磷酸、氯化锌、氯化汞、十水硼砂、四水八硼酸钠、氟硅酸钠、氟化钠、硫酸锌和
一水合氨等。实际应用中,通常采用多种化学品组合以实现多重目的。选用化学
品的一般要求是:方法方便,化学品便于获取并且成本低;有效,并且持续时间长;
无污染或污染控制在允许水平;对竹材外观和质地影响小。但事实上,目前尚无化
学品可以同时满足这些要求[7]。

1.3.4　竹材末端利用技术

从"循环经济"角度看竹材加工利用技术,其上下游技术不能孤立地工作,某种
竹产品必须是整个循环价值链的一部分,特别需要尽可能地进行废物利用和副产
品加工。例如,利用竹碎料生产竹炭时,还可以提取竹醋液、酒精和焦油。理想情
况下,应实现零废物价值链,而在这一价值链中,竹材末端利用技术尤为重要。以
下介绍与本书所关注要点紧密相关的两种技术,涉及末端竹材产品生物质利用和
碳的封存。

1. 竹生物质炭化

末端竹材可以加工为生物质能,如竹炭、煤饼、天然气等,或者直接燃烧,其中
基于炭化竹的产品包括生物炭、活性炭,已在日用品、卫生领域获得了市场推广。
研究表明,生物炭的平均停留时间超过 1000 年,可作为一种持久性碳库[18]。生物
炭是在隔离氧气的情况下用 350~600℃温度加热生物质形成的高度稳定的碳化
合物,通过热解,最多 50%的碳可以存入生物炭中,其余部分转换为能源和燃料。
生物炭混入土壤中,不仅可以作为有效肥料,还可减少土壤中一氧化二氮、甲烷等
温室气体的排放,而且在提高土壤生产力、保持养分、增加植物的水利用率以及对
微生物的潜在利益方面具有长期效益。生物炭对于发展中国家而言具有可行性,

可以从技术投资中获益。

在中国浙江,竹材加工剩余物被用于生产型煤竹炭。型煤竹炭具有特殊优点,例如,燃烧过程无烟;高热值,达到 8000kcal/kg;高效,可燃烧 4h;均匀性好于木炭。竹炭生产的原料来源可以是竹材预处理工厂的加工剩余物、竹碎料、劣质竹等。竹炭加工的主要流程包括:竹粉碎、研磨和筛选合格的竹粉、干燥、半成品/成品成型、碳化、检查、包装、储存、销售。要求的生产设备主要有:磨坊、筛选设备、干燥设备、整形设备、碳化设备、辅助产品回收装置、副产品(竹醋液)回收装置。根据2015 年浙江安吉一家厂商的数据,加工所得最终产品与原料比例约为 1:6,含大约 10%的竹醋液[19]。

2. 竹生物质能源利用

将木屑等原料加工为木质生物质颗粒,可供发电厂燃烧产生热能,或者进一步转换为电能,在欧洲得到广泛应用,这可为竹加工余料利用提供参考。为了减少木材的砍伐,许多国家和地区政府已将竹子作为快速增长的家用木材燃料的替代品,以减轻对木材森林资源的压力。据测试,1.2kg 竹子可产生1kW·h的电力,效率与木材相近,并优于其他常用的粉末状生物质,如花生、咖啡或稻壳等[20]。

生物质颗粒的生产具有一些优点,例如,高热值,达到 4500kcal/kg;无添加剂;低硫(0.08%)和低灰分;无需加煤器,适用于锅炉和熔炉。这些优点使生物质颗粒可能成为最佳的煤炭替代品,并且实际使用中甚至可以基于稍作修改的家庭现有煤炉来加工。加工的主要流程包括:准备原料、粉碎、干燥(调制)、制成颗粒、冷却、包装[19]。(图 1.8)

图 1.8　竹刨花余料及利用

资料来源:拍摄于浙江安吉,2016

1.4　工业竹材

1. 竹篾人造板

20 世纪 80 年代,竹胶合板成为最早被成功开发的竹材人造板产品。它以竹篾或其编制的竹席、竹帘等为构成单元,其生产技术流程一般包括:原竹-横截-去外节-开裂-去内节-蒸煮-软化-展平-滚轧-削片-干燥-成型-裁边-施胶-组坯-预压-热压-放置-裁边-检查[21]。

由于具有技术成熟、成本低廉、力学强度高等优势,竹胶合板被广泛应用于车厢底板、混凝土模板、包装等行业,并在建筑工程领域受到关注。肖岩教授团队开发了有自主知识产权的"格鲁班(Glubam)"胶合竹,并进行系统性力学研究,主题涵盖 Glubam 的制作和力学性质、结构构件及节点连接的力学性能,以及屋架、预制单元房、轻型框架住房和桥梁等的设计和建造,已成功应用到国内外的工程实践中[22]。(图 1.9)

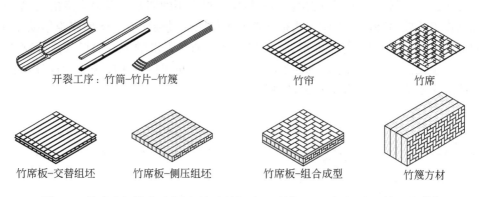

开裂工序:竹筒-竹片-竹篾　　　　　竹帘　　　　　竹席

竹席板-交替组坯　　　竹席板-侧压组坯　　　竹席板-组合成型　　　竹篾方材

图 1.9　竹胶合板技术示意图(单元制备、板坯制作、组坯方式、成型等工艺)[14]

2. 竹刨花人造板

20 世纪 90 年代,竹刨花板及竹定向刨花板相继得到开发。竹刨花板以刨花、竹丝或竹纤维为构成单元,一定程度上对应木材刨花板和中密度纤维板(MDF)。在竹刨花板基础上,改变构成单元为大片竹刨花,铺装方式上增加定向工序,即衍生出大片竹材定向刨花板,其生产技术流程一般包括:原竹-屑片切割-刨花-干燥-干刨花存储-施胶-铺装-预压-裁切-热压[21]。

在木材人造板行业中,中密度纤维板和定向结构刨花板(OSB)是两类主流产品。与之对应的竹刨花板和竹定向刨花板在生产技术上已经成熟,产品应用于包装、家具和建筑模板领域,但未能实现大规模的市场推广。(图 1.10)

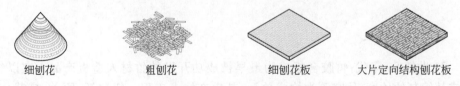

细刨花　　　　　粗刨花　　　　　细刨花板　　　　大片定向结构刨花板

图 1.10　竹刨花板技术示意图(单元及产品)[14]

3. 竹片人造板

20 世纪 90 年代,竹集成材技术最早在我国台湾成功开发。竹集成材以竹片或者竹条为构成单元,其生产技术流程一般包括:原竹-切片-粗刨-竹片筛选-碳化-干燥碳化的竹片-精刨-施胶-压成单层板-单层板打磨-施胶-压成多层板-裁边-打磨-吸尘[14]。

相比于木材人造板相应类型产品,竹集成材采用的初始原料为中空的竹筒,单元制作工艺较为特殊。主流方式是将劈开的竹条通过刨切或平压形成矩形横截面的标准单元,也有过对等腰梯形、外部和内部等曲率弧形的横截面形式进行探索,目的在于提高原料利用率。纵向形状既可为平直,也可以按照曲率进行设计,后者主要应用于家具、工艺品等产品的制作中。(图 1.11)

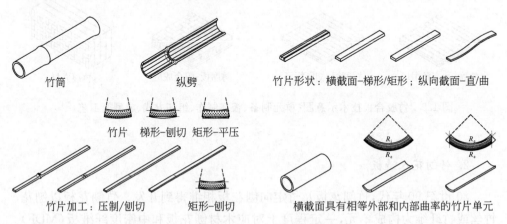

竹筒　　　　　　　纵劈　　　　　　竹片形状:横截面-梯形/矩形;纵向截面-直/曲

竹片　梯形-刨切　矩形-平压

竹片加工:压制/刨切　矩形-刨切　　横截面具有相等外部和内部曲率的竹片单元

图 1.11　竹集成材技术示意图(单元制备)[14]

竹片集成板材或方材的方式也有多种,总体而言,竹片单元平行排列有利于单方向利用竹纤维的力学强度,正交排列则可以弱化板材的各向异性,后者需要遵循

奇数层的原则。（图 1.12 和图 1.13）

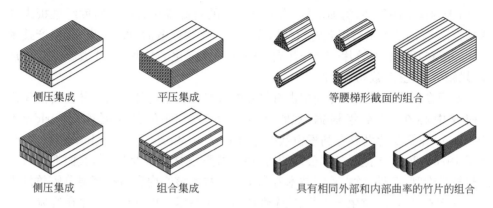

| 侧压集成 | 平压集成 | 等腰梯形截面的组合 |

| 侧压集成 | 组合集成 | 具有相同外部和内部曲率的竹片的组合 |

图 1.12　竹集成材技术示意图（方材集成工艺）[14]

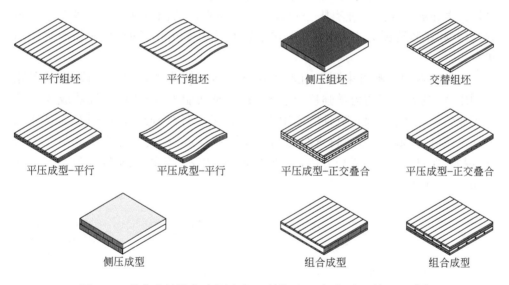

| 平行组坯 | 平行组坯 | 侧压组坯 | 交替组坯 |

| 平压成型-平行 | 平压成型-平行 | 平压成型-正交叠合 | 平压成型-正交叠合 |

| 侧压成型 | 组合成型 | 组合成型 |

图 1.13　竹集成材技术示意图（板坯制作、组坯方式、成型等工艺）[14]

竹集成材较大程度地保留着竹子的可识别性,外观受到认可,被广泛作为墙面和地板的装饰面板,以及家具设计材料。采用特定胶黏剂制作的竹集成材也被应用于家具、餐厨用品等领域。

4. 竹纤维人造板

21 世纪,我国自主研发的竹重组材在技术上实现突破。微观上,竹纤维平行排列,强度高于木纤维,意味着基于竹纤维的产品有利于发挥其先天力学优势。然而,由于制作工序复杂、附加值低,由充分分离的竹纤维构成的中密度纤维板未能成功推广[23]。竹重组材工艺将板材构成单元简化为松散的竹纤维束,其生产技术流程一般包括:原竹-竹片-粗刨-开裂-碳化-干燥碳化的竹片-竹片破碎-施胶-加压-烘箱中活化胶-裁切-锯片[14]。

我国在竹重组材技术专利中占有绝对的数量和技术优势。国家林业局知识产权研究中心在 2014 年根据欧洲专利局世界范围专利数据库(Worldwide Database)和德温特世界专利索引数据库(Derwent World Patents Index)数据,分析了 1976~2012 年世界各国公开的所有木/竹重组材技术专利[24],我国拥有竹重组材技术专利 57 件,竹木重组技术专利 16 件,技术核心内容包括高温分解竹纤维和半纤维素、竹重组材生产工艺、抗裂性能等重要技术。中国林业科学研究院木材工业研究所和浙江大庄实业集团有限公司拥有竹重组材核心专利,并已在国外进行专利布局,申请专利的还有浙江农林大学、福建省永林竹业有限公司、中南林业科技大学和浙江仕强竹业有限公司等高校和企业。我国专利权的国外布局以美国、澳大利亚和欧洲为主,主要原因在于这些地方是出口目的地,容易产生专利纠纷。

竹重组材的原料可来源于尚未得到充分利用的草本竹和小径竹,提高了原料利用率,具有更好的力学强度、抗开裂和抗腐蚀能力,因此迅速发展成为纤维类工业竹材的主流产品,被推广应用于承重构件、室内饰面、室外铺地、家具和风力发电桨叶等领域。针对竹重组材的研究涵盖其造板工艺,包括构成单元的制备、浸胶、组坯、冷热压成型方法,以及产品的防开裂、防变形、防腐及阻燃技术等方面。(图 1.14)

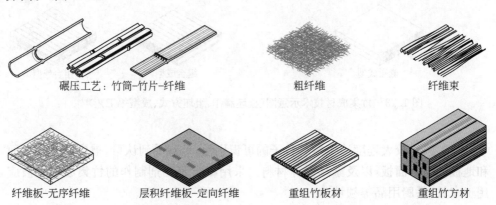

图 1.14 竹纤维人造板技术示意图(单元制备、组坯方式、成型等工艺)[14]

5. 整竹展平板

2010 年之后,整竹展平板在我国成功开发,利用薄壁毛竹的结构特点(壁厚 8～10mm),对整竹或半竹筒通过软化、展平、定型为板材,其生产技术流程一般包括:原竹-(纵劈为两半)-去内节-去外节-蒸汽软化-展平-压成型-表面打磨-干燥展平板-裁切[14]。

由于成型过程中无须用胶水,整竹展平板产品被视为具有生态环保及卫生优势,可用于餐具等行业。也可采用无纺布进行增强,或对展平板坯进行拼接胶合,以获得建筑构件尺寸的板材,作为墙板或地板产品的原材料。(图 1.15)

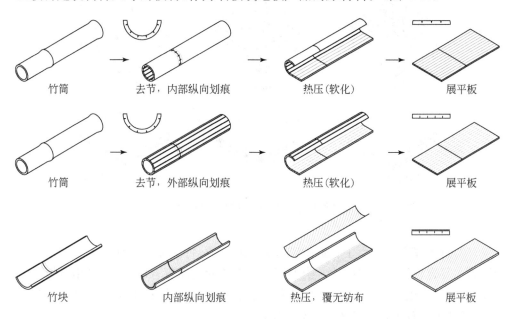

图 1.15　整竹展平板技术示意图(完整工艺,产品为饰面板材)[14]

在美洲地区,也有简化的展平方法,主要省去纵向划痕的步骤,所得产品板面有明显裂痕,不适合作为饰面原料,可作为复合板材的芯板。(图 1.16)

6. 竹复合板

竹复合材料技术是将不同的竹材单元,或将竹材与其他材料结合,利用各自特点,实现力学互补、综合性能优化或者成本控制。竹复合板主要有以下几类:

(1)不同竹单元之间的复合。采用竹篾及其编制所得竹帘和竹席,或竹刨花板、大片竹定向刨花板为内芯,竹皮/竹纤维板/竹集成材为外层,形成力学强度高、

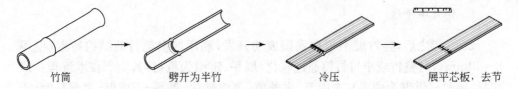

图 1.16　整竹展平板技术示意图（简化工艺，产品为板材芯板）[14]

成本较低、外观理想的板材产品。（图 1.17）

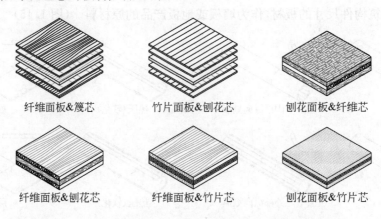

纤维面板&篾芯　　　竹片面板&刨花芯　　　刨花面板&纤维芯

纤维面板&刨花芯　　　纤维面板&竹片芯　　　刨花面板&竹片芯

图 1.17　竹复合板技术示意图（不同竹材单元之间的复合）[14]

　　（2）竹木复合板。由于相近的胶合和缩胀性质，竹材和木材具有较好的复合基础，竹木复合板得到较多关注。类似于不同竹单元之间复合的原理，采用竹板作为内芯，木皮/木板作为外层，或者以木板作为内芯，竹皮/竹板作为外层，形成强度、成本和外观均较为理想的板材。（图 1.18）

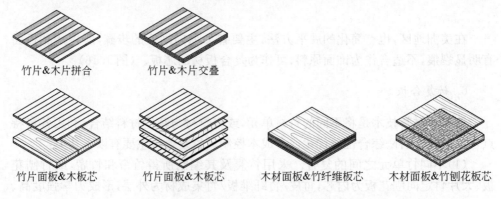

竹片&木片拼合　　　竹片&木片交叠

竹片面板&木板芯　　竹片面板&木板芯　　木材面板&竹纤维板芯　　木材面板&竹刨花板芯

图 1.18　竹复合板技术示意图（竹木复合板）[14]

（3）竹材和其他互补性材料的复合。利用竹纤维较高的抗拉强度,将竹纤维用于其他基质的力学增强,如竹纤维增强混凝土、塑料、石膏和黏土等;或者通过添加塑性材料弥补竹材脆性的弱点,如竹-塑复合板、竹-钢复合板、竹-有机玻璃复合板等。(图 1.19)

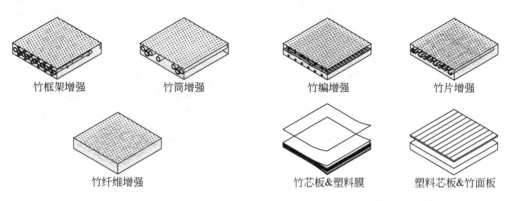

竹框架增强　　　　竹筒增强　　　　　竹编增强　　　　竹片增强

竹纤维增强　　　　　　　　　竹芯板&塑料膜　　　塑料芯板&竹面板

图 1.19　竹复合板技术示意图(竹材和其他互补性材料的复合)[14]

7. 竹型材

竹地板是目前在市场上最为成熟的型材产品之一,技术积累也较为丰富,除地板横截面形式、单元形式、连接节点的研究外,还有部分产品通过内置加热膜、调湿性竹炭填充物,对性能进行提升。(图 1.20)

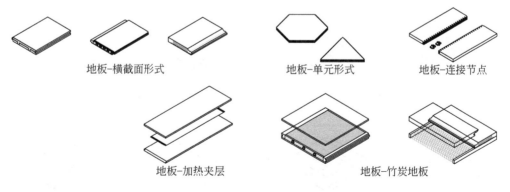

地板-横截面形式　　　　　　地板-单元形式　　　　地板-连接节点

地板-加热夹层　　　　　　　地板-竹炭地板

图 1.20　竹型材产品技术示意图(竹地板)[14]

此外,以竹材人造板作为面板、型钢作为骨架组合形成墙板或楼板,以及利用竹材力学强度高的特点制作型材梁构件等,也得到一定的研究关注。(图 1.21)

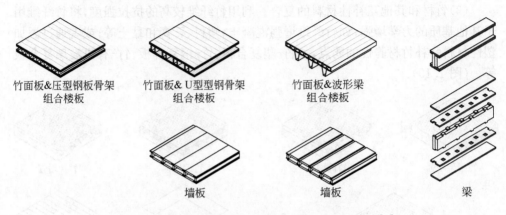

图 1.21　竹型材产品技术示意图(楼板、墙板、梁等)[14]

8. 竹皮

　　竹皮通常厚度仅为 0.3～0.4mm,应用于饰面、家具、手工制品,如模压板、风扇、书签和屏幕等,属于较高档的产品。根据其生产原料不同,竹皮可分为两种:一种由厚壁竹种如厚壁毛竹的直秆剥离所得,技术难度较高,且只有特定竹种可作为原料,需要熟练的操作员,商业上生产有限;另一种可以称为竹集成材或竹重组材的技术衍生,是通过对成型的竹集成材或者竹重组材方材进行刨切或旋切所得,可在加工过程中通过无纺布进行增强,或在后续加工工序中采用接长工艺扩大尺寸。(图 1.22)

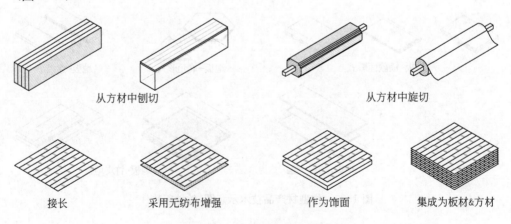

图 1.22　竹皮技术示意图[14]

9. 竹纤维

竹纤维的研究始于 20 世纪 90 年代,主要发生在东亚国家,面向纺织业、造纸业和复合材料应用。竹纤维的化学组分包含纤维素、半纤维素、木质素果胶和脂蜡质等,提取方法主要有机械制备和闪爆工艺。由竹秆直接分离所得的为竹原纤维,经过再加工还可以提取适合造纸和纺织等应用的竹浆纤维和竹炭纤维等。(图 1.23)

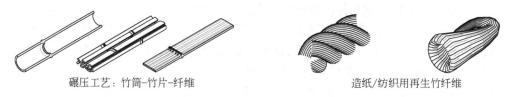

碾压工艺:竹筒-竹片-纤维　　　　　　　　造纸/纺织用再生竹纤维

图 1.23　竹纤维技术示意图[14]

10. 竹炭

竹炭的研究与应用兴起于 20 世纪 90 年代,主要发生在东亚及非洲国家。竹炭由纤维素、半纤维素和少量木质素不同程度地分解炭化而成,主要有土窑直接烧制法、立式干馏热解法和特制设备热解法三种工业化制备方法,应用于空气净化、土壤改良、水净化、生活用品调湿性填充物,以及复合材料中。

竹炭根据需要可以处理为不同的形式,如片状和粉状,必要时可制作成平板、方块等形式。其中,调湿性竹炭通常以粉状形式作为填充物,用于调节目标物的含湿量;竹炭地板是得到较多关注的、相对成熟的应用技术。(图 1.24)

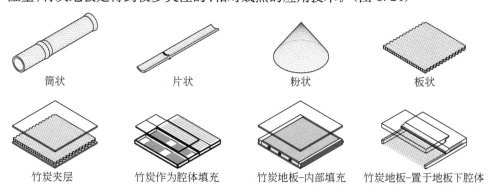

筒状　　　　　　片状　　　　　　粉状　　　　　　板状

竹炭夹层　　　竹炭作为腔体填充　　竹炭地板-内部填充　　竹炭地板-置于地板下腔体

图 1.24　竹炭技术示意图[14]

1.5 小　　结

本章综述了全球竹林、竹种资源概况，以及我国的资源优势、机遇和挑战。剖析了原竹材料形式与特点，重点介绍了当今竹材工业化利用技术及与建筑全生命周期相关的竹建材产品生产、竹材防腐及末端利用技术现状，梳理了工业竹材产品体系及其建筑应用潜力。

在经历了很长时期的传统原竹应用之后，20世纪70年代以来，大量工业竹材在亚太产竹国家得以开发并逐渐走向建筑市场。技术调研表明，材料层面有较深入的研究进展，主要来自材料学和人造板学领域，重点强调物理化学性质；建筑构件层面研究成果较少，主要包含竹地板等型材的生产及安装，鲜有建筑构件及建筑整体系统环境性能的探讨。在当今新气候目标和低碳发展愿景下，工业竹材及其建筑应用的环境影响有待系统评估。

第 2 章　竹建筑活动概览

2.1　历史传统和发展现状

植物材料的建筑应用并不是一个新的话题,在世界范围内,木、竹、藤、草的建筑应用历史源远流长。特别是在古代,经济、社会活动与农业文明紧密相连,在农业文明的历史阶段,人们所拥有的技术与经济条件,都符合植物材料应用文明产生和发展的需求。

从史前时代起,竹子就与人类文明交织在一起。有证据显示,东南亚人在一百万年前就使用了竹子。在对东南亚诸多遗址发掘的研究中发现,这一地区几乎没有更新世(Pleistocene Epoch,1600000 至 12000 年前)的马化石。其中有一块缺乏哺乳动物的区域是一片竹林,而这一区域与一种被认为是印度索安等原始人类群体使用的剁石斧[25]的分布完全吻合,因此认为这些剁石斧是用于裁切竹子并将其转换为不同用途材料的工具[26]。中国最早切割竹子并将其用于建筑和其他用途的原始人是直立人,时间大概在一百多万年以前。如此长的时间跨度早已超出竹制品的耐久性极限,因此这些竹制品未能像其石制工具一样保存至今。中国现存最古老的竹制品,如竹席、竹篮等,是在浙江省的河姆渡和石山遗址出土的,可以追溯到 5000 年前的新石器时代。(图 2.1)

在植物材料建筑学领域,发展最为充分的是木构建筑体系。因此,当讨论竹材或者其他植物材料建造技术的发展进程时,有必要与木构体系的演进规律进行平行对比。传统的木构活动在亚洲、欧洲、美洲均有成熟体系。然而,近现代之后,随着新的生产建造技术以及以钢材、混凝土为代表的新材料出现,农业文明受到工业文明的强烈冲击,木构建筑走向不同的发展道路。这种地域性差异,可以从全球不同地区木材资源分布及近现代工业文明发展进程的角度进行理解。

从资源分布看,全球范围内,木林资源最为丰富的地区是美洲和欧洲,两者森林面积之和超过全球总量的 65％,其中有很大部分来自软木森林的贡献,由于软木的采伐不像硬木那样受到诸多限制,欧美地区木材资源供给量相当充分。亚洲国家木林资源相对不足,在全球占比不及 15％,并且由于大部分处在热带和亚热带地区,软木森林更为缺乏,同时,禁止采伐热带硬木的措施持续加强也使得木材供应趋向紧张。近现代之后人口剧增,建设规模激涨,木材不足以满足建筑行业的

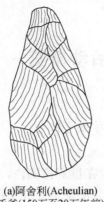 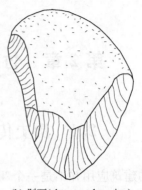

(a)阿舍利(Acheulian)　　　　　　　　(b) 剁石(chopper-chopping)
手斧(150万至20万年前)　　　　　　　　斧(100万至20万年前)

图 2.1　原始人加工竹子的石质工具图示[1,27]

需求。

从近现代工业文明发展进程看,在欧洲、美国、日本等工业先发地区和国家,木材资源尤其是软木森林丰富,借助工业文明带来的技术进步,建筑用木材的性能以及生产、运输和建造技术得到了极大改善。20 世纪初,胶合木技术在欧洲得到开发,克服了原木材料利用率、尺寸、材料标准化等方面的困难。在复合材料技术和现代结构理论辅助下,建筑木材性能得到进一步发挥。随着新的材料形式、构造类型的出现,木构建筑突破了传统技术牢笼,演化出新的技术体系。然而,亚洲地区现代材料技术和工业化生产方式发展滞后,木建筑体系在近现代止步不前,钢材、混凝土、砌体建筑几乎垄断市场,现代和传统之间存在技术断层。

在全球范围内,竹林面积仅约为木林的 1%,总体上竹林资源无法与木林资源抗衡。但在亚太地区,竹林面积全球总量占比达 67%,竹材资源的竞争力得到一定突显。在竹子广泛分布的中低纬度地区,大径竹子由于容易获取、价廉,在传统建筑中扮演了重要角色。20 世纪 80 年代以来,木材人造板技术被成功引入竹材加工工业,大量改性竹材在亚太产竹国家得以开发并逐渐走向建筑市场,主要应用在饰面工程,如竹地板。目前,竹材在建筑中的应用方式可以归为原竹和改性竹材,由于缺乏现代木构技术知识积累,新型竹建筑整体体系尚缺乏系统性研究。

2.2 原竹和传统竹建筑

2.2.1 建筑常用竹种

1. 竹种分布概况

原竹建筑取决于竹种自身禀赋。根据 INBAR 在 2016 年的统计,全球已知竹种 1642 种[5]。INBAR 在全球不同国家进行调研,整理出 23 种最常见的建筑用竹种,其中 18 种分布在亚太地区[28]。中国、印度、孟加拉国、缅甸、泰国、越南和老挝均拥有 10 个及以上建筑用竹种。(表 2.1)

表 2.1 中国有关的常用建筑竹种及其分布[28]

	种类	分布
1	大薄竹 *Bambusa pallida*	中国、孟加拉国、印度、老挝、缅甸、泰国、越南、马来西亚
2	撑篙竹 *Bambusa pervariabilis*	中国
3	灰竿竹 *Bambusa polymorpha*	中国、孟加拉国、老挝、缅甸、泰国
4	马甲竹 *Bambusa tulda*	中国、孟加拉国、印度、尼泊尔、老挝、缅甸、泰国、越南
5	龙头竹 *Bambusa vulgaris*	中国、印度、柬埔寨、老挝、缅甸、泰国、越南
6	马来甜龙竹 *Dendrocalamus asper*	中国、孟加拉国、老挝、缅甸、泰国、越南、印度尼西亚、菲律宾
7	龙竹 *Dendrocalamus giganteus*	中国、印度、老挝、缅甸
8	版纳甜龙竹 *Dendrocalamus hamiltonii*	中国、孟加拉国、印度、尼泊尔、老挝、缅甸、泰国、越南
9	爪哇巨竹 *Gigantochloa apus*	中国、孟加拉国、老挝、缅甸、泰国、印度尼西亚、马来西亚
10	毛竹 *Phyllostachys edulis*	中国

具体到各个国家和地区,对建筑用竹种的选择,很大程度上取决于竹种资源的可获取性[29]。例如,毛竹主要分布在中国,应用范围也最为广泛,在中国香港,竹脚手架主要使用毛竹和撑篙竹。在印度,其农业部将巴苦竹等簕竹属的 6 个竹种、马来甜龙竹等牡竹属的 4 个竹种及梨竹作为建筑推荐用竹种。泰国皇家林业局认定刺竹和版纳甜龙竹作为适合建筑使用的竹种。越南建筑师武重义(Vo Trong Nghia)常用的竹种为牡竹(越南语:Tam Vong bamboo)。印度尼西亚"绿色校园"项目采用的主要是马来甜龙竹(印尼语:Petung)和爪哇巨竹(印尼语:Tali)。

2. 竹种属性

以下根据 INBAR 的技术报告,介绍部分主要建筑用竹种的相关属性[6]。

1)巴苦竹 *Bambusa balcooa*

丛生竹,生长在热带-亚热带气候区,植株高度 12~24m,竹秆直径 6~15cm,节间长度 20~45cm,壁厚 2~4cm。起源于孟加拉国,在孟加拉国和印度得到很好的种植和利用,也被认为在其他相似气候区具有较大种植潜力,目前在不同国家都有种植。生长在海拔 600m 以下,可承受−5℃低温,可耐受干旱,适合不同土壤,在排水良好的重黏土中生长得最好。属于结构用材,可为住宅、桥梁提供建筑材料,也可以用于制作农具、家具、纸浆等。

2)刺竹 *Bambusa bambos*

丛生竹,生长在热带-亚热带气候区,植株高度 15~30m,竹秆直径 10~18cm,节间长度 15~45cm,壁厚 1~5cm,属厚壁竹种,尤其是竹秆底部有时在干燥气候和贫瘠土壤条件下几乎实心。生长范围从印度恒河平原延伸到泰国和中国南部,并在整个热带地区种植,包括越南、菲律宾、印度尼西亚等国家,也是泰国的主要商业竹种。生长在海拔 1200m 以下,可承受−2℃低温,可在热带不太干燥的气候和贫瘠土壤中生长良好,但更适合潮湿、酸性土壤及平坦的冲击地。属于结构用材,可用作建筑材料,也可制作竹板、纸浆。具有修复退化土地的潜力,可用于农林业系统。

3)灰竿竹 *Bambusa polymorpha*

丛生竹,生长在热带-亚热带气候区,植株高度 15~25m,竹秆直径 7~15cm,节间长度 40~60cm,壁厚 1~2cm,相对较厚,有时实心。源于孟加拉国、印度、缅甸和泰国,也在其他国家种植。在缅甸还与柚木一起形成混交林,适合生长在半湿润气候条件下中等至肥沃的土壤。属于结构用材,主要用作建筑材料,也可作为装饰,还可用于制作家具、纸浆、篮子等。

4)马甲竹 *Bambusa tulda*

丛生竹,生长在热带-亚热带气候区,植株高度 6~20m,竹秆直径 5~10cm,节间长度 40~70cm,壁厚小于 1cm,相对较薄。源于印度、孟加拉国、缅甸和泰国,并引入尼泊尔、越南和菲律宾等国家。散生在混合的半落叶森林中,有时也形成纯竹林。生长在海拔 1500m 以下,在潮湿和中高强度降雨量、温度 4~37℃条件中生长良好,经常出现在森林内部丘陵小溪及河岸边或水道冲击区。具有多样化用途,如建筑材料、家具材料、纸浆以及各种手工艺品和用具等。

5)龙头竹 *Bambusa vulgaris*

丛生竹,生长在热带-亚热带气候区,植株高度 8~20m,竹秆直径 4~10cm,节间长度 25~35cm,壁厚 0.7~1.5cm。起源地未知,为泛热带物种,被普遍种植。一般生长在海拔 1500m 以下,可承受−3℃低温。适合在各种气候和土壤中生长,最适合潮湿土壤,但也能耐干旱,可适应半干旱环境、退化以及淹水的土地。是优良的建筑用材,可用于制作栅栏、脚手架、装饰材料、家具、手工艺品、纸浆等。

6)马来甜龙竹 *Dendrocalamus asper*

丛生竹,生长在热带-亚热带气候区,植株高度 20～30m,竹秆直径 8～20cm,节间长度 20～45cm,壁厚 1～2cm,相对较厚,但向顶部变薄。源于东南亚,在越南、泰国、马来西亚半岛和东部、印度尼西亚、菲律宾、印度东部广泛种植,并被引进热带和亚热带其他地区。生长在海拔 1500m 以下,可承受−3℃低温,最适合生长在潮湿环境及肥沃和稠密的土壤条件下,在泰国半干旱地区、排水良好或砂质土壤中也生长良好。竹秆粗大,适合作为结构用材,强度高并且耐用性好,是农村建筑最常用的竹种之一。主要作为建筑用材,也用于制作家具、乐器、容器、手工艺品等,也可用于生产竹材人造板,还在农林业系统中发挥作用。

7)龙竹 *Dendrocalamus giganteus*

丛生竹,生长在热带-亚热带气候区,植株高度 25～35m,竹秆直径 10～30cm,节间长度 35～50cm,壁厚 2～2.5cm,相对较厚且随高度变化。源于缅甸南部和泰国西北部,并被引入越南、印度尼西亚、马来半岛、菲律宾、中国南部、尼泊尔、孟加拉国和印度等国家和地区。生长在海拔 1200m 以下,可承受−2℃低温,适合生长在潮湿且较为肥沃的土壤上。茎秆粗大,是强度优良的结构用材,主要作为建筑材料和用于制作竹板材,也可用于制作家具、纸浆。

8)牡竹 *Dendrocalamus strictus*

丛生竹,生长在热带-亚热带气候区,植株高度 8～20m,竹秆直径 2.5～8cm,节间长度 30～45cm,茎秆中等大小,竹壁厚,在干燥条件下几乎实心,略显曲折。源于印度、尼泊尔、孟加拉国、缅甸和泰国,并在东南亚许多国家种植。通常出现在干旱或半干旱平原或丘陵地带的纯竹林或混交林中,生长在海拔 1200m 以下,抗霜冻,可承受−5℃低温,具有抗旱性,能很好地适应热带和亚热带潮湿地区,在水源充足、排水条件具备时,可以在不同土壤中生长良好。属于结构用材,可用于制作竹板材、家具、农具,也可用于生产纸浆。

9)爪哇巨竹 *Gigantochloa apus*

丛生竹,生长在热带-亚热带气候区,植株高度 8～30m,竹秆直径 4～13cm,节间长度 35～45cm,壁厚 0.6～1.3cm,厚度中等,非常柔韧。在缅甸和泰国南部生长,在印度尼西亚、马来西亚半岛和东部种植,并引入印度的梅加拉亚邦。生长在1500m 以下,可以承受−2℃低温,适合热带地区肥沃土壤,也能在干燥地区生存。可作为建筑材料,也用于制作家具、手工艺品、乐器、厨房用具和篮子等。

10)梨竹 *Melocanna baccifera*

丛生竹,生长在亚热带气候区,植株高度 10～25m,竹秆直径 2.5～15cm,节间长度 25～50cm,壁厚 0.5～1.2cm,相对较薄。被认为起源于孟加拉国吉大港山区,在孟加拉国、缅甸和印度东北部山地森林中自然生长,也在尼泊尔、不丹种植,并引入中国南部、印度尼西亚的植物园中。具有广泛适应性,适合生长在温度范围5～37℃、厚度大的土壤中,在高度风化的深黏土和潮湿的沙质冲积土壤及排水良好的残留土壤、沙质粗糙斜坡和山顶上也能生长良好。天然耐久性较好,常用于建筑的屋顶、席子,也可用于手工业和造纸。

11) 毛竹 *Phyllostachys edulis*

散生竹,生长在温带气候区,植株高度 12～24m,竹秆直径 10～18cm,节间长度 25～40cm,壁厚 1～1.5cm,厚度中等。源于中国,存在约 70 种公认的变种,也在日本、越南广泛种植。属于温带竹种,适合多种土壤类型,在肥沃土壤中生长最佳。该物种茎秆笔直、强度高,被广泛用于建筑材料、竹材人造板、农具和家用器具生产。在中国,也被用于农林业系统,以及水土保持、退化土地修复等生态环境工程。

2.2.2　文献记载的传统竹建筑

1. 历史

由于原竹耐久性问题,古代竹构几乎无法找到实物,因此大多数信息仅能通过文献的记载进行复述。总体上,东亚保留了较多的相关文献记录。中国被称为"竹子文明的国度",竹子应用的历史可以追溯到中国文明的起源。1876 年,维奥莱特·勒-杜克(Violet Le-Duc)在著作《古今人类栖居地》(*The Habitations of Man in All Ages*)中记载了古代中国一个完全由竹子搭建的房屋。其大厅采用竹刚架,使房间跨度得以放大。大厅前设置一个入口门廊,通过几步台阶与室外地面相接。房屋还采用了新的结构方式,如桁架和不同的竹节点连接方法。书中还特别强调了竹屋在所有开口关闭的情况下仍能保持空气流通。

1103 年,中国北宋官方颁布的建筑规范《营造法式》中就有"竹作制度"章节,对中国古代建筑中竹材的运用进行介绍。该章节属于"小木作"部分,即将竹材应用于非承重结构构件。例如,采用竹篾编织形成屋顶的望板①;也用作墙体,包括室内外隔墙、窗户上下的隔墙、山尖墙、拱眼壁等,墙体以木或竹材形成内部框架,在其外固定竹编,再施加抹灰层;还有一种土坯墙体,每隔三皮土坯铺设一层竹筋,用以加固墙体;竹栅栏也常用于作为室外围护构件;施工时搭建的临时性凉棚、脚手架等设施,也多由竹子搭成;用染色竹篾编成各式图案和花样的竹席,用于作为室内铺地;也可用素色的竹篾编成不同纹样的竹席,用作窗户遮阳板;竹篾还可通

---

① 望板为铺设在屋面椽子之上,用于承托防水层、保温层和瓦片等材料的构造层。

过多股编织,形成绑扎用的绳索。这些做法有的沿用至今。

在南亚的印度,印度教的传统根植于吠陀时代,这一时期从公元前 1500 年持续到公元前 600 年。吠陀时代是根据古代"印度河文明"的消失和雅利安人的到来定义的,是一个不同文化和传统融合的时期。雅利安人原本是游牧民族,定居印度平原后,成为部分游牧、部分农耕的民族。他们居住的是为满足森林居民需求而简单设计的、以竹子为基本结构、覆盖树叶和茅草的简易房屋[30]。根据屋顶结构,印度建筑风格主要可以分为三个时期。第一个时期,采用竹子框架建造屋顶;第二个时期,采用更加耐久的木材替代竹材;第三个时期,木材又被替换为砖或石材。在所有三个时期中,砖和石头都一定程度上用于建筑的下部结构[31]。根据珀西·布朗(Percy Brown)的研究,在一个吠陀时代的村落中,村民的房屋按类似蜂窝的模式分布,每个单元为圆形,墙体采用竹子构成,并在顶部捆扎在一起,再覆盖树叶或草。后来,为了扩大平面,房屋平面发展为长方形,此时仍然采用茅草覆盖竹子框架形成屋顶,后来茅草被木板或者瓦片取代[30]。印度的竹拱屋顶还逐渐发展出一种在末端收紧的形式,形成类似莲花花瓣的形状,这种样式后来成为佛教建筑中莲花或马蹄形拱的特征[1]。

德国斯图加特大学弗雷·奥托(Frei Otto)的轻型建筑研究所出版过系列研究成果,其中包含克劳斯·敦克伯格(Klaus Dunkelberg)博士的《作为建筑材料的竹子》(*Bamboo as a Building Material*),梳理了他在 20 世纪 60～70 年代对东南亚地区传统原竹建筑调研的成果,系统介绍了原竹房屋中建造系统、结构设计、连接节点、地板、墙体、天花、门窗、屋顶、导水管、楼梯等建筑元素的做法,并评价道,"在亚洲,竹子作为一种有用的材料,几乎完全取代了木材。竹子也被广泛地用作建筑材料,因此在这些地区比建筑木材更重要"[32]。

2. 建筑功能

竹子盛产于中国南方,很早就被用作生活器具和建筑材料。在古代中国,竹建筑的主要功能为民用房屋。此外,文献还记载了作为祭祀、藏书和大型集会功能的其他建筑类型。例如,汴京宫廷建筑大量使用竹材,使之带有浓厚的南方建筑色彩。古籍《三辅黄图·甘泉宫》和《汉旧仪》记载了"竹宫"建筑类型,是汉代帝王在郊外祭祀时搭建的临时性建筑。在中国南方,气候湿润,书库需要解决通风透气问题,竹屋可以提供这样的场所。

由于气候条件变迁,中国竹子分布的北边线逐渐向南迁移。古代中国竹子分布范围比现在广泛得多,包括黄河以北地区。这为民居提供了广泛的材料来源。文献记载的古代民居竹建筑类型有竹堂(北朝、东魏)、竹屋(唐、北宋、南宋、清)、竹房(唐、北宋、元)、竹棚(唐、北宋、南宋、元、清)、竹楼(唐、北宋、南宋、明、清)、竹阁

（唐、南宋、清）、竹亭（唐、清）、竹轩（唐、北宋、清）、竹馆（北宋）等。

根据 Dunkelberg 博士的考察，在东南亚的菲律宾、印度尼西亚、泰国、马来西亚，多数竹屋占地面积 10～20m² ，平面为矩形，通常只包含一个房间，或者再附加一个厨房区。这些房屋起到抵御恶劣天气、地面潮湿或者动物袭击的作用。（图 2.2）

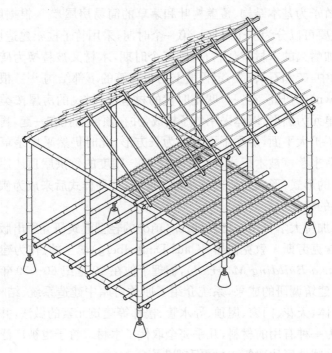

图 2.2　传统竹房屋构成[27,32]

3. 材料形式

传统竹建筑采用的原竹材料形式，一般可以分为圆竹、竹片和竹篾三种。

（1）圆竹。中国晋朝《南方草木状》中记载了采用直径 14～15cm 的竹秆作为房屋柱子的方法。此外，东晋《竹谱》、西晋《继汉书》、唐朝《岭表异录》和《茅舍》均记载了将竹秆作为梁、栋、椽等建筑构件的做法，北宋《营造法式》总结了采用2.5～4cm 竹秆制作临时凉棚屋顶和室外竹栅的方法。

（2）竹片。将竹筒"一剖为二"可以通过组合成为屋面瓦，中国魏晋《南征八郡志》记载了将大直径半竹筒反扣过来作为瓦屋面的房屋实例。"一剖为四"则可以用于编织墙体。整竹剖开、压平后可形成板材，用于作为地面或望板。此外，竹片的利用方式还包含竹钉和竹筋，竹钉通常选择质地坚硬、竹壁较厚、干燥的老竹，长

10~15cm。中国西汉马王堆汉墓和苏州虎丘塔中均发现了竹钉的使用。

（3）竹篾。竹材可以通过手工方式切分成很薄的竹篾，这类竹篾可以轻易进行充分弯曲和定型，用于制作各种精巧的手工艺品。这种容易通过手工加工利用的优势，让竹材很早地得到应用，使得竹编织成为人类历史最久远的编织类型之一，也为建筑创造了价值。《营造法式》记录的竹篾包含两种利用方式，一种是采用光滑和细薄的竹篾作为装修和家具材料，编制精美的竹帘和竹席；另一种是以竹蔑作为简便的抗拉材料，用于拉索和绑扎等工程。

4. 构造技术

大多数传统竹建筑，特别是竹屋，由居民自己搭建，因此需要保证材料和构造系统技术的简易性。

1）地板

原始竹棚架中的地板由压实的土壤组成，竹板被打入土壤中，从而起到压实作用。压实土壤高于周围地表，并包含黏土，可起到防水作用，在其上方铺设由竹子或树叶编制成的垫子。当把地板架在立柱上并升高抬起时，会更加卫生和实用，此时地板下方提供的空间可以用于存放物品或者圈养家畜。地板通常采用竹板平行排布，或交织成竹席，其中竹席更加坚固。竹地板仅在边缘进行固定，板条之间的空隙有助于形成通风。值得一提的是，地板的做法通常也适用于天花板。（图 2.3）

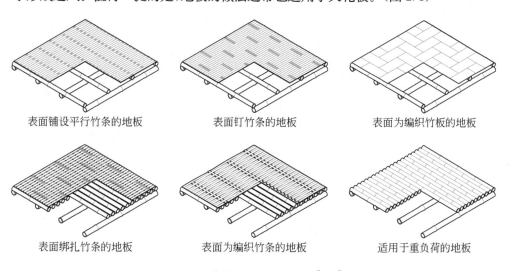

表面铺设平行竹条的地板　　　表面钉竹条的地板　　　表面为编织竹板的地板

表面绑扎竹条的地板　　　表面为编织竹条的地板　　　适用于重负荷的地板

图 2.3　传统竹房屋地板构造[27,32]

2）墙体

在东南亚许多地方，由于处在热带湿热气候条件下，并时有大风天气，墙体构造做法主要考虑强度要求。墙壁及墙壁上的开口需要保证防止动物袭击，以及雨水和日晒侵袭，并提供通风、采光、排烟等通道，同时考虑装饰性。竹墙体可以为自支撑、填充或者衬砌结构，在实践中发展出多种类型，并拥有不同的称呼。

　　例如，"板墙"，为采用实心竹条和金属钉制成的混合构造，当采用大直径竹秆时，会先劈成八片形成均匀板面，但即使缝隙很小，仍不能完全阻隔风和雨；"板壁墙"，将竹秆对半开后互扣排列，可以在抗风和防雨的同时保留通风通道，在沿海地区成为首选，构造做法也适用于屋顶；"垂直插板壁墙"，杆件通过榫卯连接，水分可以渗透到榫眼中，此时窗台通常用半竹筒制作；"竹条编织墙"，采用黏土和牛粪作为抹灰，具有防水性，并使竹席得到保护，竹条粗糙的一侧可以提供良好的附着力，这种构造具有较好的隔热性能；"双层编织墙"，由小直径薄壁竹秆拼成的板组合而成，弹性好并且裂痕小，可以防风雨并提供良好的隔热作用；"叶墙"，一般由竹子组成框架，采用棕榈等植物作为覆层，墙壁重量轻，具有防风雨作用和良好隔热性能，这种构造也适用于作为屋顶；"腔体墙"，水平板搁置在立柱两侧，形成腔体，内部填充叶子和稻草，隔热性能很高，仅在海拔高于800m的热带地区才有必要使用，此类腔体需具有较大挑檐的屋顶作为保护，但房屋中如果没有烟熏壁炉，壁腔及其填充物容易引起虫害。（图2.4）

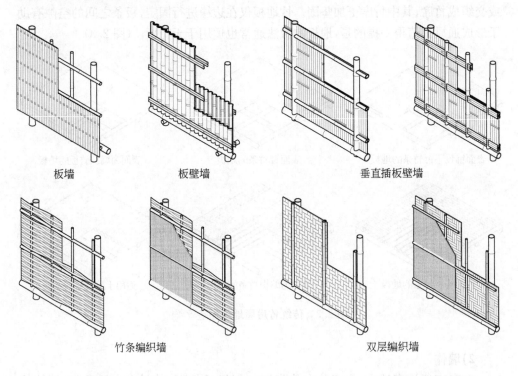

　　　板墙　　　　　　　　　　板壁墙　　　　　　　　　　垂直插板壁墙

　　　　　竹条编织墙　　　　　　　　　　双层编织墙

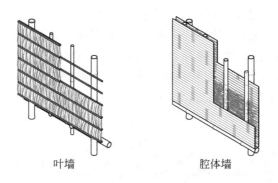

叶墙　　　　　　　　　　　腔体墙

图 2.4　传统竹房屋墙体构造[27,32]

3)屋顶

屋顶包含框架、板条和覆层三个元素。框架一般采用倾斜的形式,由全竹构成,竹杆件平行或垂直紧密排列,最常见的竹秆直径 5~8cm,竹板条直径1.4~4cm。类似于地板构造,竹杆件之间的间距由其支撑的间距决定。屋顶板条系统取决于屋面材料的选择,因此差异很大,可以为卧式、垂直、并排或由叠置的圆杆和竹条组成,或连续排列形成致密层。屋顶覆层可以为竹子、其他材料或者混合物。

立瓦,为全长的椽子,但固定在屋檐上,其中下方固定在檐沟上,而上端则自由地搁在屋脊脊檩上,这种屋脊仅适用于临时建筑,因为当风向改变时,悬挑的木立瓦无法完全阻止雨水进入山脊;竹瓦,最简单的屋顶覆层,通过对半劈开,并除去隔膜层,采用罗马砖的形式排列,竹瓦被拧在屋脊上,而下端在屋檐处不固定,通过自身重量保持在适当位置上;双层瓦,以罗马砖形式排列的竹瓦被拧在竹条上,再绑在下方竹杆上,该竹杆同时用作檩条和屋顶板条;多层瓦,菲律宾苏拉威西山区的Toraja 部落使用的多层屋顶是最重、最昂贵的屋顶,屋顶结构由实木制成,排瓦层层叠放在屋顶板条上,厚度可达 1m;柳叶刀状瓦,瓦片采用竹节的长度、瓦片凹面朝上固定在屋顶板条上,除板条区域外无更多节点,排水效果好,但价格昂贵,只在印度尼西亚巴厘岛的宗教建筑中使用。

竹叶作为屋顶材料,竹叶松散、叶子小,相比于棕榈叶等覆层需要更多层、更陡峭的屋顶和更坚固的底层结构;草屋顶包括两种方式,即将草条缠绕在竹板条上然后缝制,或者将草束在屋顶板条上固定,然后向下弯曲;棕榈叶屋顶是东南亚使用最为广泛的屋顶类型之一,棕榈树的叶子在转折处的坚硬脊柱被取出,然后环绕在竹条上,再用取出的坚硬脊柱或者连续的藤条来固定棕榈叶子,棕榈叶子通常铺设三层;竹屑制成的瓦屋顶,竹屑被弯曲在板条上并缝在一起,其厚度提供了出色的防风雨性能。

纤维束,来自糖和棕榈植物,纤维束被绑扎成几米长,从山脊到屋檐形成两层,

在有持续烟火驱除昆虫的情况下,这类屋顶寿命可达 30～80 年,屋顶倾斜角至少
40°,倾角太小时会导致雨水停滞、形成青苔,并阻碍屋顶的呼吸作用,进而导致更
多水分停留,造成屋顶腐烂。屋脊上方是最为脆弱的部分,可以将大直径竹秆对半
劈开,凹面朝上,屋面覆层与屋脊搭接部分可用钢筋固定,屋顶表面可采用宽网状
的竹条保护,起到抗风作用。(图 2.5)

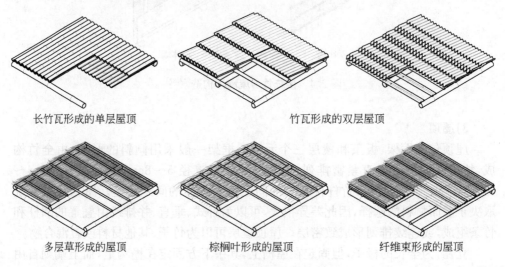

　　长竹瓦形成的单层屋顶　　　　　　　竹瓦形成的双层屋顶

　　多层草形成的屋顶　　　　棕榈叶形成的屋顶　　　　纤维束形成的屋顶

图 2.5　传统竹房屋顶构造[27,32]

　　Hidalgo-López 在专著《竹子:神的礼物》(*Bamboo: The Gift of the Gods*)中记
载了"亚洲的传统竹建筑",提及了竹木组合的做法,如日本原始圆锥形屋顶由木材
和竹材组合构成,木材被作为柱子和横梁,竹子被作为檩条,围合成圆锥形屋顶。
类似的竹木组合也出现在东南亚其他地方,如将木材作为不同竹杆件之间的连接
和固定材料。在印度尼西亚 Pasemah 屋、Tamimbar 屋、Toradja 屋等住房中的传
统屋顶样式及其节点连接中,圆竹杆件被作为椽子[1]。

2.2.3　当今原竹建筑实践

1. 实践特征

　　目前国内外的竹建造活动大多仍集中在原竹建筑,探索将竹材作为一种地域
性建筑材料进行应用,并发掘其可持续性方面的潜力。也不再局限于居住建筑,而
是包含了特色酒店、学校、展厅等类型。金属、膜、玻璃等现代建筑材料被广泛使
用,建筑形式更为多样化。技术上不再追求简单和容易复制,计算机、机械参与到
设计和建造过程。与此相应地,支持原竹材料及建筑设计计算的标准也得到重视,

例如,INBAR 主持制定了标准《竹结构——圆竹分级基本原则及其性能》(ISO 19624:2018)、《竹结构——圆竹物理力学性能试验方法》(ISO 22157:2019)、《竹结构设计》(ISO 22156:2004)。(图 2.6)

图 2.6　原竹建筑实例照片

资料来源:左,拍摄于中国惠州,2016;中,拍摄于泰国清迈,2018;右,拍摄于越南平阳,2018

德国马库斯·海因斯多夫(Markus Herindorft)1997 年开始探索将竹材应用到建筑设计和建造中,建成的项目主要有上海世博会的德国馆(2010 年)和先后在国内南京、重庆、广州、沈阳、武汉等城市展出的"德中同行"系列展馆(2007～2009年)。这些建筑综合运用了原竹和以竹集成材为代表的工业竹材,并借助膜的使用,形成可密闭的外围护结构。通过结构系统和建筑构件连接节点的优化设计,尽量发挥竹材与生俱来的力学强度优势,从而通过使用更少的材料来实现更高的结构强度,开发新型钢材连接节点,将其应用到螺钉、钢箍件等部位,以优化杆件的连接方式,并且通过数字技术辅助的精细化设计,提高建造精度,从而改变人们将竹材视为粗糙、廉价材料的惯性认知。

上海世博会印度馆(2010 年)由纳依都(Naidu)设计,主体建筑的穹顶由 36 根弯曲成 1/4 圆弧状的竹肋作为承重构件。每根竹肋捆扎了 9 根毛竹竹秆,竹秆直径为 100mm,呈三角形排布。竹肋在环向通过钢材或竹材箍件进行连接,以实现对结构的整体加强。在印度尼西亚巴厘岛,约翰·哈迪(John Hardy)主持设计并建造了"绿色学校"竹建筑群(2012 年),通过当地工匠,根据当地传统技术和工具,采用硼元素处理竹子,提高其耐久性。在越南,武重义设计了系列原竹建筑,如宜阳省的"风和水"吧(2008 年),采用越南传统的竹编建造技术完成高 10m、跨度 15m 的圆顶结构,主体框架由 48 个预制的拱形单元组成,向屋面收束,并预留直径 1.5m 的天窗,形成自然采光和拔风效应。

在泰国,荷兰建筑师事务所 24H＞architecture 设计了沽岛儿童活动与学习中心(2009 年)。采用"设计融于自然"的理念,将建筑底层架高,减小对环境的影响,也更好地实现对流通风;材料采用巴真府产的竹子,建筑构件通过数字化计算生成,并制作 1:30 实体模型进行风洞试验;建造过程中采用专门研发的蒸炉制作曲梁,节点采用螺栓水泥法,并通过硼处理和"保护性设计",增强主体结构耐久性。

在孟加拉国,德国建筑师安娜·赫林格(Anna Heringer)和艾克·罗斯瓦(Eike Roswag)设计了一座竹土学校(2005 年)。项目过程中发现当地成本低廉的劳动力、现成的泥土和竹子资源,具有低价建造农村房屋的潜力。采用 50cm 厚的表面涂有水泥砂浆的砖地基,添加聚乙烯薄膜防潮层,首层墙体采用稻草泥土混合物,二层采用轻质的竹框架结构,楼板采用三层竹竿交叠布置,填充泥土混合物。

2. 技术瓶颈

原竹建筑很大程度上因为其形式上的美观,吸引来不少理论研究和建造实践,积累了一系列着重于圆竹杆件节点连接的建造经验,产生了独特的建筑形式。但原竹建筑始终存在耐久性差、标准建筑杆件选择困难、建造过程强依赖于手工操作、室内环境质量不能保证等难以突破的局限,因而仅在竹资源丰富但经济技术落后、未能生产改性竹材的国家和地区作为廉价、临时性房屋类型使用。少数建筑师、艺术家进行的小型实验性建筑实践和探索的原竹建构方法,难以具有普及推广意义。

作为建筑材料,原竹存在尺寸、标准化、物化性能方面的缺陷。受到植物体本身的尺寸局限,原竹在生长过程中会弯曲,并且秆径不一,难以成为标准化建筑材料;含湿量大,在使用过程中容易开裂;含糖量大,容易发生霉菌和虫蚀。竹材改性技术可以一定程度上弥补这些缺陷,延长其在建筑中的使用寿命。

2.3　工业竹材和改性竹建筑

2.3.1　研究与应用现状

受地区森林资源禀赋、经济发展水平、建造技术等因素影响,人们对竹材在建筑领域的研究和实践存在地区差异。历史上,在东南亚和南美洲的热带地区,大径、厚壁的圆竹被大量地用于传统竹建筑中,这类圆竹容易获取、廉价,并且具有良好的抗震性能[33]。在当今林业资源、材料技术和建材需求背景下,原竹及其改性竹材得到新的关注。这一过程受到木材技术发展和木构体系演进过程的影响。木构建筑体系发展经历了从原木建筑、传统木结构、木框架结构,到木骨架结构和木面板结构的演进,后两者受到 20 世纪初木材人造板技术的影响。人造板技术在 20世纪 80 年代被成功引入竹材行业,多种人造板被相继开发出来,也引起行业内建筑师和学者的关注,系列实践活动得以开启。

20 世纪 80 年代以来,多种标准化和可定制化的工业竹材得到开发,如竹胶合板、竹刨花板、竹定向结构刨花板、竹集成材、竹重组材、竹缠绕等竹质材料及其产品。

这一过程中也伴随产品力学、耐久性、耐火性等性能的提升,使得竹材可以适用于室内外不同气候条件,应用于建筑混凝土模板、承重结构构件、家具和地板等领域。

北京竹家具屋由日本坂茂(Shigeru Ban)设计(2002 年),在日本进行系列力学测试,将竹集成材应用于建筑结构、围护结构及内部装饰。考虑到项目地址偏远和预算紧张,将预制模块化建筑系统应用于该住宅,简化材料式样,减少了现场工序。快速装配式竹结构抗震安置房和教室由肖岩设计(2008 年),建筑体系进行模块化和预制设计,快速建造,显示出竹结构住宅技术的产品化可能。墙体、屋面进行了保温隔热和防火处理,满足房屋的安全和舒适性要求。肖岩还设计了湖南大学竹结构示范建筑(2008 年),采用了轻型框架体系。墙体等采用竹胶合板内置保温层,改善了围护结构的热工性能。对甲醛、挥发性有机物进行检测,房屋室内空气质量满足国家《室内空气质量标准》[1]的规定。(图 2.7)

图 2.7　工业竹建筑实例[27]

南京林业大学"抗震竹楼"由建筑师吕志涛院士和木材加工与人造板工艺学专家张齐生院士设计(2009 年),整体抗震能力达到 8 度,可应对 7 级左右地震。将多种改性竹材,根据其材料特点,应用于不同领域,例如,竹重组材用于柱子,竹集成材用于梁、楼板,竹编胶合板用于内部装饰,竹帘胶合板用于外墙。四川灾区中国儿童基金会毕马威社区中心由郝琳设计(2010 年),大跨度结构中采用竹集成材,并运用榫卯的梁柱对接节点,有利于抗震。综合应用复合竹外板、内外竹地板、复合秸秆墙体、再生木材双层保温窗、太阳光导管、LED 节能灯、沼气和生态芦苇池等生态技术,实现建筑理念、形态、物料、建造方式与本土气候、传统、人文和心理的契合。

相比原竹,工业竹材的应用领域得到很大拓展。具有土木工程和建筑设计专业背景的学者进行了将工业竹材应用于建筑的研究,他们多来自人造板工业发展

---

① 该标准最新版本为 GB/T 18883—2022,于 2023 年 2 月 1 日起施行。

较为成熟的国家,如中国、德国、日本,结合工业竹材产品,扩大了工业竹材使用领域。国内以张齐生、肖岩、郝琳等为代表的学者参考现代木构体系,开展了工业竹材的建筑应用研究与实践。研究关注到材料物化性能的提升、工业化预制生产建造方式、房屋舒适性改善等,成果显示出工业竹材的应用优势和技术性研发前景。

总体上,现有研究更加关注竹材的力学性质及其应用于建筑结构的力学性能。对于非承重结构的工程应用,如作为建筑墙体,尚缺乏充分研究。这部分研究的基础是建筑热湿学,而我国《民用建筑热工设计规范》等建筑热工计算的相关依据中,尚未能提供竹材相关性质参数,因此实际中,通常采用木材参数进行替代性的计算。以竹集成材、竹重组材和竹复合板作为原料,以地板、天花、墙体面板等形式,竹材工业化产生的多种标准化型材产品,被应用于饰面工程,得到市场推广。但目前的技术附加值导致部分材料品种失去价格优势,难以大量应用于其他领域。竹胶合板、刨花板类产品虽具价格优势,但附加值低,主要应用于建筑模板和包装行业。许多品种的改性竹材,在一些工艺影响下,产品易与木材混淆,丧失了竹材可识别性。

2.3.2　发展潜力

在我国,因森林资源不足,20 世纪 80 年代以来严格限制森林采伐。经过数十年努力,森林总量、质量均稳步发展。2014～2018 年第九次全国森林资源调查显示,全国森林面积 2.2 亿 hm^2;人工林快速发展,达 0.8 亿 hm^2,位居世界首位;全国竹林面积 641.16 万 hm^2,占世界总量的 1/4,竹材人造板产品体系齐全,产量在全球占比超过 85%。随着科研力量投入和市场需求拉动,竹材产业化开发和利用技术持续进步,为其工程应用奠定了基础。2021 年 10 月,国发〔2021〕23 号《2030 年前碳达峰行动方案》提到要加快推进绿色建材产品认证和应用推广、加强木竹建材等低碳建材产品研发应用、推广绿色低碳建材和绿色建造方式。可以预见,在"双碳"目标驱动下,我国竹建材产品工业化开发与应用具有广阔前景。

2.3.3　木构建筑参考系

木构建筑体系经历了从原木建筑、传统木结构、木框架结构、木骨架结构、木面板结构的发展历程,后三者是当前应用的主要体系。采用的构造方法为层式构造(layered construction),这为不同材料层的组合与优化提供了更大的自由度和可能性。竹材人造板的开发以木材人造板作为参照,类似于此,人们也试图开发出改性竹材的现代建筑体系。已经得到充分发展的木构建筑体系,揭示了改性竹材的应用潜力。(图 2.8)

(1)原木建筑(log construction)。因梁末端交叉连接,常被描述为"编织建

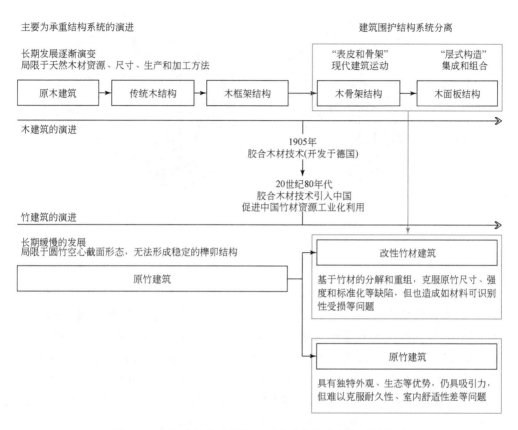

图 2.8　木构建筑体系的演变及其对竹构建筑体系的影响

筑";本质上属于实体结构体系,需要大量木材,以躯干笔直的软木最为合适;采用榫接、嵌接的方法来连接两构件;墙体难以满足保温需求,因此需要另设保温层。

(2)传统木结构(traditional timbered construction)。荷载传递清晰;承重结构柱和非承重结构的间隔填充差异明显;采用榫接节点;间隔填充石料或黏土等,现在多采用保温材料填充;方木横截面标准尺寸为 10cm×10cm、12cm×12cm 或 14cm×14cm,多采用硬木如橡木作为材料。(图 2.9)

(3)木框架结构(timber frame construction)。起源于北美,沿新铁路线安置的村镇需要简单、经济、快速建造的房子;有时被称为"肋骨建筑"(rippenbau);19 世纪前 50 年,工业技术开始影响木结构建造,欧洲传统木建筑受蒸汽机锯木场和机械切割钉改变;木材横截面被统一为平板形式,钉合节点简单易行,取代原本需要精心制作的手工节点;欧洲在 20 世纪 80 年代才广泛接受木框架结构,相比于美国 5cm×10cm(2in×4in)木材横截面,欧洲变成 6cm×12cm;小格栅密肋通用宽度

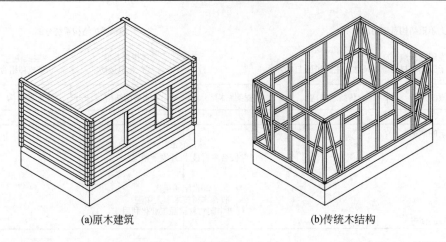

(a)原木建筑　　　　　　　　　　　　(b)传统木结构

图 2.9　木构建筑体系[14]（之一）

为 62.5cm。

（4）木骨架结构（skeleton construction）。骨架式建造采用柱和主梁组成一级承重结构，并支撑次梁和椽组成的二级承重结构；非承重墙体进一步解放，木骨架结构实现了 20 世纪现代主义"表皮和骨架"（skin and skeleton）；承重柱间距明显比传统木结构和木框架结构大，这一定程度上得益于胶合板技术，使材料强度可满足较大跨度要求；多层建筑采用连续柱子，而不是一层层垒造，附在柱子上的水平梁成为圈梁；采用金属装置连接梁和柱，不会对木材横截面产生削弱。（图 2.10）

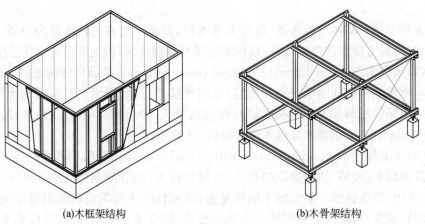

(a)木框架结构　　　　　　　　　　　(b)木骨架结构

图 2.10　木构建筑体系[14]（之二）

(5)木面板结构(timber panel construction)。木面板结构可以最大化地将工作量移到工厂进行;预制面板单元通常有完整层高,完成绝缘处理,安装好建筑部件,现场施工只需要进行竖立和连接固定;承重板式墙体采用坚实的层积胶合板或者边缘胶合单元加工而成,成为厚板结构(slab construction);木建筑"尽可能少用材料"的倾向有发生转变的趋势。(图 2.11)

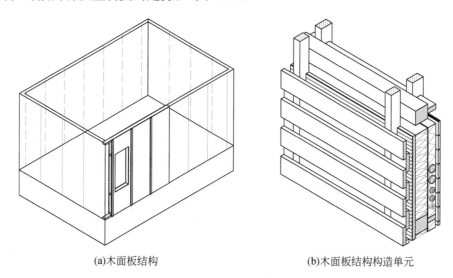

(a)木面板结构　　　　　　　　　　(b)木面板结构构造单元

图 2.11 木构建筑体系[14](之三)

2.4 小 结

本章结合全球产竹区建筑常用竹种的分布和特性解析,综述了与原竹材料类型相对应的传统竹建筑活动历史、当今实践与技术局限。通过现代材料改性技术及建筑体系演进规律对竹构体系发展的影响分析,评估新型工业竹材建筑应用的技术现状和发展潜力。

相比现代木构体系,当下竹建筑体系发展尚不成熟。在建材层面,亚太竹区多个国家,包括中国、印度、印度尼西亚、老挝、马来西亚、菲律宾、泰国、越南等,均发展了自己的竹材人造板工业。其中,竹席胶合板几乎各国均可生产,而更为新型的产品,如竹集成材、竹重组材等,核心技术主要开发于中国,近年来也逐渐出现技术传播。在建筑层面,新型、低碳竹建筑还有待寻求科学的解决方案。

中　篇

竹建筑碳排放计算模型

中　篇

第3章 "建筑用竹"的低碳机制

3.1 竹材与竹建筑的低碳研究视角

3.1.1 竹材与竹建筑研究现状

在建筑工业,低碳建材的找寻、研发与应用得到越来越多的关注。作为传统建筑材料的竹材,在当今林业资源、材料技术和市场需求背景下得到新的重视。受不同地区研究需求和研究支持情况的影响,世界范围内对竹材的研究不均衡。研究竹材的团体在亚太、美洲和欧洲的少数国家呈点状分布,研究内容既有交叠,又显现出各自不同的特点。几乎所有国家的竹材研究都涵盖这几方面内容:竹子植物学研究、林业研究、竹材物理化学性质研究。在这些方向拥有较多文献。

在具有竹材使用传统的国家和地区,如中国、日本、哥伦比亚,在竹材的研究中会比其他地区多一层对地域文化的考虑,关注竹材对民族、地域文化的表达。中日建筑师进行建造实践时,会通过材料语言表现含蓄的东方色彩;哥伦比亚建筑师则用独特的原竹建筑表达原野奔放的美洲文明。美国森林资源丰富,以使用木材为主,对本国建筑用竹不太敏感,其将视野拓展到东南亚、非洲等时,则关注竹材在区域所能承担的可持续性角色。欧洲本不产天然竹子,仅有少量引种,但近年来也对竹材产生兴趣。其中,德国与荷兰对竹材进行了较多研究,依托其大学、企业、研究机构的技术优势,对竹材进行了高技术附加的产品研发。

竹建筑的相关研究可归为宏观、中观和微观三个层面。

宏观层面,即竹建筑的可持续性研究,主要回答为什么选择竹材作为建筑材料的问题。具体包含竹材自身的可持续性研究、低造价竹建筑对于经济社会落后地区的人居环境改善的效益研究、竹产业对于产竹区的经济社会效益的研究等。

中观层面,即竹建筑结构体系、竹建筑构造节点的研究,主要回答怎样使用竹材建造房屋的问题。竹建筑结构体系研究包含原竹结构体系、竹-钢结构体系、竹-混凝土结构体系、竹桁架和竹网架等大跨度竹结构体系的建筑结构选型和抗震性能评估;竹建筑构造节点研究主要包括原竹结构杆件之间、改性竹材结构构件之间以及竹材与其他材料之间的连接方法。

微观层面,即原竹材料特性、改性竹材方面的研究,主要回答怎样发掘竹材潜质、提高竹建筑品质的问题。原竹材料特性研究包括对原竹进行各方面物化性能的解析;改性竹材方面的研究则是利用现代材料技术增强竹材力学、保温隔热、耐腐蚀等方面的性能,形成竹重组材、竹集成材、竹胶合板等。此外,还将竹材和竹材以外的一种或多种不同材料,通过特殊工艺加工,形成复合竹材,如竹-木复合材、竹-塑复合材、竹-钢复合材、竹-玻璃钢复合材。

以上三个层面的研究本不应分割,但多数研究仅着眼于其中一个层面。对于第一层面,国外已有一定量研究,很大程度上回答了为什么使用竹材的问题。对于第二层面,国内外关注均相对较多,探索竹材作为结构材料的应用,但缺乏对竹材力学性能以外潜能的开发。对于第三层面,国内外均有一定量出自材料学角度的研究成果,对竹材的物化性质等进行了发掘和改善,能提供一些基础数据,但停留在材料层面,未能与建筑相结合。相关行业技术标准规范的研究主要跨越第二、第三层面,相对缺乏,但已引起世界范围内许多研究团体的重视。

3.1.2　竹建筑活动的特殊性

竹建筑活动的低碳研究具有一定特殊性(图 3.1),这既存在于竹材自身性质的内在层面,也存在于所处的外部条件。

(1)可再生材料与不可再生材料相比的特点。竹建筑活动处在自然界和人类社会的物质和能量循环中,在建筑运行阶段又服务于使用者,因此同时存在对外(环境)和对内(人)的影响。这种影响关系表现出动态特征,因而不可静态评价,并且有必要观察整个循环过程的科学性,避免偏颇而失去整体平衡,尤其是原材料的

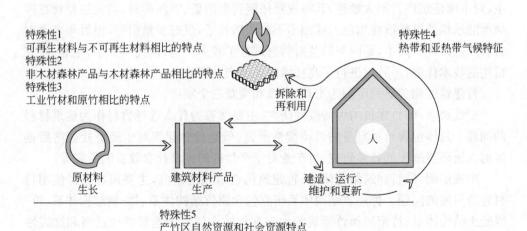

图 3.1　竹建筑活动的特殊性

再生过程需要进行科学评估和合理引导。竹建筑活动需在降低碳排放的同时,满足人们日益增长的环境品质需求。

(2)非木材森林产品与木材森林产品相比的特点。竹子作为一种草本植物,不同于树木,存在明显的寿命局限。竹子在前 10 年会通过生长而增加地面生物量,随后竹秆逐渐加速老化直至枯萎,使得竹林单位面积生物量进入平稳状态。它无法像树木那样通过森林保护而实现生物量的保存,因而从资源利用的角度,竹子存在"不用之则弃之"的特点。应鼓励加以合理经营和规律性采伐,为竹林新的生物量增长腾出空间。

(3)工业竹材和原竹相比的特点。与传统原竹建筑活动相比,工业竹建筑在材料生产阶段加入了现代材料工业技术,这涉及能源消耗、化学药物使用,因而造成生态足迹的增加,但同时材料的品质也得到了提高。从生命周期视角看,随着建筑使用阶段的技术进步,材料生产和建筑建造过程的生态足迹比重会相应加大。改性竹材在提高耐久性后可延长服务时间,从而将所蕴含的碳封存更久,并且避免高频率的建造活动,减少总的碳排放。与之相对的是,原竹建筑不再意味着低碳。"原竹=低碳"、"改性竹材=不环保"等固有认识需要重新进行科学审视和量化评估。

(4)热带和亚热带气候特征。由于长距离运输会造成生态成本增加,最低碳的方式是在产竹区当地进行竹材开发和工程应用,将技术而不是材料推广到这些地方。然而,产竹区大部分分布于热带和亚热带地区,尚未发展出现代竹构体系。欧美国家成熟的木构建筑体系开发自更高纬度的温带乃至寒带地区,无法直接作为产竹区的参考,因而需要结合当地气候特征开展相适应的独立研究。

(5)产竹区自然资源和社会资源特点。在竹林分布的低纬度地区,人口密集且快速增长,是全球未来建筑量的增长极,建筑活动无疑会给地区环境和能源资源造成压力,而竹材生产过程还特别需要占用土地资源,因此,竹建筑活动的土地成本、环境影响和能源负荷应作为综合资源成本进行评估和控制,这与单一地计算建筑材料蕴含能源强度或碳排放量等方式存在不同。

3.1.3 低碳竹建筑的研究需求

低碳目标在于,在减少生命周期碳排放的同时,满足人们更高的舒适性需求。综合竹建筑活动的特殊性,其低碳研究需立足于全生命周期和全产业系统的更宽广和更长远的视角。

1. 全生命周期视角

全生命周期包含多元要素,如材料生产和加工阶段的技术水平、使用阶段的气候适应性性能、更高的建筑舒适标准、材料回收和处理方式等,而生命周期长度(寿命)自身也影响竹建筑的可持续性。

在木构建筑体系中,已经发展出成熟的建筑节能技术,并且不以牺牲室内舒适性为前提。这要求在建造的初始阶段投入更多、质量更好的建筑材料和设施设备系统,在提高建筑品质的同时,初始投入较大。但从更长时间范围内考虑会发现,初始阶段增加成本,提高建筑质量,往往可降低建筑使用若干年后用于维护的资金和时间。类似地,对于工业竹材建筑活动,不能只关注初始阶段的建设成本,需要从建造全生命周期范围内评判和优化设计方案。(图 3.2)

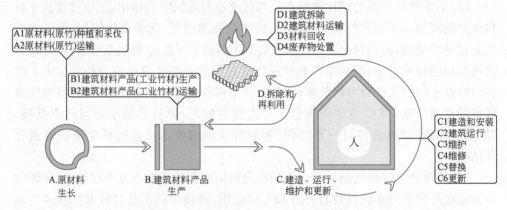

图 3.2　竹建筑活动的生命周期过程图示
A-D"从摇篮到坟墓",包含:A-B"从摇篮到大门"、B-C"从大门到大门"、C-D"从大门到坟墓"

2. 全产业系统视角

从"全产业"要素视角评价竹建造活动的可持续性水平,涉及竹林培育、经营管理、采伐、运输,以及竹材加工、建造、回收再利用等方面。

例如,从竹建筑碳储存和碳减排潜力的角度讨论,建筑用竹发挥固碳和碳减排需基于以下三方面机制的有效发挥:总生态系统碳、耐用品库、潜在的产品替换。其中在生命周期"从摇篮到大门"的阶段,包括竹子生长、竹材加工、竹建造等环节,很大程度上已经决定竹建筑的可持续水平。而这牵涉到更上游的原材料生产,即竹林的种植和经营管理。有针对我国毛竹林碳汇能力的研究显示,在 60 年统计周期内,毛竹林碳汇能力高于杉木林,当然这必须以毛竹林的合理经营和规律性采伐为前提。

对于耐用品库,如以上"工业竹材和原竹相比的特点"中所分析的,工业改性有助于形成耐用品库,从而延长产品固碳时间,原竹并不意味着低碳,改性竹材不等于不环保,需要优化的是材料加工技术,如控制加工过程中的能源消耗、化学药物使用等。当更高品质的竹材被开发出来后,还需要通过产品替换,即替代建筑行业正在使用的高碳足迹的材料,实现降低建筑业碳排放的目标。

3.2 竹林碳汇机制

3.2.1 林业碳汇机制

2016 年,《巴黎协定》在联合国总部签署,为 2020 年后全球应对气候变化的行动做出安排。根据《巴黎协定》,有 195 个国家承诺将全球与工业化前水平相比的气温上升幅度控制在 2℃以下,甚至是 1.5℃以下。根据政府间气候变化专门委员会(Intergovernmental Panel on Climate Change,IPCC)的报告,需要采取措施从大气中去除 CO_2 才能实现该气候目标。其中,减少砍伐、进行再造林对于气候目标的实现具有重要作用[34]。

在《巴黎协定》中,减少森林砍伐和森林退化造成的排放(reducing emissions from deforestation and forest degradation,REDD+)被正式认可为缓解气候变化的机制。根据《巴黎协定》,各国需各自确定如何通过国家自主贡献(nationally determined contributions,NDCs)实现其气候目标。REDD+与根据《京都议定书》制定的两个机制密切相关,即清洁发展机制(clean development mechanism,CDM)和联合实施机制(joint implementation mechanism,JIM)。此外,REDD+与自愿碳市场密切相关,包括自愿碳标准(voluntary carbon standard,VCS)和黄金标准(gold standard,GS)[35]。

竹林有潜力通过以上机制发挥缓解气候变化的作用。REDD+相关项目复杂多样,其中,竹林有助于实现其中的主要方面,体现在减少森林砍伐造成的碳排放、减少森林退化造成的碳排放、保护森林储碳量、通过森林的可持续管理增加储碳量。例如,通过提供竹材或生物质能,代替木材或木炭需求,从而减轻森林砍伐。但 REDD+机制针对的是木材森林,尚未包含竹林及其他农业系统。

农业、农林业对缓解气候变化也有关键贡献,因此,有些机制,如减少所有土地使用的碳排放(reducing emissions from all land uses,REALU)未来可能纳入更多符合缓解气候变化的土地用途,可将其适用范围从林业拓展到农林业甚至是农业,以适合未来更宽泛的缓解气候变化的计划。竹林的土地使用系统与农业有许多共同点,例如,竹子可在多种土壤中生长,并且与生产系统整合。竹林与许多多年生农作物有共同特点,如定期采伐,并且保留很大部分生物量和储碳量在地面以下的茎、根系统中。

3.2.2　竹林碳汇潜力评估

根据全国森林清查统计的竹林面积、生物量积累、碳储存和土壤有机碳的数据估算，中国竹林的储碳量逐渐增加，从 1950～1962 年的 318.57TgC 增加到1999～2003 年的 639.32TgC，每个清查周期内增长 6.5%～11.6%，预计中国竹林储碳量将在 2050 年增加至 1017.64TgC[36]。一项对湖南怀化会同林区毛竹碳排放的动态观测表明，毛竹林生态系统碳汇量为 144.3tC/hm²，其中土壤层、乔木层、林下植被和掉落物层分别占系统总量的 76.89%、22.16%、0.44% 和 0.51%。年固定 CO_2 总量为 37.18tCO_2/(hm²·a)，净固定 CO_2 为 12.83tCO_2/(hm²·a)，折合净碳量为 3.50tC/(hm²·a)[37]。

为了发挥竹林碳汇潜力，除了重点进行人工林的新造和更新，还应对既有竹林开展优化管理，旨在同时提高竹林的生产力和碳汇功能。这种方法可保障竹林既能提供有效生态服务，又可适应市场需求，因此，需要开发旨在优化竹林碳汇能力的管理系统。毛竹林生态系统碳储存统计显示，粗放经营的竹林具有比集约经营竹林更高的储碳量，但集约经营的人工林，乔木部分储碳量达 33～74tC/hm²，高于粗放经营竹林的 29～51tC/hm²。类似地，据报道，集约经营的毛竹林年固碳量为 12.7tC/(hm²·a)，最高可达 20.1～34.1tC/(hm²·a)，远高于粗放经营竹林的 8.1tC/(hm²·a)[38]。

3.2.3　造林和竹林管理碳汇

2011 年 9 月在德国举行的一次国际会议上提出了"波恩挑战"，并制定了 2020 年恢复 1.5 亿 hm² 退化和被砍伐森林的目标。之后的《纽约宣言》，将目标扩大至 2030 年的 3.5 亿 hm²。据估算，如果目标实现，增加的森林每年固碳量为 1.6～3.4GtCO_2，2011～2030 年总固碳量为 11.8～33.5GtCO_2。此后，世界资源研究所（World Resources Institute，WRI）确定 20 亿 hm² 的"镶嵌恢复"项目，此 20 亿 hm² 土地与竹林生长地区大范围重叠。

竹林具有生产用途和恢复退化土地的功能。竹子的母本植物由许多茎组成，并且在地下通过复杂的根系相连，每年都会生长出新秆，使得竹林不容易被清除。发达的根系使竹子可在一些不可耕作的地方生长，并改善土壤质量和恢复地下水位。竹子的收成类似农作物，每年采伐 4～5 岁龄的竹秆，可为农民提供稳定收入，并有利于幼年植株快速生长。竹子较快的生长速度也意味着较高的产量，这在未来土地可能变得更加稀缺的场景下尤显优势，即竹子特别适合用于造林项目。

1. 自愿碳市场

竹子成为国家和国际相关政策中可以运用的碳汇资源的前提是在《联合国气

候变化框架公约》(United Nations Framework Convention on Climate Change, UNFCCC)中得到认可。UNFCCC 创建的目的在于按照《京都议定书》所设定的目标帮助缓解气候变化。它建立了排放权交易、JIM 和 CDM 等强制性机制来减少温室气体排放。

认证与竹林相关的碳汇和碳排放需要进行复杂计算,但目前没有现成做法,而由于竹子不属于现有(木材)森林评价体系中的某种树木,在讨论森林和气候变化中常被排除在外。要想通过 REDD+批准,每个国家需首先证明将竹子列为碳汇物种是合理的。对于排放交易,存在合规碳市场和自愿碳市场。合规碳市场更多关注排放高的行业部门,包括农业、林业和其他土地利用有关的排放,其中森林砍伐比重尤其大。不同于此,自愿碳市场由企业社会责任推动,这部分市场通常规模较小,不受约束。但受诸如 VCS 和 GS 等国际公认标准的监督。实际中,VCS、GS 等标准也已认可了竹子,但仍需要更多的基础性研究工作,例如,不同竹林碳含量差异很大,需要跨越不同地点、物种和气候条件等方面进行评估[39]。

2. 我国的实践

为满足不断增长的竹林碳汇实践和碳交易需求,并利用竹林碳汇潜力缓解气候变化问题,INBAR 及国内的浙江农林大学(ZAFU)、中国绿色碳汇基金会(CGCF)、中国林业科学研究院亚热带林业研究所(RISF-CAF)等团体开发将竹子纳入碳信用计划的方法,以认可竹子作为快速生长、可再生和高产的碳汇物种。开发了"中国竹林造林碳核算方法",提供竹林碳汇项目的适用范围、设计、资格、造林实践、碳库选择、温室气体排放源、渗漏、基准情景、项目方案和项目监测计划的基本原则和指南,这将被纳入中国的碳交易或碳抵消计划中。该方法基于中国国家林业局(SFA)制定的技术文件,以及 INBAR、ZAFU、RISF-CAF 的研究积累和CGCF 资助的浙江临安竹林碳汇试点项目经验。此外,在 INBAR 研究的基础上,该方法还借鉴了相关的 CDM 和 VCS 等国际标准和法规[40]。

在国内,SFA 已正式认可"中国竹林造林碳核算方法",该方法将使得竹子有资格参与中国的造林项目,并将量化各自的碳信用额。中国碳交易市场也对这一通过竹林进行碳抵消的新方式做出了积极响应。根据该方法,浙江临安在 2009 年3 月种植了 46.7hm² 毛竹林,并已在中国自愿碳市场进行了碳抵消。2014 年完成了第一项竹林碳汇造林项目,随后发展出竹林管理碳汇项目等类型,探讨可持续的竹林经营方法。竹子还被尝试结合进入农林业和农业系统[41]。

此外,INBAR 及 CGCF、ZAFU 和 RISF-CAF 正在开发适应全球的碳汇计算方法。在试点和验证阶段,这一过程包括确保碳核算方法符合国家森林定义和相关法律法规,收集不同竹种和管理类型相关的更多科学数据,并选择国家建立中小型实验林。在此阶段之后,可根据该方法实施更大规模的项目。专用的竹子碳核算方法仍处于起步阶段,需通过未来研究实践进行进一步发展和拓展。

3.3　竹产品固碳和减碳机制

　　由于具有快速生长能力,巨型木质竹子被认为可以有效吸收 CO_2,采伐后制成的耐久性竹制品可以进一步将碳隔离。通过竹林和竹产品进行固碳和减少碳排放,需考虑计算竹子碳储存和碳减排潜力的三种机制:总生态系统碳、耐用品库、潜在的产品替换[42]。相关碳储存一般包含储存在生态系统中的部分,定义为总生态系统碳(total ecosystem carbon,TEC),以及储存在收获的竹产品中的部分(harvested bamboo product,HBP)。当使用竹材替代具有较高碳足迹的材料时,减少碳排放的潜力会得以放大,这就是潜在的碳替换因子,这使其在进一步减少碳排放方面具有巨大潜力[43]。

　　现有的研究表明,与相似气候条件下适合生产建材产品的杉木人工林相比,集约经营的毛竹林具有可观的碳汇潜力。毛竹林 TEC 为 $168tC/hm^2$,略低于杉木林的 $182tC/hm^2$,但其更快的生长速度使其具有更高的产量,如转化为耐用产品,并且替代不可再生、碳密集型建筑产品,如 PVC 地板、铝窗框等,可进一步减少碳排放。耐用产品中的储碳量,竹材为 $70.3tC/hm^2$,木材为 $30tC/hm^2$。通过产品替代减少的碳排放量,竹材为 $57.4tC/hm^2$,木材为 $24.5tC/hm^2$。集约经营毛竹林及竹产品的固碳量为 $296tC/hm^2$,高于杉木林及木产品的 $237tC/hm^2$。但如果竹林得不到合适的经营管理,这种对比结果将被逆转。未进行经营的毛竹林固碳和减少碳排放总量仅有 $49.5tC/hm^2$,这凸显了经营管理的重要性[40]。

　　在 IPCC 2006 指南的"农业、林业和其他土地利用"计划中,竹子可通过两种方式为固碳做出贡献,包括对"森林/人工林"的贡献和对"耐用产品碳库"的贡献[44]。如果利用生物质产生能量,如采用最新的竹气化技术发电替代诸如基于化石燃料能源等的高碳足迹的能量类型,则可以被包含在 CDM 中。《巴黎协定》所批准的机制,如 CDM 或 REDD+,目前未考虑通过产品替换来减少碳排放,但未来可能会将其包含在碳减排方案中,这对于竹制品的推广应用尤为重要。

3.3.1　总生态系统碳

　　根据 FAO 统计,世界森林中的碳储存分布为 53%在活生物量中、8%在枯木和枯枝落叶中、39%在土壤中。在 CDM 方法中,相关碳库被归为地上碳(above ground carbon,AGC)、地下碳(below ground carbon,BGC)和土壤有机碳(soil organic carbon，SOC），三者之和为 TEC。森林植被和非森林植被之间的转换，并不会导致 SOC 的显著变化。竹林 SOC 为 $70\sim200\text{tC/hm}^2$，与草地、牧场、灌木地的 $66\sim198\text{tC/hm}^2$ 相近[45]。研究表明，竹子 TEC 为 $94\sim392\text{tC/hm}^2$，低于天然林的 $126\sim699\text{tC/hm}^2$，但与人工林的 $85\sim429\text{tC/hm}^2$ 相近[42]。TEC 差异很大，取决于竹种、生长条件（气温、降雨、土壤等）和管理措施（强调、施肥、除草、灌溉等）。不同竹种之间也有差异，丛生竹往往比散生竹的固碳率更高[46]，如 Guadua 单产生物量大幅高于 Moso，碳储存和碳减排总量为 401tC/hm^2。

以上数据是理想条件下的情况。竹子碳储存和减少碳排放的潜力不应被高估，这是因为其有效性受到一些限制。例如，即使是对于巨型竹种毛竹，在缺乏管理的情况下，同一竹林固碳量也会从每年的 5.1tC/hm^2 下降到 $1.65\text{tC/hm}^{2[39]}$；而长期经营的毛竹林也会导致 SOC 的降低[47]。

3.3.2　耐用品库

大多数竹种的竹子在 $7\sim10$ 年成熟，之后快速老化，从而将碳从地上生物量中释放回大气。在生态系统层面，成熟竹林的储碳量相当于或略低于其他天然树林或人工树林。大多数人工树林会在达到成熟后完全砍伐，再进行重新造林。而竹林定期部分采伐后会完成重新生长，并保持每年稳定的固碳量。将采伐的竹子加工成耐用竹制品，可以对所固存的碳在竹制品降解之前进行很长一段时间的隔离，通过技术创新提高竹制品的耐久性，则可以相应地延长这一碳隔离的时间。

在全球范围内，竹子和藤类被认为是最为重要的两类非木材森林植物资源。对于木材森林，采伐后的树木被加工成木制品，这部分产品被称为采伐的木制品（harvested wood product，HWP）。但 HWP 不包括采伐的竹制品（harvested bamboo product，HBP），HBP 被视为非木材森林产品。在 COP17 期间，UNFCCC 强调了 HWP 碳库的重要性。许多耐用竹制品如房屋、地板、家具等可以较长时间地储存碳。由于竹子的快速生长和可更新性，在可持续管理和采伐的情况下，HBP 碳储存比树木更为可观。但相关碳核算方法还不清晰，特别是对于自愿碳市场来说。因此，需要通过开发方法，使利益相关者以类似 HWP 的方式为耐用 HBP 获得自愿碳信用额。

3.3.3　潜在的产品替代

HBP 产品替代对应的碳排放效益取决于 HBP 自身及所替代对象的碳足迹。例如，将竹生物质通过燃烧转换为电能或热能，再将这些能量用于替代化石能源，可以减少碳排放。替换效果的大小取决于许多因素，如被替代的能源形式、该国能源结构以及生物能源生产方式等。对于竹气化发电的碳减排潜力,根据欧洲小型发电厂经验,1.2kg 的干燥竹材可生产 1kW·h 的电能和 0.06~0.16kg 的竹炭,扣除发电机 0.12kW·h 的电力消耗后,剩余 0.88kW·h 的电能,相当于 1kg 竹材可生产 0.72kW·h 电力和 0.1kg 竹炭。假设采伐毛竹用于生产能源的过程中无加工损耗,即 AGC 被全部采集,每年的固碳量为 5.1tC/hm^2[39],相当于 10.2t/hm^2 的干燥竹材生物量,即一共可生产 7344kW·h 电力和 1020kg 竹炭。

当这些能源用于替换基于化石燃料产生的电力时,以电力碳排放因子为 0.925kgCO$_2$e/(kW·h)计,用竹子生产的电能代替电网提供的电力,可减少碳排 7344kW·h/hm^2 × 0.925kgCO$_2$e/(kW·h) = 6.793tCO$_2$e/hm^2,30 年可减排 203.8tCO$_2$/hm^2 或 55.6tC/hm^2。此外,如竹炭(假设 C 含量为 100%)被埋在地下至少 30 年,则可锁定碳 30.6tC/hm^2。因此,总的碳减排潜力可达 86.2tC/hm^2。外加 168tC/hm^2 的 TEC,总量达到 254.2tC/hm^2[42]。

3.4　小　　结

本章基于全产业系统和建筑全生命周期视角,解析竹材建筑工程应用的减碳机制。该机制的有效发挥需要基于一些前提条件。首先,原竹生长阶段需科学地经营管理,规律性地采伐成熟竹株,为新竹株生长并持续进行碳吸收腾出空间。其次,采伐后的原竹需制作成耐用竹制品才能发挥碳隔离功能,避免快速降解使碳重新回到大气环境中。最后,所制成的耐用竹制品需用于替代建筑业中的碳密集型产品,从而减少建筑隐含碳排放。

竹林和竹材总生态系统碳、耐用品碳库和潜在的产品替换三方面的机制,要纳入各国国家自主贡献政策还存在一些障碍,目前仅有总生态系统碳可符合 CDM 规定的国家自主贡献资格。由于缺乏竹材的专门化数据,尚不能将竹制品纳入国家自主贡献的措施。近年已有一些项目在尝试参与自愿碳市场,在低碳发展愿景下,开展竹材和竹建筑低碳研究,对建材工业和建筑工业均具有前瞻性意义。

第4章 竹建筑碳排放计算模型

4.1 建筑碳排放计算研究综述

4.1.1 建材及建筑工程碳排放计算方法

1. 一般产品的碳排放计算方法

各行业碳排放计算方法的原理基础是提出于 20 世纪 60 年代的生命周期评估（life cycle assessment，LCA）。1997 年，ISO 14040 系列标准规定了 LCA 实施程序，使其成为国际标准化和系统化的评估方法。2004 年，第一版 GHG Protocol 针对企业部门的碳排放，2011 年新增了针对产品的核算准则[①]。在国内，与之对应的有 1997 年 CNS 14040 和 2008 年 GB/T 24040 等。1998 年起颁布的 ISO 14020 系列标准评估环境影响，其中 ISO 14025 以 LCA 为依据，规定了"环境产品声明（EPD）"[②]和"产品种类规则（PCR）"[③]的制定流程。PCR 除在一般产品中使用外，还被引用于建筑碳排放计算中系统边界的制定。

1997 年，国际合作签署《京都议定书》，正式督促各国控制和减少温室气体排放，由此给产品和活动进行碳排放计算，标识碳足迹、碳标签的方法得到开发。国际上第一部产品碳足迹评估标准是 2008 年英国发布的 PAS 2050，其基于 LCA 方法，给出了产品碳足迹计算步骤，其中计算边界的设定方法有 B2C 和 B2B，前者包括"从摇篮到坟墓"的各阶段，后者仅计算"从摇篮到大门"，即从原材料开采至该产品运送到下一个工厂或企业的阶段。2013 年，ISO 基于 ISO 14040 发布 ISO 14067，在 PAS 2050 基础上将碳足迹评估范围扩大，将回收材料处理及二次材料加工等都计入其中。

但 ISO 14040 等标准针对一般产品、组织与活动的碳排放计算难以用于建筑。

---

① GHG 标准翻译为"温室气体"，但"碳排放"概念已包含 GHG 范畴，因此统称为碳排放。

② EPD(environmental product declaration)为"提供基于预设参数的量化环境数据的环境声明，必要时包括附加环境信息"(GB/T 24025—2009)。

③ PCR(product category rules)为"对一个或多个产品种类进行 EPD 所必须满足的一套具体的规则、要求和指南"(GB/T 24025—2009)。

建筑不是标准化、大量生产的产品,也没有国际流通的商业规则,因此需要独立的评估方法[48]。ISO 15392/21931/21929 等标准开始对可持续建筑工程与产品提出规定,在 2007 年形成的 ISO 21930 排除了 ISO 15392/21931/21929 关于经济和社会影响方面的内容,而聚焦环境影响,发展出建筑工程 EPD 和 PCR 方法。在 ISO 21930 基础上,欧洲演变出 EN 15804,规定建筑产品的 EPD 细则。在国内,与之对应的是 JGJ/T 222。(图 4.1、表 4.1、表 4.2)

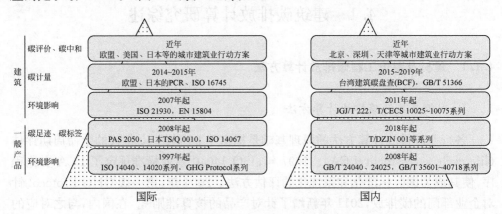

图 4.1　国内外碳排放相关标准/准则分类图示

表 4.1　碳排放相关国际标准/准则

类别	时间	缩写	注释
一般产品环境影响	1997 年起	ISO 14040 系列	《环境管理生命周期评价原则》
	1998 年起	ISO 14020 系列（ISO 14024,1999；ISO 14021,2001；ISO 14025,2006）	《环境标志和声明-通用原则》
	2004 年起	GHG Protocol（Product LCA,2011）	《温室气体议定书》（产品 LCA）
一般产品碳足迹/碳标签	2008 年起	英国 PAS 2050,2014	《商品和服务生命周期温室气体排放评估规范》
	2009 年起	日本 TS/Q 0010	《产品碳足迹评估与标示-一般原则》
	2013 年起	ISO 14067,2018	《温室气体-产品碳足迹-量化要求及指南》
建筑工程与产品环境声明	2007 年起	ISO 21930	《建筑工程的可持续性-建筑产品的环境声明》
	2012 年起	EN 15804	《建筑工程的可持续性-环境产品声明-产品种类规则》

续表

类别	时间	缩写	注释
建筑碳计量	2014 年起	欧盟 EPD® 系列-PCR	针对建筑碳排放计算的产品种类规则
	2014 年起	日本 CFP-PCR	建筑碳足迹-产品种类规则
	—	UNEP-Common Carbon Metrics	联合国环境规划署-通用碳指标
	2015 年起	ISO 16745	《建筑物的环境性能-建筑物碳计量-使用阶段》
建筑碳评价、碳中和	近年	各城市建筑业低碳行动方案	欧盟、美国、日本、韩国、新加坡、澳大利亚等

表 4.2　碳排放相关国内标准/准则

类别	时间	缩写	注释
一般产品环境影响	2008 年起	GB/T 24040	《环境管理 生命周期评价 原则与框架》
	2009 年起	GB/T 24025	《环境标志和声明 Ⅲ型环境声明 原则和程序》
	2017 年起	GB/T 35601—2017 至 GB/T 40718—2021	《绿色产品评价》标准系列
一般产品碳足迹/碳标签	2018 年起	T/DZJN 001 等	《电器电子产品碳足迹评价通则》等标准系列
建筑工程与产品环境声明	2011 年起	JGJ/T 222	《建筑工程可持续性评价标准》
	2019 年起	T/CECS 10025—2019 至 T/CECS 10075—2019	《绿色建材评价》标准系列
建筑碳计量	2015 年起	台湾 BCF	台湾建筑碳盘查方法
	2019 年起	GB/T 51366	《建筑碳排放计算标准》
建筑碳评价、碳中和	2021 年起	各城市建筑业低碳行动方案	北京、深圳、天津等

2. 建筑的碳排放计算方法

对于一般工业产品,碳排放计算和标签往往合一,并已形成系列标准方法。但因为使用的建材复杂,且运行过程中能耗也难以精确掌握,建筑业难以推行碳足迹标签。国内外绿色建筑评价标准多定性提及要进行碳排放计算和设计,并未给出定量规定。林波荣针对国际 97 个建筑 LCA 案例的统计显示,各评价模型设计存在较大差别,其中生命周期阶段划分为 2～9 个不等[49]。美国建筑师协会

(American Institute of Architects, AIA)列举了美国、澳大利亚、加拿大、泰国的 8 个建筑碳排放案例研究,发现各案例中采用的评估工具、能耗分析软件、建筑场景假设、碳排放计算边界和采用的基础参数不尽相同,相互之间缺乏公认、可比较的基础[50]。

国际上建筑物碳排放计算方法主要为 2014 年欧盟 EPD® 系列-PCR 和日本 CFP-PCR(针对隐含碳排放)以及 2017 年形成的 ISO 16745(针对运行碳排放)。国内是台湾的 BCF 法和大陆的 GB/T 51366。

(1)欧盟 EPD® 系列-PCR,2014。瑞典国际环境产品声明 EPD® 系统中宣告建筑物温室气体计量 PCR 生效,成为欧盟最具体的通行规范,该 PCR 根据 ISO 14025 对 EPD 的规定,形成建筑碳排放计算的专用 EPD,适用于 UN CPC 531 产品(包括 5311-住宅类与 5312-非住宅类建筑物)。其系统边界主要依据 EN 15804 设定,内容包括建筑实体及其设施设备。

(2)日本 CFP-PCR,2014。由日本产业环境管理协会(Japan Environmental Management Association for Industry, JEMAI)发布,区别于 EN 15804 等原则,该 PCR 针对建筑物结构及装饰装修材料,不包括设施设备及运行能耗。此外,该 PCR 计算规定相对简便、宽松,不要求测试数据,而是通过情景假设进行模拟,主要计算依据是日本建筑学会的《建筑物 LCA 指南》①以及公益社团法人建筑长寿命推进协会的《建筑生命周期管理数据收集》②。

(3)ISO 16745,2017。IPCC 将碳排放来源归为工业、电力、建筑和交通四大部门,其中建筑碳排放计量范围主要包括运行阶段的直接和间接碳排放,而建材碳排放被归入工业部门。与此相对应,该标准仅针对建造运行阶段的碳排放。与该标准类似,联合国环境规划署(United Nations Environment Programme, UNEP)发布的通用碳指标(common carbon metrics)同样仅针对建筑运行阶段。

(4)BCF-PCR,2015。在我国,较早开始建材和建筑碳排放研究的是台湾省。林宪德 20 世纪 90 年代开始建材碳排放计算和评估以及建材数据库的研究,21 世纪起进一步地开发建筑碳排放计算和评估方法,2010 年后逐渐形成针对台湾省的建筑碳排放数据库、计算方法和评估标准。将建筑碳排放计算功能定义为"维持相同基本建筑机能的前提下,以可操作的建筑设计、营造施工相关手法来达到减碳功能",基于此,将碳排放计算范围聚焦在建筑设计和施工建造相关内容上,排除了国际 EPD 中与此无关的内容[51]。

(5)GB/T 51366—2019。我国大陆地区建筑碳排放计算研究相对较晚,2019

① 《建物のLCA指针(2013)》。
② 《建築物のライフサイクルマネジメント用データ集(2014)》。

年才形成《建筑碳排放计算标准》,成为建筑碳排放通用型计算标准。与 ISO 16745 等不同,GB/T 51366—2019 计算阶段包括建材生产和运输、建造及拆除、建筑运行阶段,并给出相应碳排放计算方法。

碳排放计算的最终目标在于通过碳减排实现碳中和。2010 年,英国发布 PAS 2060《碳中和承诺规范》,为国际上首个碳中和承诺自愿性守则,提出通过碳排放的量化、还原和补偿来实现碳中和的工作所必须符合的规定。建筑行业尚未有专门针对碳减排和碳中和的标准。而在许多国家,则是通过城市碳中和承诺和建筑业行动方案给予引导。

4.1.2　建筑材料碳排放基础数据库

1. 建材隐含碳排放因子参数

作者调研了国内外 50 余个材料碳排放相关数据库,包含国际 IPCC EF 和 EPD、欧盟 ELCD、德国 GaBi 和 ProBas、英国 BRE 和 ICE、瑞士 Ecoinvent、日本 3EID 和 IDEA、美国 Athena、澳大利亚 AusLCI 等包含建筑材料产品的大型数据库,发现其中参数内容不一,有的仅含 CO_2,有的还包含 CH_4、N_2O,也有的覆盖完整的 6 项主要 GHG 气体。与建材相关的主要为 CO_2,其次为 CH_4、N_2O。不同来源的基础参数可能导致计算结果出现极大的不确定性。英国一项研究表明,借助蒙特卡罗模拟来估计建材产品隐含碳排放的不确定性,在一个教育建筑整体隐含碳排放的评估中,所得极端结果不确定性范围高达原始结果的 50%～140%[52]。

在国内,清华大学谷立静、顾道金开发了建筑环境负荷评价体系(BELES),其中各类建材通过国内数据收集再处理获得,但其基础数据来源于 20 世纪 90 年代。北京工业大学聂祚仁团队对包含建筑材料在内的材料碳排放数据有持续研究积累,但尚未形成公开数据库[53]。四川大学王洪涛团队根据国家或行业统计资料及技术文献开发了 CLCD 数据库及 eFootprint 在线平台。浙江大学葛坚、哈尔滨工业大学王凤来等团队基于统计年鉴、学者研究文献、国家标准等基础资料,通过统计学方法推算国家或地方各类建材的碳排放系数,但仅涉及个别植物基建材产品。在有关学位论文中,崔鹏引用日本落叶松人工林原木生产的 LCA 文献,给出"木材"碳排放因子为 $10.45kgCO_2/m^3$。燕艳通过建材生产清单研究,给出浙江省"木材"在生产阶段的碳排放因子为 $73.9kgCO_2/m^3$。张孝存通过计算,给出"木地板"碳排放因子参考值为 $2.9kgCO_2/m^{2[54]}$。

由于相关基础研究积累不扎实,国内尚缺乏可支持各类建筑材料工程应用的基础参数,现有研究往往停留在定性层面的讨论,并无定量减碳方法和相应的技术成本及效益的评价。对于物化阶段碳排放计算,GB/T 51366 所提供的建材碳排放因子数据集包含水泥、混凝土、钢材、玻璃、塑料等常见材料类型,未包含竹、木材料。林业工程领域关于森林碳汇、特定林产品碳储存、加工过程碳排放有部分量化研究,但因为专业界限,未对接到建筑学学科中。

　　2. 建材物理性质参数

　　除材料碳排放数据外,我国还特别缺乏建材热湿物理性质的研究,而这是进行建筑运行阶段能耗模拟,进而换算为碳排放的基础。相比于矿物、金属等材料,竹材为有机物,在温湿度环境合适的情况下容易发生霉菌生长等生物学破坏。其因复杂的孔隙结构而具备强吸湿性,发生在其内部的热量和湿分的储存与传递过程相互耦合,导致其形成的建筑系统内部热湿环境、能耗需求计算更为复杂和难以精准控制。对吸湿性建材及其构造和建筑系统热湿过程的准确描述,需采用热湿过程耦合模型和相应的物理性质基础参数。

　　作者前期借助测试所得竹材性质参数,以北美典型气候区 20 个代表城市气候为外部条件,借助热湿过程耦合模拟软件 WUFI 设置对比模型组分析材料物性参数对热湿过程模拟的影响,分析结果表明,液态水相关材料参数的缺失可导致外墙构造含湿量模拟结果低估 5.9%～92.8%,而热量和湿分传递系数的常物性取值会导致相应热过程和湿过程模拟结果产生 44%～162.5% 和 81.7%～199.4% 的误差。

4.1.3　建筑碳排放计算工具

　　符合国际 EPD 的建筑专用 PCR 是在 2014 年之后才正式出现,在此之前有研究针对一般产品开发了 LCA 工具,如德国斯图加特大学与 PE 公司开发的 GaBi、荷兰莱顿大学开发的 SimaPro、美国国家标准与技术研究院(National Institute of Standards and Technology,NIST)开发的 BEES。这些工具应用于建筑隐含碳排放的计算时,是将建筑按材料类型分解、打碎,通过各类材料工程量乘以相应碳排放因子获得,但工程量清单往往在施工图、建筑预算阶段才可制定,无法在方案设计阶段提供,并且因为忽略材料到构件的加工过程,这种计算尤其不适用于装配式建筑。

　　此外,这些工具仅能用于收集和计算建筑材料数据,缺乏建筑能耗模拟及对应运行碳排放计算的功能,因此难以完成建筑全生命周期评估。据经验,建筑碳排放中有 60%～90% 来自于运行能耗,这部分通常依靠建筑情景假设和模拟分析获得,需要基于动态能耗模拟工具,配合当地气象数据以及室内舒适、建筑节能等规定才能实现。美国 Athena 开发的 Impact Estimator 在建材计算之外引入建筑能耗模拟,从而实现建筑整体 LCA,但其构造工法、建筑情景假设等均为北美地区的设置,不适用于其他国家和地区。

4.2 竹建筑生命周期碳排放计算模型设计

4.2.1 竹建筑生命周期阶段划分与边界界定

在为竹建筑生命周期碳排放($LCCO_2$)计算模型进行数据采集、分项计算和汇总的过程中,遵循统一阶段划分和计算边界的原则。基于竹建筑生命周期碳排放特点,围绕目标材料产品从原材料到建材生产、建筑运行、报废处理的生命周期,避免计算过程中计算对象(即碳载体)出现偏离,且允许根据不同的实际情况灵活调整。为此,计算分为以下几个阶段。(图4.2)

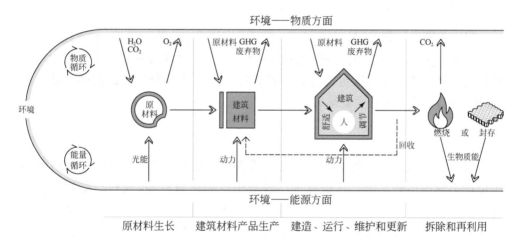

图 4.2 竹建筑生命周期阶段划分与边界界定图示

1. 原材料生长

计算原竹生长过程中的碳储存。这一阶段的计算受竹种和竹林经营情况的影响,且并非所有竹种和竹林都有数据积累。在缺乏基础数据的情况下,以温带竹和热带竹为基础的产品计算可以分别参考毛竹和瓜多竹或龙竹的相关参数。这一阶段的碳排放实际为负值,碳载体是原竹,因此归为隐含碳排放。

2. 建筑材料产品生产

计算建筑材料产品生产的碳排放。这一阶段碳排放主要取决于材料加工技术和各类加工能源、物料的碳排放因子。该阶段可用的源数据主要有基于温带竹(毛竹)的 BMB、BPB、BSB 和 BFB,以及基于热带竹(Luong 竹)的 BSB 和 BFB。对于其他工况,在没有源数据的情况下,建议假设材料加工过程相应的能源和物料消耗与现有技术一致。这一阶段的碳载体是建材加工成品/半成品,属于隐含碳排放。

3. 建造、运行、维护和更新

建筑运行阶段以建筑空间为碳载体,延续时间最长,一般民用建筑以 50 年为计算周期,但目前各类竹材耐久性计算以 30 年为上限,因此在得到理想维护的情况下,计算竹建筑 30 年间消耗的能源,再转换为运行的直接和间接碳排放。建造、维护和更新以建材产品为碳载体,根据建筑初次建造确定的建材消耗量、运行阶段预估的维护和更新频率等,计算隐含碳排放。

4. 拆除和再利用

对于末端竹材有不同的处理方案,如通过燃烧产生生物质能源,或通过炭化生产生物炭。其中,最常见的处理方法是通过燃烧产生电能或热能。该过程中单位材料的二氧化碳排放强度可通过相关数据库获得。这一阶段的碳载体是建材回收/废弃物,因此归为隐含碳排放。

5. 运输

材料的运输发生在各个阶段。在本模型中对它进行单独计算,以适应实践中可能出现的不同工况。它包括生产过程中的原材料运输、建材产品生产商到施工现场的运输,以及从施工现场到废物处理场的运输。其中,原材料运输阶段必须以所消耗建材对应原材料的用量为依据,其他阶段以每件产品的实际用量为依据。这一阶段的碳载体包括原材料、建材产品、建材回收/废弃物,属于隐含碳排放。

4.2.2　竹建筑碳排放计算项目归总

本书提出按碳排放类型对竹建筑碳排放计算项目进行归类的方法,分别计算直接碳排放、间接碳排放和隐含碳排放,再汇总得出建筑生命周期碳排放。(图 4.3)

1. 建材隐含碳排放 C_{bm}

隐含碳排放计算对象是建筑实体,即材料和构造,涉及原材料生长,建材产品生产、建造、维护和更新,以及最终的拆除和再利用过程。按传统方法根据生命周期划分进行逐项统计,需分别计算竹材"从摇篮到大门"、"从大门到大门"、"从大门

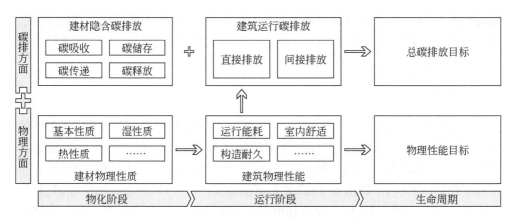

图 4.3 竹建筑碳排放计算项目归总图示

到坟墓"各阶段的碳排放,再进行汇总,这使得 C_{bm} 值及整个 $LCCO_2$ 模型复杂化,不利于在建筑设计前期阶段计算碳排放并进行方案比选和优化。

为此,分析竹材生命周期碳过程特点,基于其碳吸收、碳储存、碳传递和碳释放过程,预先计算其综合碳排放因子,该因子反映典型竹林培育、竹建材产品生产、末端处理等技术条件下,对应每功能单元竹材的生命周期碳排放强度。获得该参数后,将可对在方案设计前期根据建筑用材量预估竹建筑全生命周期的隐含碳排放提供支持。

2. 建筑运行直接和间接碳排放 C_{bo}

直接和间接碳排放计算对象是建筑空间对应的能源消耗,这部分仅涉及建筑运行阶段,是传统建筑性能研究关注的重点。在模拟建筑运行能耗方面,已有较多成熟的物理模型和计算机工具。但竹建筑由吸湿性材料和构造构成,因此需要基于热湿过程耦合模型及相应基础参数,模拟建筑典型年运行能耗,再通过当地、最新的能源碳排放因子换算为建筑运行的直接和间接碳排放。

4.3 竹材生命周期碳过程与 C_{bm} 计算

4.3.1 竹材生命周期碳过程特点与阶段划分

原竹在生长过程中,通过光合作用吸收环境中的 CO_2,将碳储存在植株中,植株经采伐后制成耐久性建材产品可以进一步将碳隔离,如用于替代不可再生的、碳密集型建材产品的使用,则可进一步减少建筑碳排放。因此,不同于一般矿物、金属等材料,作为碳载体的竹材需要考虑三种机制:总生态系统碳、耐用品库、潜在的产品替换。计算竹材及工程应用碳排放时[①],涉及碳吸收、碳储存、碳传递和碳释放的不同过程。

1. 碳吸收

原竹碳吸收有关的概念是 TEC,表征吸收入森林生态系统中的碳,这与植物光合作用积累的生物量有关。据研究,天然木林、人工木林和竹林 TEC 分别为 $126\sim699tC/hm^2$、$85\sim429tC/hm^2$ 和 $94\sim392tC/hm^2$,而受具体植株种类、生长条件和管理措施影响,不同植物 TEC 差异可能很大[46]。TEC 分布在活生物量、枯木和土壤中,根据 FAO 统计,全球森林中三者比重分别为 53%、8% 和 39%。森林采伐主要针对适龄植株,这一过程并不会导致枯木和土壤碳含量的显著变化,因此考虑植物基原材料碳吸收时,仅计算活生物量部分的平均水平。

有充分的研究显示,由于植物存在寿命局限,竹林系统会在一定年龄后达到总 TEC 平衡(饱和)状态,此时新生植株的碳吸收与老化和枯萎植物的碳释放动态持平。为了给新植株生长腾出空间,并持续不断地发挥碳吸收作用,竹林应合理经营和规律采伐。换言之,植物资源存在"不用之则弃之"的问题,因此应鼓励合理利用,并以此延长碳隔离的时间。

2. 碳储存

采伐的植株制成的耐久性竹制品(HBP)是碳储存的载体。林产品碳库是国际认可的森林三大碳库之一,已被纳入森林减排范畴。据调研,基于健全、庞大的木材建筑、家具市场需求和出口需求,欧洲和北美软木森林得到合理经营和利用,这一方面增大了林产品碳库,另一方面通过促进森林科学经营进一步改善了森林生态功能。这对于我国竹林资源有效利用和促进生态系统碳汇和建筑工业减碳具有借鉴价值。

与 HBP 碳储存效益密切相关的是产品耐久性。未经改性的原竹往往寿命较短,例如,竹秆寿命一般为 7~10 年,此后其所载碳基将被生物降解,并以 CO_2 的形式释放回大气。因此,产品寿命决定了其发挥碳封存的时间跨度,根据耐用性,可将其归为短期产品,如竹燃料、纸张,中期产品,如竹篮、手工艺品,长期产品,如竹屋、家具、地板等。有研究对我国各类木质林产品碳储量进行对比,表明碳储量排序为木结构房屋>木床>木橱柜>木门窗>木桌椅>装修用材>坑木和支柱>纸

---

① 相关文献中,有碳排放、碳足迹、温室气体等不同表述,均是用于量化过程、过程系统或产品系统温室气体排放的参数,以表征它们对气候变化的贡献。本书统一表述为碳排放。

和纸板,总体上呈现为长期产品具有更好的碳储存效益。

3. 碳传递

碳传递计算相对复杂,涉及材料状态发生改变过程中各类物质和能量流的转移和接收,如将原竹加工为建材产品、将竹建材产品组装为建筑构件。碳传递类型包含直接碳、间接碳和隐含碳。其中,直接碳传递为植物自身载碳的转移,与各过程材料利用率相关;间接碳为各过程消耗能源所产生的碳排放;隐含碳为建材产品附加的胶黏剂、防腐剂等所附带的碳排放。

对于建筑工程应用,碳传递主要发生在将建材组装为建筑构件再安装到建筑系统的过程,以及将建筑和构件拆解的过程。此部分研究相对较少,可作为参考的是,混凝土装配式建筑研究案例显示,建造和拆除阶段碳排放占比约1%[49]。这些研究假定在建筑寿命50年之内进行一次建造和拆除,而对于耐久性较差的竹建筑及其构件,可能建造和拆除频率更高并导致碳排放比重会有一定提高。

当原材料、建材加工过程的半成品及建筑构件等存在回收利用时,计算过程会更加复杂并且往往发生争议。例如,在生产竹集成材等上游产品的过程中,产生的锯末余料可用于作为竹刨花板等下游产品的原料。此时,这部分余料所含碳储存(计为负碳排放)在上、下游之间的分配方式会对各产品碳排放产生不可忽略的影响。因此,有必要基于扎实的行业调查,根据行业平均情况确定合适的分配方案,为各产品碳过程计算划清边界。

4. 碳释放

除使用过程中发生降解、使用后进行回收利用外,竹材的碳释放取决于末端处理。国际上关于植物基材料的末端低碳处理主要包含生物质颗粒(biomass pellet, BP)和生物炭(biochar,BC)技术。两者低碳机理不同,前者是通过产生生物质能源并进行能源替代以减少化石能源的使用,后者是通过材料技术延长碳封存时间以减少碳释放。据欧洲经验,1.2kg 木质 BP(含竹材)可产生 1kW·h 电力。BC 是在隔离氧气的情况下用 350~600℃ 温度加热生物质形成的高度稳定的碳化合物[18]。自然条件下 BC 性质极其稳定,寿命可逾千年,因此被视为持久碳库。

关于竹、木材碳排放的研究相对较多,但不同研究之间计算方法和统计边界存在明显差异,例如,有的单纯计算加工过程碳排放,有的考虑了前端生态系统碳吸收,有的在此基础上计算了前端生态系统的土地置换、加工过程的余料处理,以及产品废弃后生物质燃烧产生的能源替代。不同研究的计算结果差别较大,有必要根据工程实际设计合理的计算方法和统计边界。

4.3.2　竹材碳过程计测内容和方法

1. 碳过程计测内容和方法

1)碳吸收

计算项目为植株的碳吸收,计测方法为引用林业工程统计数据,计测内容是竹林单位面积年 CO_2 吸收量 C_a,单位为 $tCO_2/(hm^2 \cdot a)$。

2)碳储存

计算项目包括原材料碳储存 $C_{s.rm}$、建材产品碳储存 $C_{s.bm}$ 和余料碳储存 $C_{s.lo}$,通过工厂实测采集的源数据,分别按以下公式计算:

$$C_{s.rm} = \frac{C_a \times Y \times M_d}{M_0}$$

$$C_{s.bm} = C_{s.rm} \times \lambda$$

$$C_{s.lo} = C_{s.rm} \times (1-\lambda) \times (1-\varepsilon)$$

式中,

$$M_d = \frac{M_{FU}}{\lambda \times (1+u)}$$

$$\lambda = \prod_{i=1}^{n} \lambda_i = \prod_{i=1}^{n} \frac{m_{di}}{M_{di}}$$

式中,Y 为采伐的竹株年龄,a;M_d 为 1FU 建材产品所消耗的竹株地上生物量,kg;M_0 为竹林单位面积地上生物量,kg/hm^2;λ 为建材产品加工原材料利用率,%;ε 为用于产能的余料比重,%;M_{FU} 为 1FU 建材产品质量,kg;u 为含湿量,%;m_{di} 为第 i 道工序后干燥质量,kg;M_{di} 为第 i 道工序前干燥质量,kg。

3)碳传递

计算项目包括加工能源碳排放 $C_{t.e}$、加工物料碳排放 $C_{t.m}$ 和运输碳排放 $C_{t.tran}$,通过工厂实测采集的源数据,分别按以下公式计算:

$$C_{t.e} = \sum_{j=1}^{m} \sum_{i=1}^{n} P_{i,j} \times CF_{ei}$$

$$C_{t.m} = \sum_{i=1}^{n} M_i \times CF_{mi}$$

$$C_{t.tran} = \sum_{j=1}^{m} \sum_{i=1}^{n} M_{i,j} \times D_{i,j} \times CF_{tran.i}$$

式中,$P_{i,j}$ 为第 j 道工序第 i 种能源消耗量,1 单位;CF_{ei} 为第 i 种能源碳排放因子,$kgCO_2/$单位;M_i 为第 i 种附加物消耗量,kg;CF_{mi} 为第 i 种附加物碳排放因子,$kgCO_2/kg$;$M_{i,j}$ 为第 i 种运输方式运输第 j 种对象的质量,kg;$D_{i,j}$ 为第 i 种运输方

式运输第 j 种对象的距离，km；$CF_{tran, i}$ 为第 i 种运输方式运输的碳排放因子，$kgCO_2/(t \cdot km)$。

4）碳释放

计算项目为余料产能碳释放 C_r，通过行业和文献调研采集的源数据，按以下公式计算：

$$C_r = \frac{M_{lo. d} \times P_{lo} \times K \times 44}{12}$$

$$M_{lo, d} = \frac{(1-\lambda) \times \varepsilon \times M_{FU}}{\lambda \times (1+u)}$$

式中，$M_{lo. d}$ 为用于产能的余料干重，kg；P_{lo} 为余料产能效率系数，%；K 为余料含碳率，%。

2. 碳排放数据汇总

在获得 C_t、C_r、C_s 的分项碳过程结果后，根据以下公式汇总计算建材碳排放 C_{bm}：

$$C_{bm} = \sum C_t + C_r - C_{s. bm} - C_{s. lo}$$

以上计算中，FU 为功能单元（function unit），一般地，对于方材/板材/松散材料，分别以 $1m^3/m^2/kg$ 为 1FU。

据调研，余料处理主要为产能或作为下游产品原料两种方式，产能的余料比重为 ε 时，用于作为下游产品原料的比重默认为 $(1-\varepsilon)$。

对于 C_a，当原材料来源于新造森林时，碳吸收计算还应考虑因土地利用变化而导致的碳储存，参照 IPCC 和 PAS 2050，该值为森林碳吸收与最终产品碳储存的比例、土地利用变化校正因子、由于建材生产所导致的森林新造量三者的乘积。

4.4　竹建筑运行阶段热湿过程与 C_{bo} 计算

4.4.1　建筑热湿学模型

1. 建筑热湿过程模型 HAM

竹建筑运行阶段碳排放 C_{bo} 通过运行能耗和相应能源碳排放因子计算，其中能耗模拟是关键。竹材属于吸湿性材料，竹建筑运行能耗需求的准确模拟需要基于对建筑围护结构热湿过程的准确描述。准确理解建筑围护结构的热湿过程，并进行合理控制,有助于延长建筑构件寿命、降低建筑运行能耗、提高室内环境舒适性与卫生质量。

在建筑物理学领域通常采用热湿过程模型进行计算。20 世纪 90 年代以前由格拉泽(Glaser)提出的稳态蒸汽渗透模型采用蒸汽压作为驱动势,基于菲克(Fick)定律确定纯蒸汽的湿分迁移速率[55]。这一方法操作性强,可以对建筑构件进行初步的湿性能评价,预测冷凝部位和冷凝程度,因而被广泛使用,如 EN ISO 13788、DIN 4108、GB 50176—93/2016。然而,实际的湿过程常常是非稳态、多相同时发生的,格拉泽方法难以满足更加精确的计算要求。因此,对建筑围护结构性能的精确认识要求从格拉泽的简单评估转变为对湿过程的仿真模拟。

1975 年,路易科夫(Luikov)基于傅里叶(Fourier)定律、菲克定律和达西(Darcy)定律,根据能量守恒定律、质量守恒定律和动量守恒定律建立起控制方程,从机理上较真实地描述湿分在多孔介质中的迁移过程。其后近 20 年,在路易科夫热湿耦合传递理论的基础上,哈特维希·昆泽尔(Hartwig Künzel)等学者相继提出分析建筑围护结构中热量、湿分以及空气的储存和传递的热湿空气流动耦合模型(heat-air-moisture transfer model,HAM 模型)[56]。这些模型已经得到不同角度的验证。2008 年完成的 IEA Annex 41 项目对 17 种 HAM 模型及数值模拟工具进行了详细比较,并完成了 7 项联合对比任务,证实 HAM 模型的计算结果及其与实测结果之间非常接近[57]。HAM 模型的描述方程是其理论的核心,热湿过程驱动势的选择及其对材料参数的要求构成描述方程的主要内容。驱动势和材料参数的相关主题得到学者不断关注,并推导出相应的模型①。

2. 基于 HAM 模型的计算机工具

HAM 模型通常采用高度耦合的非线性偏微分方程来同时描述建筑围护结构中的热湿过程[58]。由于运算过程中需要不断地通过有限差分法对方程组进行求解,并通过积分更新构造内温湿场分布,其计算时间可达普通能耗模型的 $10^2 \sim 10^4$ 倍。计算机工具是 HAM 模型投入实际应用的前提条件,已有部分计算机软件与 HAM 模型结合进行特定分析,如 BES-HAM 的建筑能耗模拟分析,WUFI 系列软件的建筑热湿环境、建筑构造热湿传递和霉菌增长分析等[56]。据 Delgado 等 2012 年的整理,有近 60 种应用于建筑物理领域的热湿模型计算机工具得到开发,其中

---

① HAM 模型为热量、湿分和空气三者的耦合模型,其中空气的耦合是在室内外有压差存在时才发生的,在一些模型中并未给予考虑。未将空气耦合进行描述的模型为热湿耦合(coupled heat and moisture)模型,即 HM 模型。在本书中,将 HM 模型视为 HAM 模型的一种情况,统称为 HAM 模型。

大多数局限在实验室范围内,未能推广使用[59]。常用的建筑热湿过程模拟软件还有 Delphin(德国)、HAM-Tools(瑞典)、MOIST(美国)等,部分综合能耗模拟软件如 EnergyPlus(美国)、Transys(美国 & 欧洲)也增加了 HAM 功能。

在实验室和实践工程中,HAM 模型及其计算机工具体现出的可信度为其赢得了越来越多从业者的接受,DIN 4108-3 标准已经认可了这些。在计算机的辅助下,未来以基于 HAM 模型的热湿过程模型将取代以往的简单估算,有机会成为建筑围护结构计算的主流方式。(表 4.3)

表 4.3　基于 HAM 的建筑热湿过程模型

序号	模型名称	计算维度	耦合因素	研发单位	国家
1	1D-HAM	1D	heat/air/moisture	Chalmers Technical University & Gothenburg, University of Lund	瑞典
2	BSim	1D	heat/moisture	Danish Building Research Institute	丹麦
3	Delphin	2D	heat/air/moisture/pollutant/salt	Technical University of Dresden	德国
4	EMPTIED	1D	heat/air/moisture	Canada Mortgage & Housing Corporation	加拿大
5	HygIRC	1D/2D	heat/air/moisture	Concordia University	加拿大
6	HAMLab	1D/2D/3D	heat/air/moisture	Eindhoven University of Technology	荷兰
7	HAM-Tools	1D	heat/air/moisture	Technical University of Denmark & Chalmers Technical University	瑞典
8	IDA-ICE	1D	heat/air/moisture	EQUA Simulation AB	瑞典
9	MATCH	1D	heat/air/moisture	TUD-Thermal Insulation Laboratory	丹麦
10	MOIST	1D	heat/moisture	National Institute for Standards and Testing	美国
11	UMIDUS	1D	heat/moisture	Pontifical Catholic University of Parana Curitiba	巴西
12	WUFI	1D/2D	heat/moisture	Fraunhofer Institute for Building Physics (IBP)	德国

注:根据参考文献[59]整理。

3. HAM 模型理论及其计算机工具的应用

HAM 模型研究涉及从材料到建筑构件和整体建筑系统的不同层面,由于材料热湿性质和建筑围护结构热湿性能的测试、计算和验证工作所消耗的时间和资金都远比单纯的热工学研究大得多,HAM 模型研究并未成为大众课题。开展建筑围护结构热湿过程研究的主体是高校和建筑研究所中的建筑物理和建筑材料相关部门。其研究领域除涉及实验室中的热湿模型的开发外,还扩展到材料、建筑构件和建筑系统层面。在材料层面,研究主题包括建筑材料热性质、湿性质测试和气候相关材料特性,以及热湿负荷影响下的破坏分析等;在建筑构件层面,研究主题包括墙体、屋面和地板系统的热量、空气、湿分和盐分传递及其影响,建筑防潮评估和热湿分析,以及生物热湿学(防止霉菌生长和外立面生物的形成)等;在整体建筑系统层面,研究主题包括建筑能耗及其与相关系统的关系、室内舒适性、空气质量和可持续建造,历史建筑保护和旧建筑改造,以及建筑实例等。

　　英国巴斯大学创新建筑材料研究中心对植物材料及其建筑系统开展了系统性测试,对稻草和大麻复合材料及其预制板材建造系统进行了研发,搭建示范房,并对其传热、湿缓冲等性能进行实测研究[60]。类似的对吸湿性建筑材料的研究还有对稻草墙体热湿性能进行的实测[61]。HAM模型输出的建筑构件及建筑空间模拟结果可以与特定理论结合进行特定分析。例如,研究霉菌生长预测模型,并讨论各种模型对霉菌破坏评估的作用,通过模型对热桥部位霉菌增长及其对建筑构件、室内环境和能耗的影响进行评价[62],研究以木材建筑围护结构构件作为边界条件的霉菌增长及其对材料的破坏影响[63]。HAM模型基础理论及其计算机工具为吸湿性材料及其构造体系、建筑围护结构湿缓冲、霉菌增长评估等重要课题研究提供了支持。

4.4.2　基于昆泽尔方程的 HAM 模型

1. 昆泽尔热湿过程耦合方程

　　HAM模型与格拉泽模型存在许多不同。HAM模型采用热湿耦合的方式进行模拟,而非将热过程和湿过程分离开来计算;除气温、相对湿度、太阳辐射外,HAM模型气象参数还需要降雨(以风驱雨的形式作用到建筑立面)数据;除表观密度、比热容、导热系数、蒸汽渗透阻力因子外,HAM模型材料参数还需要等温吸放湿曲线、孔隙率、液态水传递系数等。考虑到多相湿过程,以及材料湿储存性质(含湿量)对热传递性质、液态水和气态水传递性质的影响,HAM模型还要求变物性的热湿传递性质参数。

　　不同学者研究HAM模型,由于基础描述方程的差异,需要不同的材料参数作为输入条件。而对于同一材料参数,由于对驱动势选择和取值方法等方面的差异,以及对环境因素、材料含湿量等影响的不同判断,也会有不同测试要求。采用温度作为热量传递的驱动势得到比较一致的认可,但对于湿分传递的驱动势则没有形成统一的观点。常用的湿分传递驱动势有温度、含湿量、蒸汽压和抽吸应力。昆泽尔认为应选择两个独立因子分别作为蒸汽和液态水传递的驱动势,认为温度和含湿量不是直接的湿分驱动势,且由这两因子结合所得传递系数难以确定并导致相对复杂的函数,而毛细抽吸应力无法应用于干燥的和非毛细活性的材料且在潮湿材料中也无法直接测量,因此提出以蒸汽压和相对湿度作为驱动势,原因是这两者受广泛认识并且容易被测量[56]。

昆泽尔通过理论推算和实测检验,将建筑构件一维和二维耦合热湿传递计算所需参数进行了简化,模型中建筑构件非稳态热量和湿分过程被描述为以下耦合微分方程。

热量方程(方程左、右两侧分别代表材料的热储存、热传递和潜热作用):

$$\frac{\partial H}{\partial \vartheta} \cdot \frac{\partial \vartheta}{\partial t} = \frac{\partial}{\partial x}\left(\lambda \frac{\partial \vartheta}{\partial x}\right) + h_v \frac{\partial}{\partial x}\left(\frac{\delta}{\mu} \frac{\partial p}{\partial x}\right)$$

湿分方程(方程左、右两侧分别代表材料的湿储存、液态水传递和气态水传递):

$$\rho_l \frac{\partial u}{\partial \varphi} \cdot \frac{\partial \varphi}{\partial t} = \frac{\partial}{\partial x}\left(\rho_l D_l \frac{\partial u}{\partial \varphi}\frac{\partial \varphi}{\partial x}\right) + \frac{\partial}{\partial x}\left(\frac{\delta}{\mu} \frac{\partial p}{\partial x}\right)$$

两方程左侧由储存部分构成:热储存包括干燥材料的热容和材料中湿分的热容;湿储存根据材料等温吸放湿曲线及其衍生来描述。

两方程右侧由传递部分构成:热传递根据含湿量相关的导热系数和蒸汽焓流来描述,后者引起的热传递是由于湿分从一处蒸发吸热,然后扩散到另一处冷凝放热,这种热量传递通常称为潜热作用;液态水传递包含受相对湿度梯度驱动的表面扩散和毛细传导,受温度影响相对较小,气态水传递则受温度场强烈影响。

方程的运行需要材料数据、气象数据、内部条件、数据网格、时间步长等控制参数,其中材料数据包含基本物理性质如密度、孔隙率等,以及相互关联的表征储存和传递的热和湿物理性质[56]。

Fraunhofer IBP 的研究领域涉及实验室中热湿模型的开发、热参数测试、湿分测试、气候相关材料特性研究、气象数据收集、气候模拟、室外测试、建筑热湿分析、防潮评估和生物热湿学(防止霉菌生长和外立面生物的形成)等。在昆泽尔方程的基础上,Fraunhofer IBP 开发出计算机程序 WUFI(Wärme- Und Feuchtetransport Instationär,非稳态瞬时热量和水分传输),用于建筑围护结构热湿过程模拟。(图 4.4)

由于可输出全年瞬时建筑构件含湿量、空间温湿度场等数据,WUFI 还可与其他理论对接,实现专业化研究。例如,将霉菌生长需求与温湿度环境的叠合,进行霉菌生长的评估[64];HVAC(heating, ventilation, air- conditioning and cooling)系统工程与建筑热湿过程模拟的整合[65];与建筑空气流动模型对接,进行自然通风策略的优化;用全年动态的模拟结果,进行影响建筑围护结构热湿性能的热桥、空气层等构造参数研究[66]。

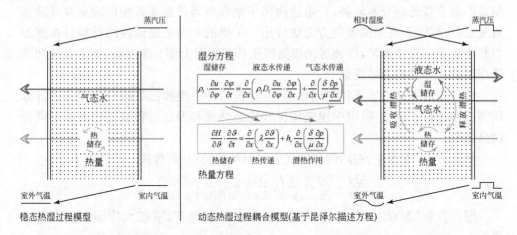

图 4.4　建筑围护结构热湿过程机制、昆泽尔方程及 WUFI 热湿耦合模拟流程

方程中 D_l—液态水传递系数(m^2/s)；H—潮湿材料的焓(J/m^3)；h_v—水分蒸发的焓(J/kg)；p—蒸汽分压力(Pa)；u—质量比含湿量(kg/kg)；δ—蒸汽渗透系数($kg/(m \cdot s \cdot Pa)$)；ϑ—摄氏温度($^\circ C$)；λ—潮湿材料导热系数($W/(m \cdot K)$)；μ—干燥材料蒸汽渗透阻力因子；ρ_l—液态水密度(kg/m^3)；φ—相对湿度

WUFI 系列的计算机程序 WUFI Plus 可以将构造层面的热湿性能及构造对围合空间热湿性能的影响关联起来，这对于木材等吸湿性材料的研究具有特别的意义。在一项木质表面湿缓冲和相关潜热交换对房间能耗量和舒适性影响的研究中，通过改变案例房间单元表面材料性质、面积、湿分产生周期、气候条件和换气率等进行了参数影响研究，结果表明木质材料的湿缓冲作用明显影响了室内相对湿度，可减缓相对湿度波动，有助于形成更加稳定的室内气候，并减小能耗及加湿和除湿量[67]。

2. 气象和材料参数需求

对于所有 HAM 模型，模拟热湿耦合过程需要相互关联的热湿性质参数和作为驱动的外部气象参数。相比于非耦合的热湿过程模型，HAM 模型需要等温吸放湿曲线、含湿量相关的蒸汽渗透系数和导热系数。此外，由于 HAM 模型考虑多相水传递，降雨引起的外立面液态水吸收过程需要得到额外关注。基于昆泽尔方程的 HAM 模型及其计算机程序 WUFI 对风驱雨和液态水传递有其处理方法。

1) 风驱雨

Fraunhofer IBP 对建筑气候中的降雨等湿源进行了研究。典型的气象数据如热参考年、典型气象年中缺乏降雨参数等数据，无法支持容易受到外部降雨影响的构造类型的研究。基于此，Fraunhofer IBP 为德国开发了新的湿热参考年

(hygrothermal reference years，HRY)并进行了实测验证。Fraunhofer IBP 积累了很多城市的完整气象参数，这些城市主要分布在欧洲、北美和日本等地区。

风驱雨系数(driving rain coefficients，DR)用于描述建筑构件外表面风驱雨荷载。不同于降雨参数，这一参数描述作用到建筑不同方向上的雨水量。在 WUFI 中 DR 值通过降雨量、风速和平均风向进行估算：

$$DR＝降雨量 \cdot (R_1＋R_2 \cdot 风速)$$

式中，降雨量为水平面上的降雨强度(mm/h)；风速为在 10m 高度的开敞区域与建筑构件表面正交的平均风速的分量(m/s)；R_1 和 R_2 取决于建筑立面上的具体位置，对于不受周围建筑物影响的开敞位置的垂直表面，R_1 为 0，R_2 约为 0.2s/m(在立面中心取值较小，在建筑边缘和拐角取值更大)。WUFI 为此提供若干预设的 DR 值，包含 1 组低层建筑和 3 组高层建筑的不同高度，并通过三维 CFD 模拟来确定这些系数。对于倾角大于 90°的立面，WUFI 默认 R_1 为 1、R_2 为 0，即 DR 等于正常降雨量，该参数可以由使用者进行修改。

另一种估算垂直立面风驱雨荷载的方法来自 ASHRAE Standard 160：

$$DR＝降雨量 \cdot FE \cdot FD \cdot 0.2s/m \cdot 风速$$

式中，降雨量和风速定义同上；FE 为雨水暴露因子，取决于周围地形和建筑物高度；FD 为雨水淀积因子，描述建筑外表面对液态水吸收能力的大小。两者取值参考 ASHRAE Standard 160P 的建议[①]。

2)液态水传递

液体水传递包含表面扩散和毛细传导。表面扩散为吸附于吸湿性材料和微毛细管中孔隙壁上水分子层的水分传递。毛细传导发生在当水分和毛细管壁之间的附着力大于水源水分自身内聚力时，此时水源水分被抽吸到多孔材料中。

昆泽尔经过测试和计算，认为将表面扩散和毛细传导独立于蒸汽扩散的计算方法是可行的。类似于蒸汽传递的菲克扩散和克努森(Knudsen)传递可以统一采用蒸汽渗透阻力因子进行描述，表面扩张和毛细传导现象在液态水传递过程中可同时发生，因此也可以通过实验测试总体测得。

毛细吸水系数和液态水传递系数是描述液态水传递的重要材料参数。毛细吸水系数 $A_{cap}[kg/(m^2 \cdot s^{0.5})]$ 是表征与水接触的建筑材料的毛细抽吸特征的标准参数。液态水传递系数 $D_w[m^2/s]$ 受含湿量影响明显；由于表面张力 σ 和水黏度 η 受温度影响，液态水传递系数也会受到温度影响，通常采用实验室环境中的 20℃作为温度参考。D_w 进一步分为对应抽吸和重分布过程的两种系数，后者通常会比前者小 1～2 个数量级。

---

① 关于 WUFI 对风驱雨的解释详见 Fraunhofer IBP 资料。

4.5　小　结

本章开发适合竹建筑全生命周期碳排放计算的模型 $LCCO_2$，并为此设置相应的计算框架，包含建材隐含碳排放 C_{bm} 及建筑运行直接和间接碳排放 C_{bo}。对于建材隐含碳排放，提出竹材生命周期碳排放的统计阶段和统计边界方案，形成竹材"综合碳排放因子"，有助于与不同竹材建筑应用方式相适应，并在建筑设计早期阶段，通过建材用量和综合碳排放因子，快速计算竹建筑全生命周期 C_{bm}。

对于建筑运行碳排放，采用基于昆泽尔模型的计算机工具 WUFI 进行热湿过程和运行能耗模拟，再换算为相应 C_{bo}。昆泽尔模型是国际上几个主流建筑热湿学模型之一，适用于竹、木等吸湿性建材及其工程应用的热湿过程耦合研究。基于该模型，德国 Fraunhofer IBP 开发的 WUFI 是目前较为成熟的建筑热湿过程模拟工具，已得到长期验证，且其积累有包括木材在内的各类建材的物理性质参数，可作为本书研究的参考和比较对象。

第5章　竹材碳排放基础参数

5.1　竹材分类方法和代表性对象

5.1.1　本研究所采用的材料分类规则

对竹材的利用经历了从原竹到工业竹材的过程。在传统原竹的使用阶段,竹材是从植物学角度进行分类的,如毛竹、瓜多竹、龙竹等。经过对竹秆的分解处理,竹材可分为竹秆、竹片、竹篾,以及进一步操作所得的竹编/网/帘。

参考木材的胶合技术,竹材人造板最早在20世纪40年代被生产出来。在之后的数十年,工业竹材经历了缓慢的发展历程。80年代以来,国内学者张齐生院士等致力于竹材工业化利用的研究,将胶合木材的技术借鉴于竹材工业取得了突破。多种竹材人造板涌现,既有在实验室探索性的生产,也有市场规模的推广。这一阶段张齐生提出了对工业竹材进行分类的若干规则[21]。从制造工艺技术角度分类为由竹片制成的产品、由竹碎片制成的产品、由复合材料制成的产品等;从产品结构角度分类为胶合竹产品、集成材产品、刨花板产品、复合板产品等;从使用角度分类为用于制造交通工具的竹材胶合板、用于混凝土模板的竹材胶合板、竹材地板、用于制作家具及其他用品的竹材胶合板等。

在我国,作为工业竹材主要产品的竹材人造板产量领先。然而,与此形成对比的是,竹材行业相关技术标准规范的研究相当滞后,工业竹材缺乏统一术语和分类。本书采用从制造工艺学角度的分类方式,这是出于以下因素的考虑:

(1)与材料技术的协同。众多工业竹材产品来源于在竹材工业中对胶合木制造工艺技术的借鉴,因此从制造工艺技术角度分类和理解某一材料类型合乎逻辑。制造工艺流程中的许多步骤会影响甚至决定最终材料产品的质量,因此关于竹材制造工艺的知识有助于支持应用实践和具特定性能的产品的开发。

(2)术语的统一。除原竹外,还存在工业竹材的两种基本种类——匀质工业竹材和复合工业竹材。后者是从前者衍生出来的,通过辅助胶黏剂加工,组合一种或多种互补性材料。所有现存以及未来可能产生的竹材产品都可以通过制造工艺进行术语统一。

匀质改性竹材的主要产品为各种人造板。竹材人造板生产的基本原理与现代工业木材相似,将原竹机械分解为小尺寸基本单元,再利用胶合技术组合为大尺寸标准材料,以此提高原竹利用效率并改善产品的物化性能。竹材人造板根据分解和组合的工艺不同,产生若干产品。其生产工艺主要包含以下步骤:1,原竹;2,机械分解;3,基本单元;4,三防、碳化、干燥处理;5,单元标准化;6,施胶;7,组坯;8,热压成型;9,后期加工。

所有产品的生产工艺均包含步骤1、2、4、5、7、8和9,这七个步骤的工艺参数会影响最终产品质量,但并不造成本质区别。决定竹材人造板类型的是步骤3和6,这两者分别决定构成人造板的构成单元和单元之间的结合方式,决定产品的最终类型。经过长期生产实践和工艺参数的协调,步骤3和6之间形成了比较固定的组合方式。

参考《竹材人造板术语》(LY/T 1660—2006),对典型人造板产品做如下分类,其中竹集成材和竹重组材包含板材和方材两种形式。

(1)竹集成材(BSB),构成单元为规则竹片。竹片的制备过程是,将原竹纵向劈裂,再高温展平或者刨切形成厚度0.5~1.0cm、宽度1.5~2.5cm的规则单元,将规则单元通过平压或者侧压方式组坯,再将板坯平行或者正交压制成为板材或者方材。竹集成材一定程度地保留了竹片微观组织结构和外观特点。

(2)竹胶合板(BMB),构成单元为竹篾及其编织所得的竹编/网/帘。竹席的制备多用手工操作或者借助简单机械辅助,竹篾厚度为0.8~2.0mm,宽度为10~30mm,长度根据产品长度要求而定。需要对竹席双面进行施胶,组坯过程中由于竹席表面凹凸不平,用胶量较大。产品成型操作最为简单,多层重叠压制即可。作为最早被开发并成功推广的品种,竹胶合板具有应用广泛、生产工艺简单和竹材利用率高的特点。

(3)竹重组材(BFB),又称重组竹,构成单元为竹纤维束。制备过程是先将原竹疏解为通长、相互并联的疏松网状纤维束,再经过干燥、施胶、组坯成型后高压形成的板材或方材。竹重组材生产过程中基本没有进行切削,因此能充分合理地利用竹纤维特性,保留竹材原有的力学性能。其原料来源可以是大量尚未得到合理利用的小径竹、草本竹、杂竹,有效提高原料利用率。

(4)竹刨花板(BPB),构成单元为细竹刨花。根据竹碎料的几何形状和组坯方式的不同,可分为普通竹刨花板和竹丝刨花板。后者主要利用竹凉席、竹牙签、竹筷子等产品加工过程中产生的丝状剩余物作为原料。加工过程是将剩余物分离成针(杆)状竹丝后制成板材。由于丝状碎料较薄,长细比大,板材断面均匀,表面质量较高,可制成较薄的产品。由于原料来源广,竹刨花板是提高竹材综合利用率的较为理想的产品。

(5)大片竹材定向刨花板(BOSB),由刨花板技术衍生所得,构成单元为大片竹刨花。大片竹刨花是通过对竹材的径向刨削所得,长 50～100mm,宽 3～40mm,高 0.3～0.8mm。由于竹材纵向强度与横向强度之比较大,定向铺装制板可大幅提高板材在单一方向的力学强度。(图 5.1)

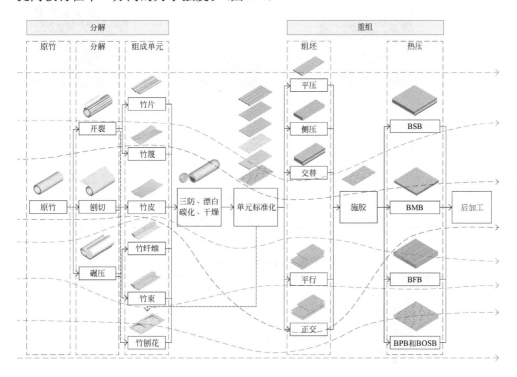

图 5.1　竹材人造板"分解-重组"工艺及其对应产品[14]

以上为工业竹材的基本分类,实际生产中的具体步骤存在多样性,各类竹材人造板可能有技术细节差异,由此产生不同的细分产品,如竹集成材的构成单元,即竹条,在制作过程中,可以通过高温软化进行展平,也可以通过刨切形成矩形截面,还可以采用等腰梯形截面,甚至有专利提出保留竹筒的圆弧形截面,以提高原材料利用率。此外,整竹展平技术自 2010 年得到开发,所得产品为整竹展平板(FB),本身可以作为板材产品使用,也可以作为其他类型人造板的构成单元。

5.1.2　工业竹材代表性产品

在材料测试之前,基于上述对材料生产厂商、行业规范和研究文献的调研与整理,选择典型竹材样品,并确定具有代表性生产技术的来源。材料品种包括 FB、BSB、BMB、BFB、BPB、BOSB。其中,FB 生产过程中无胶水添加,因而也代表原竹,其余为竹材人造板。(表 5.1、表 5.2)

表 5.1 典型竹材样品信息(组 1)[27]

项目	FB	BMB	BPB
照片	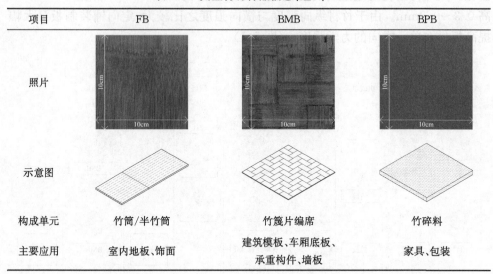		
示意图			
构成单元	竹筒/半竹筒	竹篾片编席	竹碎料
主要应用	室内地板、饰面	建筑模板、车厢底板、承重构件、墙板	家具、包装

表 5.2 典型竹材样品信息(组 2)[27]

项目	BOSB	BSB	BFB
照片	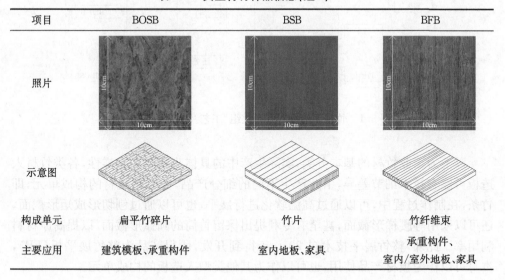		
示意图			
构成单元	扁平竹碎片	竹片	竹纤维束
主要应用	建筑模板、承重构件	室内地板、家具	承重构件、室内/室外地板、家具

5.2 典型竹材碳排放基础参数

如第 3 章所述,在全球系统中,碳平衡非常复杂,碳被储存在植被、海洋和产品(如建筑物、家具)中。建筑材料对环境碳平衡的影响发生在整个生命周期,并且生命周期的各个阶段之间存在相互作用关系。首先是原材料选择和生产加工阶段，而这进一步影响材料使用和末端处理，如影响使用寿命（耐久性）、使用后的回收、生物降解或生产能源的可能性。

"建筑用竹"包含三个与环境整体碳平衡相关的机制。

1)竹林碳汇

植物材料的特征之一，是在原材料生产阶段，也就是植物生长过程中，就可以通过碳汇影响环境碳平衡。在避免森林不可持续采伐、优化森林管理、加强人工林的生产和利用前提下，通过碳汇影响碳平衡潜力巨大。1990～2010 年，欧洲和北美由于减少耕作和重新造林活动，森林面积稳步增长，森林储碳总量增加。与之相反的是热带地区的森林，树木的大量采伐造成了严重的生态系统破坏。据统计，在南美、中美、南亚、东南亚和非洲的热带和亚热带地区，森林砍伐造成的碳排放量为1.93Gt/a，而欧洲、北美和中国等北半球森林增加的固碳量为 0.85Gt/a；作为对比，全球化石燃料燃烧造成的碳排放量为 6.4Gt/a[68]。

全球建筑中的木材固碳量在缓慢增加，但与森林中的碳氢化合物相比，这种固碳量相对较低。森林生态系统中，地面以上生物量里的碳含量只有不到 30% 被最终转移到建筑中[69]，对于竹林，这一比重更低。因此，增加竹材的建筑市场需求，促进增加竹林面积并改善竹林管理，有利于产生类似于欧洲和北美软木森林相似的固碳效果。

2)产品碳库

采伐后木材中的碳并非都释放到大气中，而是部分转移到 HWP 中，形成产品碳库。工业竹材几乎可应用于所有木材可使用的领域，但竹材属于非木材森林资源（non wood forest products，NWFP），许多对 HWP 的研究成果不能直接转移到竹材产品中。HWP 的生命周期管理会影响环境的碳平衡，IPCC 为 HWP 提供了四种相应的核算方法，包括库存变化法、大气流量法、生产法和简单衰减法。

对于 HBP 中的碳，在天然竹林中，竹秆的寿命一般局限在 7～10 年，此后其生物量及所含碳将被生物降解，并以 CO_2 的形式释放回大气中。而通过转化为竹产品，如竹纸、竹建筑材料等方式，可以延长碳的固存时间。在降解或燃烧前，这些产品固定住碳，成为重要碳库。因此，竹产品的耐用性很大程度上决定了其碳储存性能。根据耐用性，竹产品可分为：短期产品，如竹纸、竹燃料；中期产品，如竹板材、竹篮；长期产品，如竹屋、竹家具、竹地板等。我国竹林面积和建筑中相关竹耐用品总量正在增长，从理论上可以视为额外的储碳量。但国际上尚未形成公认的竹产品碳储存度量、监测和验证方法，且缺乏生产过程损耗、产品末端降解，以及最终向大气释放碳的过程的认识。

3)产品替代

产品替代不只是材料层面问题。产品替代对碳平衡的影响取决于所使用的材料自身及其所替代的材料对象之间的碳足迹差异。在讨论某种产品的碳足迹时，关于是否计算"产品替代"存在争议，因为这涉及统计边界如何界定的问题。例如，在产品报废阶段，竹材最终在发电厂中燃烧发电，用于代替部分化石燃料的使用，这一过程中，燃烧竹材本身属于净碳排的活动，但相对于化石燃料，所排放的二氧化碳更少，因此，从产品替换这一过程来看，以竹废料燃烧发电似乎成了减少碳排的行为，这种方式称为替代方法[69]。

产品替代的碳平衡影响确实存在，但往往是在一个更广的视角，如在整个经济社会的产业视角进行评估时才能显现出来。循环经济就提倡运用生物基材料替代水泥、钢铁、塑料、铝等高碳足迹的关键工业材料。当针对一个具体活动进行碳平衡讨论时，除非所使用的材料自身及其所替代的材料对象均可以明确定义，否则计算过程将充满假设。因此，在本书所关注的建筑活动范围内，不在材料层面讨论竹材"产品替代"所造成的附加碳平衡效益；在具体建筑方案层面，涉及不同材料和构造方案之间的比较时，会通过计算量化比较各方案之间的碳排放差异。

不同学者在开展竹产品碳足迹研究时，统计标准不一。帕勃罗·凡德鲁 (P. van der Lugt) 以在中国生产、运往荷兰的竹展平板、竹集成材、竹重组材为对象，开展碳足迹计算，包含因土地利用变化而导致的碳储存、产品生产过程（含部分运输）和末端处理三个阶段。在其他案例中，更多的是关注竹林碳汇和竹产品生产过程中的碳足迹。因此，在涉及具体的参数设定时，应首先进行标准的统一。以下先分别整理各阶段的碳足迹参数，再进行整合处理。

5.2.1　竹林生态系统碳汇

竹子高速生长过程中，会通过光合作用将空气中的二氧化碳转化为碳水化合物，并释放氧气。竹子生物量（干重）的约一半为碳元素。由于年产量高，相同气候条件下，竹子产品库将大于速生树种，如中国杉木（Chinese fir）。在采用相同竹种作为原材料的情况下，工业竹材之间在竹林碳汇环节理论上并无差异，但原材料利用率高的产品类型有助于将采伐所得生物量更多地转移到最终的竹产品中。

在肖岩针对 Glubam 的研究中[70]，竹林碳汇通过以下公式计算：

$$C = Q \times Y \times N/M$$

式中，C 为 $1m^3$ Glubam 所使用原材料对应的 CO_2 含量（tCO_2/m^3）；Q 为每年储存到竹林中的 CO_2，对于毛竹，该值为 $36.44tCO_2/hm^2$[71]；Y 为用于作为原材料的竹子的年龄，设为 4；N 为生产 $1m^3$ Glubam 所消耗的毛竹数量，约 52 根；M 为每公顷竹林植株数量，设为 3500 根。据此，计算出竹林在生产 $1m^3$ Glubam 所使用原材料的过程中储存了 2.17t 的 CO_2。

还有一种"因土地利用变化而导致的碳储存"的算法，较为复杂。帕勃罗·凡德鲁对由毛竹制成的三种竹板产品进行了计算,计算包含 5 个步骤:①计算森林中碳储存与最终产品碳储存的比例(遵循 baseline LCA 规定);②计算土地利用变化校正因子,反映该地区由其他土地转换为森林/人工林所带来的变化(遵循 IPCC 标准);③计算由于竹材生产和最终产品分配所增加的森林和人工林储碳量,此步骤比 PAS 2050 和 ILCD 手册中的碳储存分配信用额更加实际[69];④计算建筑行业中的额外储碳量;⑤因土地利用变化而导致的碳储存总量为以下步骤 1、2、3 的结果相乘再加上步骤 4 的结果。

步骤 1:按生产效率为 42% 计,1kg 竹子可制成大约 0.42kg 竹材。其中,整竹展平板 0.425kg,加上胶黏剂为 0.431kg(胶黏剂含量 1.3%);竹集成材 0.435kg(胶黏剂含量 2.5%);室内重组材 0.435kg(胶黏剂含量 3.5%);室外重组材 0.446kg(胶黏剂含量 6.2%)。反过来推算 1kg 竹材对应竹林地上生物量,展平板、集成材、室内重组材和室外重组材分别对应竹地上生物量 2.35kg、2.32kg、2.30kg 和 2.24kg。1kg 竹子含碳元素 0.5kg,对应 $1.835kgCO_2$,因此展平板、集成材、室内重组材和室外重组材储存的 CO_2 分别相当于 4.31kg、4.25kg、4.22kg 和 4.11kg。考虑地下根茎时,对浙江省临安市中等管理强度的毛竹林的研究结果显示,地上和地下生物量分别占 32.2% 和 67.8%[72];另外,有报道显示,毛竹林生态系统储碳量为 $102\sim289tC/hm^2$,其中,19%~33%储存在竹秆,67%~81%储存在土壤层,包括根茎、根和土壤中。按保守比值 3.1 计算,上述四种产品相应 CO_2 储存量为 13.37kg、13.21kg、13.09kg、12.75kg。

步骤 2:考虑置换前的土地中已储存有一定的生物量,此时采用 IPCC 的增益-损失法可比较土地前后的变化。过去几十年,中国毛竹林不断扩张,并且不以牺牲天然林为代价。假设新的人工林是在草地上建立的,原草地的地上和地下非木本生物量总量为 $6.5\sim8.5t/hm^2$,按 $7.5t/hm^2$ 计,碳含量为 47%,替换后竹林地上和地下生物量为 $111t/hm^2$[72],碳含量为 50%。因此,土地利用变化校正因子为 $(111\times0.5-7.5\times0.47)/(111\times0.5)=0.936$。而实际上,过去中国竹产量增量大部分来源于更好的管理[73],此时土地利用变化校正因子为 1。亚洲大陆上热带灌木丛地上和地下生物量为 $84t/hm^2$,因此当竹林替代这种灌木丛时,土地利用变化校正因子为 $(111\times0.5-84\times0.46)/(111\times0.5)=0.304$。

步骤 3:中国竹林年增长率约为 5%,因此将 5% 作为人工竹林的额外储碳量。人工竹林储碳量的年度增长被分配到竹产品生产中,则 1kg 竹子有 0.05kg 对应市场增长所需要的人工竹林。

步骤 4:建筑物中额外的碳储存与竹制品加工损失有关,估计为 10%。减去胶黏剂含量,1kg 展平板、集成材、室内重组材和室外重组材中含竹材分别为 0.987kg、0.975kg、0.965kg、0.938kg。展平板对应建筑物中生物 CO_2 储存量为

$0.987 \times 0.9 \times 1.835 = 1.63$kg,考虑 5% 的市场增长,额外碳储存为 $1.63 \times 0.05 =$ 0.083kg,集成材、室内重组材和室外重组材 CO_2 储存量为 1.61kg、1.59kg 和 1.55kg,对应额外 CO_2 储存量为 0.058kg、0.080kg 和 0.070kg。

步骤 5:以上步骤 1、2、3 的结果相乘再加上步骤 4 的结果,可计算出因土地利用变化而导致的碳储存量。展平板碳储存为 0.707kgCO$_2$/kg(10% 含湿量时为 0.637kgCO$_2$/kg),集成材碳储存为 0.699kgCO$_2$/kg(10% 含湿量时为 0.629kgCO$_2$/kg),室内重组材碳储存为 0.692kgCO$_2$/kg(10% 含湿量时为 0.623kgCO$_2$/kg),室外重组材碳储存为 0.674kgCO$_2$/kg(10% 含湿量时为 0.607kgCO$_2$/kg)。

5.2.2　建材生产过程碳排放

在建筑材料工业中,与开发和加工过程会产生大量温室气体的其他工业材料相比,木质建筑材料可以通过较低的碳排放来影响环境碳平衡。生产过程碳排放与材料品种密切相关,是材料层面最具优化潜力的部分。对应各种竹材中的生产步骤,统计各类燃料、电力、胶黏剂等材料和能源消耗量,再分别通过相应碳排放系数计算碳排放当量。

在既有研究中,整竹展平板、竹集成材和竹重组材案例的数据来源于实际生产企业,生产过程参数记录较为完整,可以提供各步骤所消耗的材料和能源。竹胶合板案例数据也来源于实际生产企业,无生产过程各步骤记录,但可提供总的生产能耗和物料消耗值。竹刨花板数据采集自我国林业标准《竹材刨花板生产综合能耗》(LY/T 2395—2014),并整合进胶黏剂等物料消耗参数。

1. 整竹展平板

帕勃罗·凡德鲁开展了 FB 竹地板产品"从摇篮到大门"的调研。该竹地板产品由 3 层 FB 胶合而成,产品尺寸为 1210mm×125mm×18mm(长×宽×厚),体积为 0.0027225m³,质量为 1.819kg,在中国浙江生产,通过货车和货运船从浙江的工厂运往荷兰阿姆斯特丹的仓库。除去产品生产完成之后的运输部分,其他阶段数据如下[74]。

在生产过程阶段,1FU FB 竹地板消耗汽油 0.006L,按密度 0.72kg/L 折算,为 0.00432kg;消耗柴油 0.031L,按密度 0.84kg/L 折算,为 0.02604kg;消耗电力 1.0102kW·h;消耗乳液聚异氰酸酯(emulsion poly isocyanate,EPI)胶黏剂 0.023kg。

基于以上原始数据,汇总计算 1FU 整竹展平板生产过程产生的碳排放为 0.712kgCO$_2$e。转换为单位体积时,相当于 261.52kgCO$_2$e/m³。(表 5.3)

表 5.3　整竹展平板生产过程碳排放[74]

序号	加工步骤	消耗类型	量值	单位	换算为碳排放 /(kgCO₂e/FU)
1	种植和采伐	汽油	0.006	L/FU	0.016
2	从种植园运输到工厂*	柴油	0.031	L/FU	0.087
3	将竹秆纵向切成两半	电力	0.0066	kW·h/FU	0.004
4	去内节	电力	0.079	kW·h/FU	0.045
5	去外节	电力	0.026	kW·h/FU	0.015
6	截段	电力	0.006	kW·h/FU	0.004
7	软化-蒸汽处理	电力	0.013	kW·h/FU	0.007
8	展平	电力	0.063	kW·h/FU	0.036
9	定型	电力	0.079	kW·h/FU	0.045
10	表面刨光(2面)	电力	0.070	kW·h/FU	0.041
11	平板烘干	电力	0.459	kW·h/FU	0.265
12	裁切至最终宽度	电力	0.0258	kW·h/FU	0.015
13	施胶	EPI胶黏剂	0.023	kg/FU	0.037
14	将3层单板胶合为3层板	电力	0.117	kW·h/FU	0.067
15	养护(气候室)	电力	0.027	kW·h/FU	0.015
16	裁切至最终长度	电力	0.0158	kW·h/FU	0.009

　　* 在文献的原始数据中,提到交通工具为载重量 5t、可运载 780FU 的货车,但只通过数据库转换为生态成本,并没有给出实际耗油量。此处以 5t 货车载重时 100km 耗油(柴油)量为 20L 进行推算,得出 1FU 产品柴油消耗量为(20×120)/(780×100)=0.031L。

2. 竹胶合板

　　肖岩对中国湖南省的一个竹胶合板工厂开展过调研,该工厂以毛竹为原料,雇佣工人 60～70 人,年产量约 12000m³。根据文献中数据推算,其产品表观密度为 920kg/m³,尺寸为 2440mm×1220mm×30mm(长×宽×厚)。调研过程中,采用的统计单元为 1m³。

　　在生产过程阶段,1m³ BMB 竹地板消耗柴油 6.5136kg;消耗电力共 121kW·h;消耗酚醛树脂(phenol formaldehyde,PF)胶黏剂 87.5kg。其中原料运输计算过程中,按货车装载能力为 10.87m³ 计算。

　　该案例还考虑了其他消耗,1m³ 竹胶合板的其他消耗包括:产品后处理中,环氧树脂(epoxy resin adhesive,ERA)胶黏剂25kg,润滑油0.33kg;车间生产和产品后处理工人能耗共0.614GJ;生产设备和工厂设施损耗造成的能耗量0.081GJ。此外,加工过程产生竹废料350kg,其中70%被用于燃烧发电并替代部分化石燃料燃烧;在原材料生长阶段,原竹固碳量为2166kg。

对应竹胶合板生产过程中的燃料、电力、胶黏剂消耗量,通过碳排转换系数,可得竹胶合板单位体积碳排放为1905.19kgCO$_2$e/m^3。(表5.4)

表5.4　竹胶合板生产过程碳排放[70]

序号	加工步骤	消耗类型*	量值	单位	换算为碳排放/(kgCO$_2$e/m^3)
	原竹碳储存	—	—	—	−2166
1	原料运输(50km)**	柴油	6.5136	kg/m^3	482.66
2	Glubam胶合板运输**(200km)				
3	编篾、烘干、切边	电力	121	kW·h/m^3	384.41
4	胶合	PF胶黏剂	87.5	kg/m^3	31.15
5	Glubam结构构件后处理	ERA胶黏剂	25	kg/m^3	148
6	热压	润滑油	0.33	kg/m^3	0.85
7	车间生产工人	能源	0.203	GJ/m^3	5.4
8	产品后处理工人	能源	0.411	GJ/m^3	16.4
9	生产设备和工厂设施损耗	能源	0.081	GJ/m^3	6.8522
10	竹废料燃烧	能源	−5.184	GJ/m^3	829.47

*工厂全年各项资源消耗:竹秆6.72万根、电力消耗1454000kW·h、PF胶黏剂1050t、润滑油4t;使用工人65人;产生竹废料4200t;各项能源转换系数为,柴油1.4571kgce/kg,电力0.400kgce/kg,PF胶黏剂22.5MJ/kg,ERA胶黏剂139.3MJ/kg,润滑油1.2kgce/kg,工人37.5GJ/(人·年),竹废料21.16MJ/kg。

**在文献的原始数据中,提到交通工具为载重量10t的货车,并按100km耗油(柴油)量为28.32kg进行推算,得出1m^{3}竹胶合板耗油量6.5136kg。

3. 竹刨花板

在《竹材刨花板生产综合能耗》(LY/T 2395—2014)中,统计的生产能耗包括直接生产和间接生产,前者包含原料准备、刨花制备、刨花干燥、施胶、铺装、预压、热压、后处理等生产工序,后者包含辅助生产和附属生产。辅助生产包括加工剩余物清理、生产设备维修、刀具修磨、生产车间供暖(或制冷)和照明等环节,附属生产包括仓库及其他公共设施的供暖(或制冷)和照明、厂内运输等与生产相关的环节。

《竹材刨花板生产综合能耗》(LY/T 2395—2014)中并没有给出产品表观密度。此处参考作者前期测试结果,竹刨花板干燥表观密度为600~664kg/m^3,在含湿量为 12％时,相应表观密度为 672～739kg/m³,此处近似取值为 700kg/m³。采用的胶黏剂为 PF,质量分数为 9％～12％,近似为 700×10.5％＝73.5kg,相当于 116.9kgCO₂e。以竹材刨花板二级单位产品基本能耗中间值 854.7kW·h/m³,按煤电 CO₂ 排放系数 0.975kg/(kW·h)计,所得碳排量为 854.7×0.975＝833.33kg。以上两项相加,得出单位体积竹刨花板生产过程产生的碳排放为 950.23kgCO₂e。(表 5.5)

表 5.5　竹材刨花板生产过程碳排放

能耗分级指标	基本能耗/(kW·h/m³)	换算为碳排放/(kgCO₂e/m³)
一级	$q \leqslant 814$	$q \leqslant 793.65$
二级	$814 < q \leqslant 895.4$	$793.65 < q \leqslant 873.02$
三级	$895.4 < q \leqslant 976.8$	$873.02 < q \leqslant 952.38$

注:按原文献,电力碳排放因子取 0.975kg/(kW·h)。

4. 竹集成材

竹集成材生产过程碳排放计算同整竹展平板。帕勃罗·凡德鲁开展了 3 层 BSB 产品的调研,采用的 BSB 由 2 层 5mm 厚的平压板坯、中间夹 1 层 10mm 厚的侧压板坯构成。产品尺寸为 2440mm×1220mm×20mm(长×宽×厚),体积为 0.059536m³,质量为 41.7kg。

在生产过程阶段,1FU BSB 消耗汽油 0.224L,按密度 0.72kg/L 折算,为 0.161kg;消耗柴油 1.342L,按密度 0.84kg/L 折算,为 1.12728kg;电力消耗共 45.17kW·h。对于胶黏剂,在制作 1 层板坯阶段,消耗三聚氰胺甲醛(melamine formaldehyde,MF,干燥状态)0.483kg,在制作最终的 3 层板阶段,消耗 EPI(干燥状态)0.908kg;而在更早的一份研究中,BSB 采用的是脲醛树脂(urea formaldehyde,UF,潮湿状态),两阶段相应用量为 0.894kg/FU 和 0.983kg/FU。

对应 BSB 生产步骤,其燃料、电力、胶黏剂消耗可通过转换系数计算相对应的碳排放当量。采用 MF 和 EPI 作为胶黏剂时,1FU 竹集成材生产过程产生的碳排放为 32.874kgCO₂e,转换为单位体积时,相当于 552.17kgCO₂e/m³。采用 UF 作为胶黏剂时,该值为 550.34kgCO₂e/m³。(表 5.6)

5. 竹重组材(板材)

竹重组材生产过程碳排放计算同整竹展平板。帕勃罗·凡德鲁开展了竹重组板材(BFB)产品的调研,采用的 BFB 生产过程中,首先制作长×宽×厚为1900mm×110mm×140mm 的方材,然后锯切成长×宽×厚为 1900mm×100mm×15mm 的板材单元,体积为 0.00285m³,质量为 3.08kg。

表 5.6　竹集成材生产过程碳排放[74]

序号	加工步骤	消耗类型	量值	单位	换算为碳排放/(kgCO₂e/FU)
1	种植和采伐	汽油	0.224	L/FU	0.651
2	从种植园运输到竹片制造厂(30km)*	柴油	0.260	L/FU	0.699
3	制作竹片	电力	1.38	kW·h/FU	0.797
4	从竹片制造厂运输到竹集成材制造厂(300km)**	柴油	1.082	L/FU	2.314
5	粗刨	电力	8.62	kW·h/FU	4.977
6	竹片筛选	(人力)	—		—
7	竹片碳化	电力	4.73	kW·h/FU	2.731
8	干燥碳化的竹片	电力	9.66	kW·h/FU	5.577
9	精刨	电力	5.8	kW·h/FU	3.349
10	施胶(1层板坯)	UF胶黏剂/MF胶黏剂	0.894/0.483	kg/FU	1.439/1.657
11	压制竹片为1层板坯	电力	1.89	kW·h/FU	1.091
12	1层板坯砂光	电力	1.62	kW·h/FU	0.935
13	施胶(3层板)	UF胶黏剂/EPI胶黏剂	0.983/0.908	kg/FU	1.583/1.476
14	压制3片1层板坯为3层板	电力	1.65	kW·h/FU	0.953
15	锯切	电力	0.29	kW·h/FU	0.167
16	3层板坯砂光	电力	0.86	kW·h/FU	0.497
17	吸尘(所有步骤)	电力	8.67	kW·h/FU	5.005

*在文献的原始数据中,提到交通工具为载重量 5t、可运载 23.1FU 的货车,但只通过数据库转换为碳排放,并没有给出实际耗油量,此处以 5t 货车满载时 100km 耗油(柴油)量为 20L 进行推算,得出 1FU 产品柴油消耗量为(20×30)/(23.1×100)=0.260L。

**在文献的原始数据中,提到交通工具为载重量 28t 的货车,此处按 30t 近似,可运载 30/5×23.1=138.6FU,以 30t 货车满载时 100km 耗油(柴油)量为 50L 进行推算,得出 1FU 产品柴油消耗量为(50×300)/(138.6×100)=1.082L。

在生产过程阶段,1FU BFB 消耗汽油 0.0104L,按密度 0.72kg/L 折算,为 0.007488kg;消耗柴油 0.1343L,按密度 0.84kg/L 折算,为 0.112812kg;消耗电力 4.829kW·h;消耗 PF 胶黏剂室外/室内产品分别为 0.71kg/0.47kg。

计算方法同上。1FU 竹重组板材生产过程产生的室内/室外碳排放分别为 4.3083kgCO₂e/3.92656kgCO₂e,转换为单位体积时,相当于 1511.67kgCO₂e/m³/1377.74kgCO₂e/m³。(表 5.7)

表 5.7　竹重组材-板材生产过程碳排放[74]

序号	加工步骤	消耗类型	量值	单位	换算为碳排放 /(kgCO₂e/FU)
1	种植和采伐	汽油	0.0104	L/FU	0.030250
2	从种植园运输到竹片制造厂(30km)*	柴油	0.0122	L/FU	0.032750
3	制作竹片	电力	0.10	kW·h/FU	0.057750
4	从竹片制造厂运输到竹集组材制造厂 (600km)**	柴油	0.1221	L/FU	0.327770
5	粗刨	电力	0.66	kW·h/FU	0.381000
6	将竹片分成两半	电力	0.10	kW·h/FU	0.057750
7	竹片碳化	电力	0.35	kW·h/FU	0.202125
8	干燥碳化的竹片	电力	2.58	kW·h/FU	1.489950
9	碾碎碎片	电力	0.17	kW·h/FU	0.098125
10	施胶	PF 胶黏剂	室外 0.71/ 室内 0.47	kg/FU	1.129238/ 0.747524
11	压制竹片为方材	电力	0.29	kW·h/FU	0.167375
12	在烘干箱中活化胶黏剂	电力	0.35	kW·h/FU	0.202125
13	锯切方材	电力	0.044	kW·h/FU	0.025375
14	锯切为板材	电力	0.091	kW·h/FU	0.052480
15	板材砂光	电力	0.094	kW·h/FU	0.054210

注:表中数据根据竹重组材(方材)按体积比例换算。

*在文献的原始数据中,提到交通工具为载重量 5t、可运载 492.3FU 的货车,但只通过数据库转换为碳排放,并没有给出实际耗油量,此处以 5t 货车满载时 100km 耗油(柴油)量为 20L 进行推算,得出 1FU 产品柴油消耗量为(20×30)/(492.3×100)=0.0122L。

**在文献的原始数据中,提到交通工具为载重量 10t、可运载 1277.7FU 的货车,以 10t 货车满载时 100km 耗油(柴油)量为 26L 进行推算,得出 1FU 产品柴油消耗量为(26×600)/(1277.7×100)=0.1221L。

6. 竹重组材(方材)

竹重组材生产过程碳排放计算同整竹展平板。帕勃罗·凡德鲁开展了竹重组板材产品的调研,采用的 BFB 生产过程中,首先制作毛尺寸长×宽×厚为 1900mm×110mm×140mm 的方材,再通过裁切和打磨,最终形成净尺寸长×宽×厚为 1800mm×100mm×130mm 的产品,体积为 0.0234m³,质量为 25.3kg。

在生产过程阶段,1FU BFB 消耗汽油 0.0832L,按密度 0.72kg/L 折算,为 0.059904kg;消耗柴油 0.5041L,按密度 0.84kg/L 折算,为 0.423444kg;消耗电力 28.065kW·h;消耗 PF 胶黏剂 1.68kg。

计算方法同上。1FU 竹重组方材生产过程产生的碳排放为 17.441kgCO₂e,

转换为单位体积时,相当于 $745.34kgCO_2e/m^3$。(表 5.8)

表 5.8　竹重组材-方材生产过程碳排放[74]

序号	加工步骤	消耗类型	量值	单位	换算为碳排放 /(kgCO₂e/FU)
1	种植和采伐	汽油	0.0832	L/FU	0.242
2	从种植园运输到竹片制造厂(30km)*	柴油	0.0976	L/FU	0.262
3	制作竹片	电力	0.8	kW·h/FU	0.462
4	从竹片制造厂运输到竹集成材制造厂 (600km)**	柴油	0.4065	L/FU	1.376
5	粗刨	电力	5.28	kW·h/FU	3.048
6	将竹片分成两半	电力	0.8	kW·h/FU	0.462
7	竹片碳化	电力	2.8	kW·h/FU	1.617
8	干燥碳化的竹片	电力	5.624	kW·h/FU	3.247
9	碾碎碎片	电力	1.36	kW·h/FU	0.785
10	施胶	PF胶黏剂	1.68	kg/FU	2.672
11	压制竹片为方材	电力	2.32	kW·h/FU	1.339
12	在烘干箱中活化胶黏剂	电力	2.8	kW·h/FU	1.617
13	锯切方材	电力	0.352	kW·h/FU	0.203
14	方材砂光	电力	0.188	kW·h/FU	0.109

　*在文献的原始数据中,提到交通工具为载重量 5t、可运载 61.5FU 的货车,但只通过数据库转换为碳排放,并没有给出实际耗油量,此处以 5t 货车满载时 100km 耗油(柴油)量为 20L 进行推算,得出 1FU 产品柴油消耗量为(20×30)/(61.5×100)=0.0976L。

　**在文献的原始数据中,提到交通工具为载重量 28t 的货车,此处按 30t 近似,可运载 30/5×61.5=369FU,以 30t 货车满载时 100km 耗油(柴油)量为 50L 进行推算,得出 1FU 产品柴油消耗为(50×300)/(369×100)=0.4065L。

5.2.3　末端处理

　　"末端处理"处于建筑生命周期末端。这一阶段的碳排放,不同竹材产品之间差异不大,反而取决于回收和再利用方式。在竹子生长的过程中,会捕获环境的 CO_2,并储存到竹子的生物量中。从竹子种植、竹产品生产和使用,一直到报废前,并没有产生净碳排放。末端处理方式则决定了储存在竹产品中的碳是否释放,或者有多大比例释放回环境。

　　竹材变质、降解或进行燃烧时均会释放碳。其中变质和降解在释放碳的过程中并不产生其他益处。而通过燃烧、生物质发电,可以带来可观的能量,因此往往成为首选的处理方式。例如,当进行燃烧处理时,根据 Idemat 2015 数据库,含湿量 12% 的硬木、竹材、软木在小型火力发电厂中燃烧发电，1kg 燃料碳足迹为 0.779kgCO$_2$。假设 90% 的竹制品最终通过燃烧生产发电或者发热，则对应竹制品的相应值为 0.70kgCO$_2$。此外，有些让碳得以继续储存的技术正在得到探索。例如，生物炭技术，可以通过隔氧热解，将最多 50% 的碳存入生物炭产品中，而其余部分则转为能源。将这些生物炭混入土壤中，一方面可以改善土壤，另一方面可以实现长久的碳存储。

5.2.4　竹材综合碳排放因子汇总

综合以上调研可以看出，现有文献提供的数据在计算边界、计算方法等方面存在明显差异。例如，在 BMB 碳排放计算中，使用了产竹厂一年的能源和物质消耗总量，考虑了电力、燃料、工厂和设备乃至人力等因素产生的碳排放、原材料生长过程中的碳储存，以及竹废物燃烧产生的能量和碳排放，然而，其原材料采伐的能源消耗并未包括在内；在 BSB 和 BFB 的计算中，累计了材料生产的详细步骤，最终计算出相应产品的碳排放，而且物料运输过程考虑到原材料与建材产品的差异，但仍可能存在统计遗漏，如工厂各加工步骤之间的物料运输、工厂及设备的成本、工作环境的照明及空调等。

一些案例在计算原材料对应竹林的碳汇时，会按建材产品消耗原材料的总质量进行计算，但实际上，只有一部分原材料（生物质）被加工成耐用的竹制品，起到碳储存的作用，剩下的部分很快会将生物质中的碳释放回环境中，因此没有固碳的效果。另一些案例中，用于产能和能源替代以折减部分碳排放的计算来自加工废物的燃烧，而不是目标材料产品自身的末端处理，因此出现碳载体偏移，其生命周期碳排放计算不严格。此外，在计算 PF 胶黏剂的碳排放时，使用的是净 CO$_2$ 排放质量，而不是碳排放当量。考虑到其他温室气体存在时，前者会小于后者，因此 PF 胶黏剂的碳排放可能会被低估。

为此，本研究在原始数据的基础上，进行统计阶段和边界要素的归一，计算严格跟踪建材自身，围绕各类竹材从原材料到建材生产、运输到末端处理的生命周期，避免计算过程中计算对象（即碳载体）出现偏移；对各阶段计算项目进行统一界定，其中原材料计算项目包含生产和采伐，建材生产阶段包含电力和胶黏剂，运输阶段考虑不同运输内容区分为原材料、半成品和成品，末端处理按燃烧产能计算，考虑产生的碳释放以及生物质能源替代的碳抵消；在此基础上，结合最新的基础能源、物料碳排放因子参数，生成可支持竹建筑 C_{bm} 计算的典型竹材综合碳排放因子。（表 5.9、表 5.10）

表 5.9　典型竹材综合碳排放因子汇总——原始数据归一

（单位：$kgCO_2e/m^3$）

阶段	项目	BMB 板材	BPB 板材	BSB 板材	BFB 室外板材	BFB 室内板材	BFB 方材
原材料	生长	−1374.16	−1032.85	−1109.87	−1344.5	−1499.02	−1669.89
	采伐	13.56	0	10.95	10.62	10.62	10.35
建材生产	电力	384.41	472.93	440.81	984.44	984.44	554.28
	胶黏剂	139.13	116.87	50.76	396.11	262.21	114.15
运输	原材料	14.54	0	11.74	11.49	11.49	11.20
	半成品	51.08	0	38.87	57.50	57.50	58.80
	建材产品	85.13	64.78	64.78	95.83	95.83	98.00
末端处理	燃烧释放	1156.44	869.21	934.03	1131.48	1261.52	1405.32
	生物质能源替代	−400.89	−305.03	−305.03	−470.61	−470.61	−470.61
归一后综合碳排放因子		69.24	185.92	137.05	872.36	713.98	111.60

表 5.10　典型竹材综合碳排放因子汇总——考虑样品表观密度的调整

项目	BMB 板材	BPB 板材	BSB 板材	BFB 室外板材	BFB 室内板材	BFB 方材
原始综合碳排放因子/($kgCO_2e/m^3$)	69.24	185.92	137.05	872.36	713.98	111.60
原文献样品表观密度/(kg/m^3)	920	700	700	1080	1080	1080
本研究样品表观密度(含湿量 10%)/(kg/m^3)	853.83	685.65	620.19	1219.65	1219.65	1219.65
调整后综合碳排放因子/($kgCO_2e/m^3$)	64.26	182.11	121.42	985.16	806.30	126.03

5.3　典型竹材物理性质基础参数

5.3.1　既有研究综述

1.基本物理性质

1)结构组织

竹秆的结构组织包含：①外皮层。又称"外皮"或者"竹青"，由表皮和皮下组织组成。皮下组织是厚壁细胞层,而表皮细胞由纤维素、果胶质以及覆盖在其外侧的蜡质覆层构成,具有光滑的表面。②内层髓心环。位于髓心周边,又称"竹黄",是包围竹筒中心空腔的蜂窝层和由薄壁细胞组成的非脉管组织。这些木质化的细胞往往厚度较大,多数在切向方向上较长,但在径向和纵向方向上较短。③基本组织(成纤维脉管区)。夹在内外层之间,由薄壁细胞、纤维和嵌入式维管束构成。

基本组织包含:①薄壁组织。从形状上可以区分为两种类型,一种为垂直细长的细胞,长度 $20\sim80\mu m$,宽度 $25\sim40\mu m$,另一种为穿插在细长细胞之间的短立方体细胞。薄壁组织细胞在外壁变小,向内部逐渐变大尤其是变长,但在靠近内壁的区域再次缩小。②纤维。纤维的长度会影响竹秆的强度,一般在紫竹的 1.04mm 与大佛肚竹的 2.64mm 之间变化。可以假定竹纤维长度平均值为 1.9mm,它短于软木,但比硬木长得多。竹纤维长度由秆壁外侧向内增大,在离秆壁外侧 1/3 处达到最大值,然后向内部再次逐渐缩小。③维管束。竹节间的维管束由两个后生木质部管、韧皮部、原生木质部和相连的纤维鞘以及取决于竹种的附加纤维束组成。维管束的横截面形貌取决于其形状、尺寸以及维管束的密集度。沃尔特·利斯(Walter Liese)将其归为 4 种基本类型。邻近秆壁外侧,纤维束变得小且多,其间仅有少量薄壁细胞。到秆壁的中部,维管束变得大并且间距拉开。在秆壁内侧,维管束又再次变小[16]。

据沃尔特·利斯对竹秆结构组织成分的研究,薄壁组织、纤维、传输组织(维管束)的比例一般为 52%、40%、8%。各组分的分布存在非均匀性,其中薄壁组织由外向内逐渐增加,秆壁内侧 1/3 部分比外侧 1/3 部分高出 20%~40%。纤维由外向内逐渐减少,大约 50% 的纤维分布在秆壁外侧 1/3 部分。传输组织由外向内轻微增加,最大值出现在秆壁中间的 1/3 部分。

2)化学组成

竹秆主要化学组分为纤维素、半纤维素和木质素,另外还有微量的提取物。

(1)纤维素(约 50%)。纤维素有时被称为 α-纤维素,这是制造纸、增强塑料、合成纺织品等一些产品的主要组分。

(2)半纤维素(约 25%)。戊聚糖,又称阿拉伯木聚糖,是半纤维素的主要组分(80%~90%),而己聚糖的含量非常小。竹材的木聚糖是葡萄糖醛酸-阿拉伯木聚糖,组分与针叶和阔叶木材不同,其聚合分子比木材多。竹材戊聚糖的含量是19%~23%,接近阔叶木材,远高于针叶木材(10%~15%)。这意味着在制浆和水解的过程中,可以提取糖醛酸[21]。

(3)木质素(约 25%)。竹材木质素是一种典型的草本木质素,由对羟苯基、愈创木基和紫丁香基组成,比例为 10:68:22,这一比例类似于阔叶木材木质素。竹材木质素的具体特点在于包含氢化聚合物和 5%~10% 的丙烯酸酯。1 岁竹子的木质素含量在 20%～25% 范围内,接近于阔叶木材和一些草类(如麦秆),略小于针叶木材。较小的木质素含量有利于在制浆过程中减少化学品消耗量,并允许采用较简单的制浆工艺[21]。

(4)提取物,包含有机物质和无机物质。对于有机物质,可以通过热/冷水或者氢氧化钠、苯醇等有机溶剂萃取。在竹秆生长过程中,它们被合成到各种组织中,主要有:①蜡。竹秆外侧通常被一蜡质层覆盖,使它能阻碍水及其他化学物质的渗透。这些蜡略显黄色并且带有特殊的气味,在制作家具时,通常通过加热的方法进行去除。②淀粉。竹秆淀粉含量对其利用非常重要,需要特别重视。竹秆的营养物(糖分)含量超过一定水平后,所产生的富余营养成分会以淀粉的形式储存起来,这些淀粉导致竹秆容易受到甲虫的攻击,并加速霉菌的生长破坏。淀粉含量受竹种、竹龄、采伐时间以及竹秆部位的影响。脉管薄壁组织鞘通常密集地填充有淀粉颗粒,竹节附近和竹壁内侧的薄壁细胞具有较高的淀粉含量,甚至纤维同样可能含有淀粉。对于无机物质,在燃烧后会形成灰分,包含锌、铁、钾、钙、镁、锰等物质。硅是外皮层的一个主要成分,含量在 1.5%(大佛肚竹)～6.4%(思劳竹属),具有较高硅含量的表皮细胞使外皮层得到强化。

3)物理性质

(1)纤维饱和点(fiber saturation point,FSP)。绿竹中的水分储存在细胞壁、细胞腔或者细胞间隙内,被细胞壁所吸收的水分称为吸附水,在细胞腔和细胞间隙中,即存在于毛细管中的水分称为自由水。细胞中的水达到饱和而细胞腔中恰好无水的临界状态称为 FSP。竹材 FSP 受组织成分和不同物种影响,范围在 13%～20%,而木材 FSP 一般为 28%～30%。

(2)干缩性。对于木材,高于 FSP 的含湿量(>30%)对其体积和强度没有影响。当木材含湿量低于 FSP 并开始从细胞壁中失水时,干缩开始发生并且强度增加。木材干缩在年轮方向上(切向方向)最大,横跨年轮方向上(径向方向)稍小,沿木纹方向上(纵向方向)最小。与木材不同,竹材干缩早在其含湿量高于 FSP 时就发生,但并不稳定地持续,当含湿量由约 70% 下降至约 40% 时,干缩现象暂停,低于此范围时干缩又再次发生[1]。对于竹秆,干缩现象同时影响到其壁厚和直径,并显现出从底部到顶部减弱的趋势。采伐后的成熟竹秆(绿竹)从湿状态干燥到含湿量约为 20% 的过程中,会有 4%～14% 的竹秆壁厚和 3%～12% 的直径收缩[16]。毛竹从空气中干燥时,含湿量每下降 1%,平均干缩率为纵向 0.024%、切向 0.1822%、径向 0.1890%(竹节部分 0.2726%,节间部分 0.1521%)。木材在干燥过程中强度得到增加,如含湿量 12% 的木材抗压强度约为湿木材的 2 倍,干燥至含湿量 5% 时有时抗压强度可以增大至 3 倍。相比之下,竹材在干燥过程中的强度增加幅度远小于木材[1]。

2. 热湿学性质

竹壁是竹材利用的主要对象,已有学者从植物学、材料学、人造板学视角对竹壁的微观结构、表面形貌、化学组成、密度、力学性质、开裂性、胶合能力等开展研究,并讨论原竹的自然寿命、非生物因素和生物因素引起的破坏方式,以及应对原竹破坏的预防处理,如通过含湿量和干燥过程控制防止开裂、物理和化学方法的防腐。

国内外已有学者对竹材基本物理性质进行研究,并与木材产品进行对比。木材产品的密度一般在 $400\sim800\text{kg/m}^3$[75],而原竹及竹材人造板的产品密度为 $650\sim1290\text{kg/m}^3$。德国汉堡大学木材研究所的沃尔特·利斯教授[16]、哥伦比亚的奥斯卡·伊达尔戈-洛佩兹教授[1],以及国内张齐生、蒋身学、唐永裕、邹林华等竹材人造板专家和木材学学者对竹材的微观结构进行了分析,研究表明,竹材的纤维组织近乎全部沿纵向平行排布,仅在竹节附近存在少量径向发展的细胞,这与木材的微观结构有明显区别。对于吸湿性多孔材料,其热湿物理性质与基本物理性质之间往往存在显著相关性。竹材在微观结构、表观密度和孔隙率方面与木材的区别提示,有必要将竹材作为一种独立的材料类型进行系统性研究。(图 5.2)

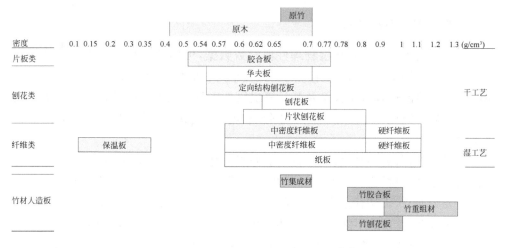

图 5.2　竹木主要产品表观密度关系[14]

已有的针对竹材在力学强度方面的研究可以支持其作为承重结构的应用,然而由于我国的《民用建筑热工设计规范》(GB 50176—2016)尚缺乏竹材热湿物理性质参数,实际工程中常用木材数据作为替代。已有针对原竹的基本物理性质、热物理性质和湿物理性质的测试主要以毛竹为对象,项目包括表观密度、孔隙率、等温吸放湿曲线、蒸汽渗透系数、比热容和导热系数。

　　一项通过计算机断层扫描成像技术对竹秆的竹节和节间部分的密度分布进行的分析显示,毛竹的表观密度在 $600\sim800kg/m^{3[76]}$。采用计算机断层扫描成像和背散式电子扫描技术对竹秆孔隙率进行的观察显示,毛竹竹节间的平均孔隙率为 $44.9\%\sim63.4\%^{[77]}$。密度和孔隙率的测试表明,竹材基本物理性质在竹秆尺度上存在突出的非匀质性。针对毛竹的竹粉、竹块、薄壁细胞和化学浸渍纤维的吸湿等温线研究显示,吸湿能力由大到小为薄壁细胞、竹纤维、竹粉和竹块。比较竹块、竹纤维、木质素和半纤维素之间的吸湿性质发现,半纤维素的平衡含湿量远高于相同相对湿度下的木质素,而竹纤维的平衡含湿量比竹块高[78]。通过干杯方法测试毛竹的蒸汽渗透阻力因子,结果显示该因子在径向和切向的值为 $30\sim57$。毛竹的液态水性质测试显示,其竹壁外部、中间和内部的毛细吸水系数分别为 $0.014kg/(m^2 \cdot s^{0.5})$、$0.008kg/(m^2 \cdot s^{0.5})$ 和 $0.0019kg/(m^2 \cdot s^{0.5})$,相应的毛细饱和含湿量分别为 $572kg/m^3$、$479kg/m^3$ 和 $385kg/m^{3[79]}$。通过差示扫描量热法,在 $40℃$ 条件下的测试分别显示毛竹比热容为 $1.08\sim2.29kJ/(kg \cdot K)^{[76]}$ 或 $1.7\sim2.3kJ/(kg \cdot K)^{[79]}$。通过激光闪光法可测试毛竹纵向方向的热扩散系数[76],以及毛竹单板和集成材的导热系数[80]。

3. 既有研究不足之处

　　现有研究提供了竹材热湿物理性质参数数据,可用于对其在建筑围护结构中的适用性预判提供一定参考;相应的测试规范为获取材料参数提供了方法依据;建筑围护结构热湿过程理论模型及其计算机模拟工具的研发为建筑构件和围护空间层面的性能研究提供了支持。但关于竹材应用于建筑围护结构,现有研究尚存在不足之处:

　　(1)材料对象的不全面。在"竹林资源工业化利用"的背景下,竹材产品体系得到极大拓展,"竹材"已突破原有局限在"原竹"层面的定义,但已有针对板材的测试对象主要为原竹,无法代表实际工程中更多被使用的竹材人造板,原竹样本在厚度上通常仅有 $7\sim9mm$,不能代表厚度更大的人造板,且竹材人造板加工过程中的组成单元、组坯方式、三防处理、胶水添加等过程会导致材料性质的改变,因而对每种竹材人造板进行独立的材性测试是必要的。

　　(2)材料参数的不完善。竹材尚未被视为独立的建筑材料类型,在重要的建筑材料和围护结构的计算及设计依据中仅有简单的木材参数。已有针对竹材的测试项目未能提供可以支持完整建筑围护结构热湿过程模型所需的性质参数,且大多针对稳态条件下的某一基本物理性质、湿或者热性质,无法描述热湿相互作用状态下的竹材性质;其测试很大部分依据微观材料学的方法,采用远小于实际使用尺寸和数量的样品尺寸或数量。试件尺寸和数量会给测试结果造成不可忽略的影响,不完善和不准确的材料参数会给建筑围护结构热湿过程计算造成误差。

(3)研究层次的不系统。无论是对板材还是填充材的研究,已有工作着重于材料微观层面的性质,而不是建筑宏观层面的性能;缺乏与气候条件和构造类型等实际工况的关联;建筑构件和围护空间层面长周期动态的性能尚未得到充分关注。

缺乏材性参数以及基于此对竹材性质的量化认识,导致进一步的构造计算无法进行;缺乏在建筑构件和围护空间层面的性能研究以及材料和构造参数对性能影响规律的掌握,造成竹材建筑围护结构的构造设计缺乏依据和指导。这些不足使得建筑工业中推广"以竹代木"缺乏论证,发展装配式、标准化竹构建筑体系缺乏基础。

5.3.2　建筑材料物理性质分类和定义

HAM 模型通常采用非线性偏微分方程来描述建筑中的热湿耦合过程,并通过数值方法求解[56]。不同学者对热湿过程机制、原因及其驱动势的观点有差异,因此形成各自的描述方程,并要求不同材料参数和气候条件作为输入参数。

Fraunhofer IBP 将建筑围护结构的热湿过程机制、形成原因及其驱动势归为热量、蒸汽和液体传递三类。其中驱动势及其对相应材料参数的选择是对热湿过程进行描述的基础。温度和蒸汽压普遍被用于作为热量和蒸汽传递的驱动势,得到比较统一的认可,而对于液体传递主要是毛细传导和表面扩散,则存在驱动势选择的争议,不同 HAM 模型对材料参数的需求不完全一致。(表 5.11)

表 5.11　建筑围护结构中热量和湿分传递机制、形成原因及驱动力[56]

传递类型	传递机制	传递形成原因及驱动力
热量传递	热传导	温度
	热辐射	温度的 4 次方
	气流	总压力、密度差
	水分迁移附带的焓流	伴随相变的蒸汽扩散和温度场中的液体传输流
蒸汽传递	气体扩散	蒸汽压(温度、总压力)
	分子传输(渗流)	蒸汽压
	溶解扩散	蒸汽压
	对流	总压力梯度

传递类型	传递机制	传递形成原因及驱动力
液体传递	毛细传导	毛细抽吸力
	表面扩散	相对湿度
	渗流	重力
	液压流	总压力差
	电动效应	电场
	渗透(作用)	离子浓度

1. 基本物理性质

1) 表观密度

表观密度是最重要的材料物理性质之一。在非建筑物理学领域,如在人造板工艺学中,由于力学强度和表观密度的相关性,表观密度常被用作为产品的性能指标之一。而在建筑物理学领域,表观密度除与材料热湿物理性质之间存在不同程度的相关性外,还被直接用于质量体积比含湿量、蓄热系数等参数的计算。因此,可以通过这一容易获取的材料参数,对热湿物理性质进行一定的预判。

2) 孔隙率

相对于骨架结构,孔隙结构是材料学科另一组通用指标,通过孔隙尺寸、数量、比表面积等对材料微观层面的孔隙特征进行描述。材料内部孔隙形成空腔,对热传递速率有降低作用。孔隙空腔也是湿分储存的位置,因此对湿储存性质有直接影响。孔隙形成毛细系统,影响毛细抽吸应力的大小,而大孔是气态水传递的通道,因此孔隙结构对液态水和气态水传递能力也有重要影响。

从微观孔隙结构推测材料属性在材料学科是普遍认可的方法之一,然而,这对不均匀性更强、尺度更大的建筑材料而言会显现出不适用性。

2. 湿物理性质——湿储存

建筑材料在不含湿分或者仅含化合水的状态,称为干燥。当接触潮湿空气时,吸湿性材料会汲取水分到材料孔隙的内表面直至达到与环境空气湿度相平衡的状态,非吸湿性材料则会保持干燥。当材料接触液态水时,毛细活性材料会通过毛细效应抽吸液态水分,疏水性材料则不会。毛细活性材料吸水直至达到饱和,这一状态称为自由水饱和或毛细饱和。更高的含湿量状态直至孔隙饱和或最大水分饱和仅能通过施加压力或通过水蒸气缓慢扩散实现。

建筑材料内部所含湿分可以是气态水、液态水、固态水甚至多相并存。对各相水分分开测量通常比较困难,且它们之间可以在一定条件下相互转化,因而通常采用总体的含湿量进行表征,相关物理量有质量体积比含湿量 $w[\mathrm{kg/m^3}]$ 和质量比含湿量 $u[—]$。为了建立材料含湿量与相关环境参数之间的联系,昆泽尔将建筑材料含湿量分为三个区域[56]。

1)吸湿区

这一区域含湿量为自干燥状态直至环境相对湿度约 95% 范围内的平衡含湿量,大体涵盖所有的气态水状态。吸湿区平衡含湿量受环境空气温度和相对湿度共同影响,但在建筑环境一般气温范围内进行的测量[81,82]表明,温度影响可以忽略,因此建筑材料的吸湿平衡含湿量也被称为吸湿等温线。

2)毛细水区(超吸湿区)

这一区域紧随吸湿区直至毛细水饱和,材料内部更大的孔隙被水分填满,直至达到与液态水接触的平衡状态。对于毛细管模型,抽吸应力与毛细管半径成反比,因此通常认为,理想状态下,建筑材料内部小尺寸孔隙会从大尺寸孔隙中吸取水分,直至某一尺寸的孔径充满水分的平衡状态。然而,昆泽尔通过对多孔混凝土微观形貌观察发现,毛细管模型难以用于描述不同显微比例下的孔隙系统,因此认为直接确定抽吸应力而非建立关于孔隙尺寸的毛细模型进行推算更为可行。开尔文(Kelvin)公式描述相对湿度和毛细应力之间的关系,在此基础上经过测试和推算,昆泽尔将吸湿区采用相对湿度作为驱动势的关系拓展到毛细水区。对毛细水区平衡含湿量的测量方法为离心测试和压力平板测试。昆泽尔对石灰硅砖的测试显示,半径 $r \geqslant 0.1\mathrm{mm}$ 的孔隙通常不会因为毛细抽吸而填满,大孔隙的水分吸收中,重力和风压起到比毛细抽吸应力更大的作用。

3)超饱和区

这一区域为自由水饱和直至材料内部所有腔体被水填满,该区无法通过普通抽吸过程实现,在实验室中是通过使用压力的抽吸达到。这一区域的相对湿度通常是100%或者更高,被归为瞬态过程,在自然条件下不存在稳定的湿分平衡状态。

3. 湿物理性质——湿传递

与建筑物理计算相关的湿传递主要是水蒸气扩散和通过毛细应力引起的液态水传递。一般地,水蒸气扩散发生在材料内部较大的孔隙中,而液态水传递发生在微孔或者孔壁上。建筑构件中水蒸气扩散和液态水传输存在变化的关系,两者可以由于传递方向的相同或者相反而产生叠加或者削减效应。

假设将一个构件置于室外平均相对湿度高于室内而室内蒸汽压高于室外的边界,当墙体处于干燥状态时,建筑构件毛细管内的湿传递可以视为由室内向室外的纯蒸汽扩散;当墙体含湿量上升时,毛细管内壁有水膜吸附,且由于室外相对湿度高于室内,水膜厚度由外向内递减;当墙体含湿量继续上升时,水膜厚度越大,则水分子越易于移动,移动方向为由外而内。表面扩散为液体传输,驱动势是相对湿度或者抽吸应力[56]。

1)蒸汽扩散

由质量分数不同引起的扩散称为菲克扩散,由温度梯度引起的扩散称为索瑞特效应(Soret effect),后者对于建筑构件而言通常是可以忽略的。蒸汽仅在多孔材料的大孔中的扩散。相比于空气中的蒸汽扩散,当孔隙太小使得分子间频繁碰撞时,称为克努森扩散。菲克扩散在半径大于 10^{-6} m 的孔隙中主导,克努森传递在半径小于 10^{-9} m 的孔隙中主导,两者之间为混合传递。就建筑物理所关注的蒸汽扩散而言,简化地采用蒸汽渗透阻力因子进行描述已经足够[56]。

2)液态水传递

液态水传递包含表面扩散和毛细传导。表面扩散为吸附于吸湿性材料和微毛细管中孔隙壁上水分子层的水分传递。毛细传导发生在当水分和毛细管壁之间的附着力大于水源水分自身内聚力时,水源水分被抽吸到多孔材料中。

昆泽尔经过测试和计算,认为将表面扩散和毛细传导独立于蒸汽扩散的计算方法是可行的[56]。类似于统一采用蒸汽渗透阻力因子描述蒸汽扩散的菲克扩散和克努森传递,表面扩张和毛细传导现象在液态水传递过程中也同时发生,因此也可以通过实验测得总体值。

毛细吸水系数和液态水传递系数是描述液态水传递的重要材料参数。毛细吸水系数 A_{cap}[kg/(m²·s⁰·⁵)] 是表征与水接触的建筑材料的毛细抽吸特征的标准参数,通常采用实验室环境中的 20℃作为温度参考。毛细传输系数 D_w[m²/s] 受含湿量明显影响,其重分布过程通常会比抽吸过程小 1~2 个数量级,对于 D_w 的计算,目前尚未形成统一方法。

4. 热物理性质——热储存

建筑材料在一定条件下的热含量称为焓 H_s[J/m³],在建筑物理关注的温度范围内,材料的焓与温度之间存在近似线性关系。某种干燥建筑材料的焓为表观密度、比热容和温度的乘积,因此除表观密度外,与建筑热储存相关的材料参数是比热容 c[J/(kg·K)]。

对于潮湿建筑材料,内含湿分的焓也需要被考虑,这些焓受到湿分含量、物理状态以及相变过程中产生的潜热的影响。潮湿材料的焓可以通过干燥材料焓和所含湿分的焓加权计算所得。

5. 热物理性质——热传递

潮湿建筑材料的导热系数受湿分的影响可以通过含湿量相关的导热系数补偿系

数 $a_w[(\text{W}/(\text{m} \cdot \text{K}))/u(一)]$ 进行描述,该指标指代每质量比含湿量对应热导率的增加。对于吸湿性材料,a_w 受建筑材料骨架及其与水分亲和力大小的影响[83]。

此外,潮湿建筑材料的水分蒸发和冷凝也影响热量传输,但无法通过热量传递方程进行描述。昆泽尔的测试表明,由液体传输引起的热量流动相比于其他热流而言可以忽略,但由相变引起的蒸汽流,如雨水蒸发、干燥过程,对热量平衡则有重要影响[56]。

5.3.3　典型竹材物理性质测试

1. 基本物理性质

开展表观密度测试、真密度测试和真空饱和实验,获取典型竹材干燥表观密度、真密度和孔隙率参数,表征竹材基本物理性质。(表 5.12、图 5.3)

表 5.12　操作方法、装置与试件(基本物理性质测试)

项目	操作方法	主要实验装置	实验试件
表观密度测试 目标值:表观密度	—	烘干箱:70℃,干燥通风 天平:精度 0.01g	数量:1式9份 尺寸:10cm×10cm×3cm
真密度测试 目标值:真密度	—	烘干箱:70℃,干燥通风 天平:精度 0.001g 真密度分析仪:分析气体,氦气;测试温度,22.6℃;清除次数,10;平衡速率,34.47Pa/min	数量:1式1份 质量:2.8g(竹集成材)、3.8g(竹重组材) 尺寸:颗粒和粉末,粒径≤5mm
真空饱和实验 目标值:孔隙率	采用美国标准 ASTM D7370-2009 和欧洲标准 DIN EN 1936-2007 推荐的方法	烘干箱:105℃,干燥通风 天平:精度 0.01g 真空舱、真空泵:旋片真空泵 2X-8,抽速8L/s,极限压力 600Pa	数量:1式3份 尺寸:10cm×10cm

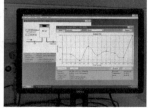

(a)表观密度测试　　　　　　　　　　　　(b)真密度测试

图 5.3　竹材性质测试照片(基本物理性质)

2. 湿物理性质

开展浸水实验、平衡吸放湿实验、毛细吸水实验、蒸汽渗透实验和干燥实验，获取典型竹材自由水饱和含湿量、等温吸放湿曲线，表征竹材湿储存性质，获取毛细吸水系数、蒸汽渗透系数、干燥曲线和干燥速率曲线，表征竹材湿传递性质。（表 5.13、图 5.4）

表 5.13　操作方法、装置与试件（湿物理性质测试）

项目	操作方法	主要实验装置	实验试件
浸水实验 目标值：自由水饱和含湿量	采用 Fraunhofer IBP 推荐的方法	水槽：槽底置有等高不锈钢支架 水：水面高出试件上表面 2cm 天平：精度 0.1g	数量：1 式 3 份 尺寸：10cm×10cm×3cm
平衡吸放湿实验 目标值：等温吸放湿曲线	采用国际标准 ISO 12571:2012 和美国标准 ASTM C1498-04a (2016)推荐的方法	恒温恒湿室：$T=23℃$，$RH=50\%/65\%/80\%$ 恒温恒湿箱：$T=23℃$，$RH=93\%/97\%$ 天平：精度 0.01g	数量：8 组（5 组吸湿＋3 组放湿），每组 1 式 3 份，共 24 份 尺寸：5cm×5cm×1.35cm
毛细吸水实验 目标值：毛细吸水系数	采用国际标准 ISO 15148:2002（E）推荐的方法	水槽：槽底置有等高不锈钢支架 水：水面高出不锈钢支架上表面 6mm，$T=22℃$，缓慢流动 天平：精度 0.1g	数量：1 式 3 份（顶面和底面四周边缘 5mm 范围及侧面密封） 尺寸：10cm×10cm×3cm
蒸汽渗透实验 目标值：蒸汽渗透系数	采用国际标准 ISO 12572:2001（E）和美国标准 ASTM E96/E96M-2005 推荐的方法	恒温恒湿室：$T=23℃$，$RH=50\%/75\%/80\%$ 干杯、湿杯：72 个，测试杯口尺寸 10cm×10cm 干燥剂和饱和盐溶液：$RH=3\%/33\%/93\%$ 天平：精度 0.01g	数量：4 组，每组 1 式 3 份，共 12 份（顶面和底面四周边缘 5mm 范围及侧面密封） 尺寸：10cm×10cm×1.35cm
干燥实验 目标值：干燥曲线、干燥速率曲线	采用 Fraunhofer IBP 推荐的方法（欧洲标准 DIN EN ISO/IEC 17025 认定）	恒温恒湿室：$T=23℃$，$RH=50\%$ 天平：精度 0.01g	数量：1 式 3 份（底面及侧面密封） 尺寸：10cm×10cm×1.35cm

3. 热物理性质

开展热分析和导热系数测试，获取典型竹材比热容、导热系数、导热系数含湿量补偿系数，计算其蓄热系数，表征竹材热储存和热传递性质。（表 5.14、图 5.5）

(a)平衡吸放湿实验　　　　　(b)浸水实验　　(c)干燥实验

(d)毛细吸水实验　　　　　　　　(e)蒸汽渗透实验

图 5.4　竹材性质测试照片(湿物理性质)

表 5.14　操作方法、装置与试件(热物理性质测试)

项目	操作方法	主要实验装置	实验试件
热分析 目标值:比热容	采用国际标准 ISO 11357-4:2005 推荐的方法	差热扫描/热重分析仪:TA4000/2910MDSC 参照物:蓝宝石	数量:1式2份 质量:2.64mg/2.90mg(竹集成材)、3.55mg/3.78mg(竹重组材) 尺寸:粉末
导热系数测试 目标值:导热系数、导热系数含湿量补偿系数	采用国际标准 ISO 8302:1991 推荐的方法	平板导热仪:冷板 $T=10℃$,热板 $T=30℃$ 热电偶:冷、热板各 3 个 热流计:冷、热板各 1 个 多通道数据采集仪:时间间隔 2min	数量:4组,每组1式3份,共 12 份 尺寸:25cm×25cm×3cm

4. 物理性质测试结果汇总

通过测试,获得表征基本物理性质、湿储存及湿传递、热储存及热传递性质的各项参数,包含表征基本物理性质的表观密度、孔隙率,表征气态水储存性质的等温吸放湿曲线,表征液态水储存性质的自由水饱和含湿量和真空饱和含湿量,表征气态水传递性质的蒸汽渗透系数和干燥速率,表征液态水传递性质的毛细吸水系

(a)热分析　　　　　　　　　　　　(b)导热系数测试

图 5.5　竹材性质测试照片(热物理性质)

数,同时表征液态水储存和传递性质的液态水扩散系数,表征热储存性质的比热容,以及表征热传递性质的导热系数和辐射系数,其中气态水和热量的传递性质考虑材料含湿量的影响进行变物性取值。

以上测试结果中的一部分可以直接作为基于 HAM 的模拟程序,如建筑围护结构与室内热湿环境模拟软件 WUFI 的材料参数,包括材料干燥表观密度、孔隙率、自由水饱和含湿量、毛细吸水系数、比热容、导热系数等;另一部分则需要进行调整或参数补齐,主要包含 RH＝0～100％范围内毛细平衡吸放湿曲线的生成、蒸汽渗透阻力因子曲线的生成、液态水传输系数(吸收)的生成,以及液态水传输系数(重分布)的调整。(表 5.15～表 5.17)

表 5.15　基本物理性质测试结果

目标值	测试及计算值表达式	单位	数值	原竹 FB	竹材人造板			
					BMB	BPB	BSB	BFB
干燥表观密度	ρ_d	kg/m³	均值	666.38	776.21	623.32	563.81	1108.77
			极大值	722.5	815.04	664.46	587.83	1156.53
			极小值	578.69	743.62	600.41	533.88	1030.37
			极值差	21.58％	9.20％	10.28％	9.57％	11.38％
孔隙率真空饱和含湿量	Φ w_{vac}	kg/m³	均值	52.24	49.58	63.17	53.97	17.36
			极大值	53.41	50.35	63.79	57.12	18.09
			极小值	51.16	48.91	62.77	49.84	16.11
			极值差	4.31％	2.90％	1.61％	13.49％	11.41％

注:(1)真空饱和含湿量 w_{vac} 视为等值于开放孔隙率 Φ;(2)极值差＝(极大值－极小值)/均值×100％;(3)在真空饱和实验中,BSB 试件由于黏结胶在水中溶解,部分面层板坯滑落,使得测试结果极值差偏大,此外,BFB 较小的基础值也导致计算所得极值差偏大。

表 5.16　湿物理性质测试结果

目标值	测试及计算值表达式	单位	数值	原竹 FB	竹材人造板			
					BMB	BPB	BSB	BFB
20℃等温吸放湿曲线	$w_{RH=50\%}$	kg/m³	均值	31.07	39.20	36.89	30.44	28.17
	$w_{RH=11.2\%}$			8.58	11.58	10.25	9.08	6.79
	$w_{RH=24.4\%}$			13.91	19.36	17.92	15.26	14.05
	$w_{RH=33.4\%}$			19.99	25.48	23.81	21.46	20.26
	$w_{RH=43.5\%}$			26.03	34.59	32.31	26.27	25.55
	$w_{RH=55.0\%}$			34.94	42.74	40.41	33.64	30.19
	$w_{RH=59.7\%}$			38.65	46.38	44.42	36.57	32.24
	$w_{RH=77.2\%}$			54.53	63.18	61.07	53.60	53.75
	$w_{RH=85.4\%}$			69.88	81.59	74.17	64.35	69.58
	$w_{RH=96.3\%}$			118.61	120.55	105.83	100.78	155.04
毛细吸水系数	A_{cap}	10^{-4} kg/ $(m^2 \cdot s^{0.5})$	均值	74.06	38.71	447.78	78.74	8.73
毛细饱和含湿量	w_{cap}	(kg/m^3)	均值	326.41	221.44	521.95	317.21	165.93
蒸汽渗透系数	$\delta_{RH=50\%}$	10^{-13} kg/ $(m \cdot s \cdot Pa)$	均值	27.81	19.28	93.27	27.99	4.37
	$\delta_{RH=20\%}$			10.69	9.10	82.27	21.66	2.12
	$\delta_{RH=25\%}$			11.46	10.79	84.11	22.72	2.50
	$\delta_{RH=35\%}$			13.00	14.19	87.78	24.83	3.25
	$\delta_{RH=45\%}$			22.87	17.58	91.44	26.94	3.99
	$\delta_{RH=73\%}$			41.03	37.61	140.61	47.98	18.40
	$\delta_{RH=83\%}$			128.32	68.89	234.47	188.16	26.47
	$\delta_{RH=93\%}$			337.32	242.92	754.10	522.22	40.97
干燥速率 ($T=23℃$, RH=50%)	$U_{u12\%\sim u6\%}$	10^{-7} kg/ $(m^2 \cdot s)$	均值	135.15	18.32	126.46	60.20	10.14
	$U_{u12\%\sim u11\%}$			266.32	22.32	179.53	74.22	12.58
	$U_{u11\%\sim u10\%}$			187.78	21.15	163.16	66.64	11.46
	$U_{u10\%\sim u9\%}$			166.94	19.52	156.75	58.87	10.38
	$U_{u9\%\sim u8\%}$			108.52	17.57	123.94	60.01	9.71
	$U_{u8\%\sim7\%}$			65.45	15.96	83.92	52.75	8.98
	$U_{u7\%\sim u6\%}$			15.92	13.43	51.43	48.72	7.74

表 5.17　热物理性质测试结果

目标值	测试及计算值 表达式	单位	数值	原竹 FB	竹材人造板			
					BMB	BPB	BSB	BFB
比热容	c	$J/(kg \cdot K)$	均值	1796	2020	1760	1960	1550
24h 蓄热系数	S_{24h}	$W/(m^2 \cdot K)$	均值	5.93	8.57	4.87	6.63	8.68
干燥导热系数	λ	$W/(m \cdot K)$	均值	0.1088	0.1733	0.0801	0.1475	0.1625
λ 含湿量补偿系数	a_w	$(W/(m \cdot K))/u(—)$	均值	0.2587	0.2185	0.4583	0.2137	0.3289

5.4　小　　结

在第 4 章竹建筑碳排放计算模型 LCCO$_2$ 框架内,本章开展竹材参数的基础研究,主要包括典型竹材综合碳排放因子和物理性质两方面。对于综合碳排放因子,首先收集既有研究中各类竹材产品碳排放相关原始数据,发现不同来源数据之间存在计算边界、计算方法等方面的明显差异,导致计算结果无法平行比较。为此,根据 LCCO$_2$ 模型框架,对竹材碳排放进行统计阶段和边界要素的归一,结合更新的基础能源、物料参数,生成可支持竹建筑 C_{bm} 计算的典型竹材综合碳排放因子。

竹材物理性质参数由作者通过实验测试获得,开展了表观密度测试、真密度测试、真空饱和实验、平衡吸放湿实验、浸水实验、毛细吸水实验、蒸汽渗透实验、干燥实验、热分析以及导热系数测试,获得典型竹材基本物理性质、湿物理性质和热物理性质基础参数,可支持基于建筑热湿过程耦合模型的计算机工具进行竹建筑 C_{bo} 的准确模拟。

下 篇

竹建筑低碳设计方法

第6章 竹建筑碳排放的气候响应

6.1 我国南方地区代表城市测试参考年开发

6.1.1 气象参数与建筑模拟

计算机模拟是建筑能耗分析的一个重要方法,为建筑节能设计策略的制定提供支持,而这需要建立在能耗模型的准确基础之上,其中必要条件之一是准确表征当地气候条件的气象数据。在理想情况下,应基于当地多年气象数据进行长期模拟,但为节约计算时间,通常以具有典型性的气象年来代表长期的气候条件。为此,多种气象数据被开发出来,包括典型气象年、国际能量计算年、测试参考年(test reference year,TRY)等。

在一个较长时间跨度内,不同年份之间气象情况可能存在很大差异,ISO 15927-4标准提出了一种根据 10 年或者更长时期逐时空气温度、相对湿度、太阳辐射和风速确定气象年的方法。该方法被广泛采用,例如,为韩国 18 个城市制作面向建筑能耗模拟的 TRY,并解析不同气象要素对模拟结果的敏感度,表明在韩国气候条件下,空气温度和太阳辐射分别对冬季采暖和夏季制冷具有最重要的影响[84];根据 30 年实测的逐时气象数据,为中国香港开发 TMY(typical meteorological year,典型气象年)和 TRY,表明使用这两种气象数据模拟所得建筑能耗逐月值与 30 年平均能耗逐月值之间具有很好的一致性[85];为意大利北部 5 个地点开发 TRY,表明所得 TRY 代表性受局部地理位置及建筑围护结构构造类型的影响[86]。

各气象要素对建筑能耗模拟具有不同敏感性,为此,有些研究在制作气象年过程中,为各气象要素分配了不同的权重因子,因而研究存在不同结论。一项基于芬兰寒冷气候区的案例研究提出了一种基于 ISO 15927-4 标准的修正方法,在 TRY 典型月份选择过程中提高了空气温度和太阳辐射的权重,同时减弱了相对湿度和风速的影响[87]。作者借助北美典型气候区 20 个代表城市的逐时气象数据,对 15 组围护结构单元进行 HVAC(heating,ventilation and air conditioning)需求和室内热湿环境的全年动态模拟,并进行气象参数-模拟结果的相关性分析,表明空气温度、相对湿度、太阳辐射和风驱雨对相关模拟结果存在不同程度的影响[88]。一项研究根据马来西亚 19 年实测气象数据,通过特征选择(feature selection,FS)方法制备 TRY，表明在建筑能耗研究的合理范围内，调整干球温度、太阳辐射、相对湿度和风速的权重，对 TRY 选择结果并没有明显影响[89]。ISO 15927-4 标准在为 TRY 选择典型月份的过程中，并没有给各气象要素设置不同权重，而是以空气温度、相对湿度、太阳辐射为主要参量，风速为辅助参量[90]。

　　我国地域辽阔，不同地区气候条件差异大，如在南海地区，现行建筑气候分区标准甚至不适用。建筑能耗与各气象要素的关系受地域影响，因而有必要进行针对性研究。本章针对我国南方地区，选择 9 个代表城市，根据 10 年期（2010～2019 年）城市气象站逐时实测数据制作 TRY，并评估其代表性，以确保建筑能耗模拟的可靠性。在此基础上，研究不同气象要素（空气温度、相对湿度、太阳辐射和风速）对建筑能耗的影响权重，为制定地域性建筑节能设计策略提供参考。

6.1.2　TRY 开发方法

　　为支持竹建筑运行能耗的准确模拟，并进一步换算为运行碳排放，本章开发我国南方 9 个代表城市气象基础数据；参考 ISO 15927-4 标准推荐的方法，基于 2010～2019 年城市气象站逐时气象数据（CWS 2010～2019），以空气温度、相对湿度、太阳辐射和风速为取值依据制作 TRY，为建筑能耗模拟提供基础参数支持；通过 1 年期 TRY 和 10 年期逐时气象数据的模拟对比，评估 TRY 的代表性；基于 TRY，分析各气象要素对运行碳排放的影响权重，以支持制定气候适应性建筑低碳设计策略。（图 6.1）

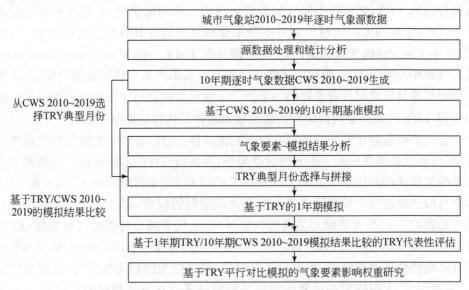

图 6.1　我国南方地区代表城市测试参考年开发流程图

6.1.3　CWS 源数据处理

采用的源数据来自城市气象站的原始记录。我国自 2010 年起才对太阳辐射等气象要素开展逐时记录,因此本研究可获取的逐时源数据最长跨度为 2010～2019 年。有原始记录的气象要素包含空气温度、相对湿度、太阳辐射、降雨、云量指数、风速、风向、大气压力、露点温度等,其中太阳辐射仅有水平面总辐射数据。在处理源数据过程中,通过佩雷斯(Perez)模型,由太阳总辐射推导出直接辐射和散射辐射分量[91]。部分零散的缺漏记录,通过插值法进行补充。所有要素完备后,生成 10 年期逐时气象数据(CWS)文件。

附表 3.1 显示了 2010～2019 年间空气温度(T)、相对湿度(RH)、太阳总辐射(GHI)及散射辐射分量(GHD)、风速(WS)和降雨(RN)的全年累积值、均值和极值特征,反映了各城市的气候特点。根据我国建筑气候区划,三沙(SS)、广州(GZ)、南宁(NN)、福州(FZ)、杭州(HZ)、长沙(CS)、成都(CD)、贵阳(GY)、昆明(KM)等 9 个城市分别属于Ⅳ、Ⅲ、Ⅴ 3 个气候区。

Ⅳ区,即夏热冬暖气候区,包括三沙、广州、南宁和福州 4 个城市,总体上均表现出高温、高湿的气候特点。广州、南宁和福州位于亚热带,10 年期间记录的年均空气温度 $T_{mean} = 20.15～22.80℃$,年均相对湿度 $RH_{mean} = 69.63\%～82.29\%$,两者偏幅分别为相应 10 年均值的 4.8%～7.2%和 10.2%～11.2%。年太阳辐射总量 $GHI_{sum} = 1090.9～1425.2kW \cdot h/m^2$,年均风速 $WS_{mean} = 1.41～2.71m/s$,两者偏幅分别达到 10 年均值的 14.4%～23.5%和 9.4%～58.9%。总体上,不同年份的太阳辐射和风速存在较大差异。三沙处于热带,与其他 3 个城市相比,T、GHI 和 WS 均有明显提高,特别是其历年 T 和 RH 最低值分别维持在 20℃和 50%左右,$GHI_{sum} = 1816.6～2039.4kW \cdot h/m^2$,$WS_{mean} = 3.20～4.03m/s$,两者也远高于其他城市。

Ⅲ区,即夏热冬冷气候区,包括杭州、长沙、成都 3 个城市。该区夏天炎热但冬天寒冷,因此空气年较差明显大于Ⅳ区。10 年期间记录的年均空气温度 $T_{mean} = 16.01～19.26℃$,年均相对湿度 $RH_{mean} = 66.58\%～83.24\%$,两者偏幅分别为相应 10 年均值的 6.4%～9.8%和 9.9%～21.3%。年太阳辐射总量 $GHI_{sum} = 900.4～1493.4kW \cdot h/m^2$,年均风速 $WS_{mean} = 1.13～2.81m/s$,两者偏幅分别达到 10 年均值的 24.7%～29.4%和 11.6%～45.7%。

Ⅴ区,即温和气候区,包括贵阳、昆明 2 个城市。该区气候温和,全年有较长时间段的室外空气温度和相对湿度自然维持在舒适区。10 年期间记录的年均空气温度 $T_{mean} = 13.73～16.95℃$,年均相对湿度 $RH_{mean} = 64.34\%～84.19\%$,两者偏幅分别为相应 10 年均值的 7.7%～10.9%和 9.9%～21.3%。年太阳辐射总量

$GHI_{sum}=934.1\sim1718.3kW \cdot h/m^2$，年均风速 $WS_{mean}=2.22\sim3.07m/s$，两者偏幅分别达到 10 年均值的 $12.1\%\sim24.8\%$ 和 $9.9\%\sim33.2\%$。

6.1.4　典型月份取值与拼合

参考 ISO 15927-4 标准推荐方法[90]，在 10 年期逐时实测数据系列中选择出最具代表性的"典型月份"，再将 12 个典型月份拼接组合，形成完整的气象年。从实测数据系列中选取典型月份的优势在于可以保留不同气象要素之间真实的相关性关系。ISO 15927-4 标准推荐的方法考虑了 T、RH、GHI 和 WS 四个气象要素，并以 T、RH 和 GHI 为主要选择依据，WS 为辅助依据。

1. 典型月份选择

典型月份的选择按如下步骤执行，其中 p 指代 4 个气象参数（T、RH、GHI 和 WS），年份 $y=2010,2011,2012,\cdots,2019$，日历月 $m=1,2,3,\cdots,12$。为便于区分，将各年份所包含的日历月称为独立月：

（1）根据城市气象站 $2010\sim2019$ 年逐时实测数据系列，计算气象要素 p 的日均值，包括 10 年期总的日均值和各年份的日均值。

（2）在 10 年期日均值数据集中，对于每个日历月，将 p 的日均值按升序排列，然后根据以下公式计算 10 年期的日均值累积分布函数（cumulative distribution function，CDF）$\Phi(p,m,i)$：

$$\Phi(p,m,i)=\frac{K(i)}{N+1}$$

式中，$K(i)$ 为 10 年期该月份第 i 个日均值的排位；N 为 10 年期该月份的总天数。

（3）在各年份日均值数据集中，对于每个独立月，将 p 的日均值按升序排列，然后根据以下公式计算各年份的日均值累积分布函数 $F(p,y,m,i)$：

$$F(p,y,m,i)=\frac{J(i)}{n+1}$$

式中，$J(i)$ 为各年份中该月份第 i 个日均值的排位；n 为各年份中该月份的天数。

（4）对各年份的每个独立月，运用 FS 方法，计算 $F_S(p,y,m)$ 值：

$$F_S(p,y,m)=\sum_{i=1}^{n}|F(p,y,m,i)-\Phi(p,m,i)|$$

（5）按照 $F_S(p,y,m)$ 值递增顺序，为每个日历月所含的 10 个独立月进行排位。

（6）对于每个独立月，将气象要素 T、RH 和 GHI 对应的 3 个 $F_S(p,y,m)$ 值排位相加，得出该独立月总的排位。

（7）对于每个日历月，比较总排位最低的 3 个独立月的月均风速与 10 年期该月份总的月均风速之间的偏差,将风速偏差最小的独立月作为 TRY 的典型月份。

图 6.2 显示了广州 12 月典型月份的选择依据,其中 T、RH 和 GHI 对应 $F_S(p,y,m)$ 值排位之和最低的 3 个年份为 2011 年、2017 年和 2019 年,而 2017 年 12 月平均风速与 10 年期 12 月平均风速之间的偏差最小,因此选择 2017 年 12 月作为 TRY 12 月的典型月份。从中也可以看到,4 个气象参数排位并非同时最低,即典型月份也无法保证所有气象要素同时最接近长期均值水平。表 6.1 为 9 个代表城市 TRY 所含典型月份的选择结果。

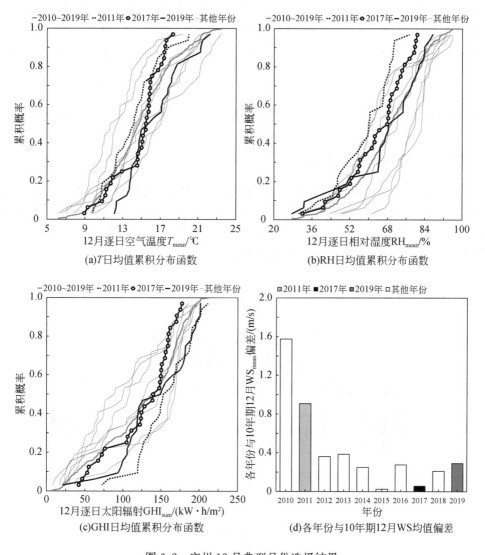

图 6.2　广州 12 月典型月份选择结果

表 6.1　TRY 所含典型月份选择结果

城市	1月	2月	3月	4月	5月	6月	7月	8月	9月	10月	11月	12月
三沙	2017	2013	2015	2013	2012	2017	2018	2014	2014	2014	2016	2017
广州	2019	2013	2013	2018	2012	2017	2011	2016	2014	2012	2014	2017
南宁	2010	2011	2016	2014	2010	2015	2012	2016	2016	2012	2012	2011
福州	2013	2015	2019	2014	2012	2012	2019	2011	2014	2011	2011	2017
杭州	2010	2011	2017	2011	2015	2017	2011	2017	2014	2014	2014	2016
长沙	2010	2012	2019	2016	2015	2010	2010	2012	2011	2010	2014	2011
成都	2015	2011	2014	2014	2014	2013	2016	2014	2012	2010	2010	2019
贵阳	2019	2017	2019	2017	2012	2016	2016	2017	2016	2014	2014	2014
昆明	2018	2019	2014	2016	2015	2014	2018	2017	2017	2014	2011	2016

2. 典型月份数据系列拼接

拼接以上选择的 12 个典型月份,并通过插值调整每月最后 8 小时和下个月最前 8 小时的参数值,确保各个月份之间平稳过渡,这一调整也包含 12 月的最后 8 小时和 1 月的最前 8 小时,以确保所得 TRY 数据可用于多年期的建筑能耗模拟。图 6.3 显示了广州 TRY 各气象要素分布情况。

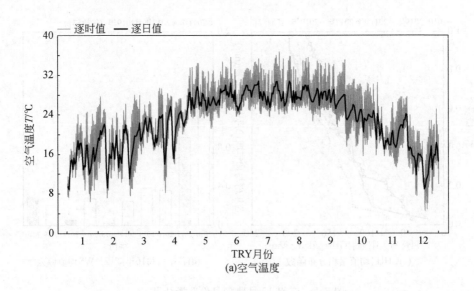

(a)空气温度

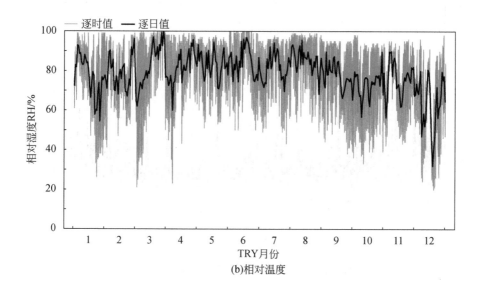

(b)相对温度

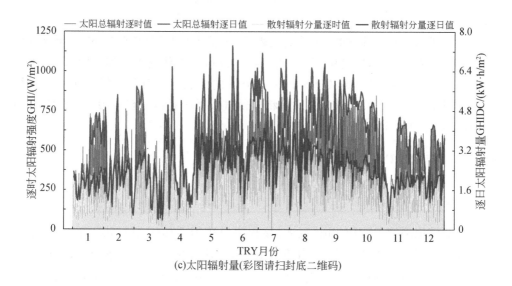

(c)太阳辐射量(彩图请扫封底二维码)

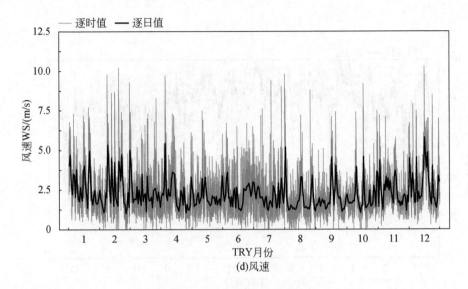

图 6.3　广州 TRY 取值结果

6.2　TRY 代表性

为评估 6.1 节中开发的 TRY 的代表性,将基于 CWS 气象数据的 10 年基准模拟结果设置为参考值,以使用 TRY 的 1 年期模拟结果作为评价值,评价值与参考值的比较用于评价 TRY 对 CWS 2010~2019 的代表性。对于 1 年期 TRY 组,模型设计与 10 年期 CWS 组相同,只是将外部气候数据替换为已开发的 TRY,模拟周期由 10 年改为 1 年。

6.2.1　1 年期 TRY/10 年期 CWS 模拟

1. 模拟程序选择

本节模拟采用 WUFI Plus 程序,该程序由德国 Fraunhofer IBP 开发,用于建筑系统的热湿过程模拟[56,92]。WUFI Plus 基于热湿过程耦合基础模型,可以评估建筑在动态室内外气候条件下的能源消耗、室内环境和建筑围护结构热湿状态,该程序已通过参考标准的交叉检验和实测验证[93]。

2. 建筑单元工况设置

建筑单元基于 ASHRAE 140-2011 标准提供的基准模型[94]进行设置,并在此基础上根据我国夏热冬暖地区建筑热工设计要求调整围护结构构造设置[95]。如图 6.4 所示,建筑单元面宽×进深×层高为 6.0m×6.0m×3.0m,没有内部分隔,四面外墙中朝南、北方向各设置两个不带遮阳的外窗,窗户尺寸为 1.2m×1.5m(宽×高)。不透明围护结构设置考虑重质和轻质两种类型,表 6.2 和表 6.3 列出了模型围护结构材料选择、构造层设置以及窗户的基本特性。

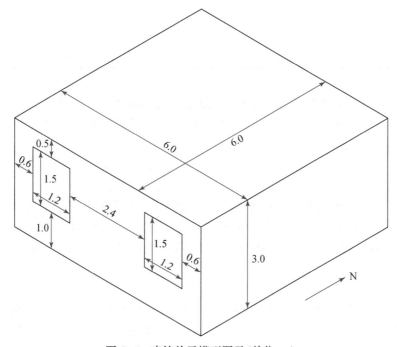

图 6.4　建筑单元模型图示(单位:m)

表 6.2　WUFI Plus 模型围护结构材料及构造层设置

参数	外墙						地面			屋面		
	混凝土	BFB	PE 膜	EPS	保温纤维	BSB	混凝土	BSB	XPS	室内石膏	保温纤维	PVC屋面
表观密度/(kg/m³)	2300	1109	130	30	155	564	2100	564	40	850	165	1000
比热容/[J/(kg·℃)]	800	1550	2300	1500	1400	1960	780	1960	1500	850	1400	1500
导热系数/[W/(m·℃)]	0.73	0.16	2.3	0.04	0.04	0.15	1.37	0.15	0.03	0.2	0.04	0.16
构造层厚度/mm 重质构造组(H)	180	—	0.2	30	—	—	100	—	200	10	100	20
轻质构造组(L)	—	12	0.2	—	40	10	—	15	200	10	100	20
热阻/(m²·℃/W)*	H:1.067/L:1.072						H:6.739/L:6.767			H/L:2.675		

* 不含内外表面换热阻,模型中设置内表面换热阻 R_{si}=0.13m²·℃/W,外表面换热阻 R_{se} 考虑风的影响。

表 6.3　WUFI Plus 模型窗户特征值

参数		特征值		
传热系数 U_w/[W/(m²·℃)]		2.73		
窗框系数		0.7		
长波辐射发射率		0.85		
半球 SHGC		0.6		
辐射角相关数据	入射角/(°)	0	60	80
	SHGC	0.7	0.58	0.23

围护结构外表面太阳辐射吸收率和发射率分别设置为 0.6 和 0.9。外表面换热考虑了风的影响,参考受风影响的传热系数模型,迎风面和背风面与风有关的传热系数由以下等式确定[96]:

$$\alpha_{windward} = \alpha_{conv.} + \alpha_{rad.} + f_{windward} \times v_{wind}$$

$$\alpha_{leeward} = \alpha_{conv.} + \alpha_{rad.} + f_{leeward} \times v_{wind}$$

式中,$\alpha_{conv.}$ 和 $\alpha_{rad.}$ 分别为无风条件下的对流传热系数和辐射传热系数分量,分别设置为 4.5W/(m²·℃)和 6.5W/(m²·℃);$f_{windward}$、$f_{leeward}$ 分别为迎风、背风条件下的风影响系数,分别设置为 1.6W·s/(m³·℃)和 0.33W·s/(m³·℃)。

3. 内部热湿负荷和 HVAC 工况

设置房间工作时间为 8:00~18:00,赋予标准办公室的内部热湿负荷工况,其中室内对流热、辐射热、湿分、CO_2、人员活动参数如表 6.4 所示。室内换气以自然通风方式进行,其中房屋空气渗透率为 0.5,房间工作时间段通过增加 0.5 的窗户通风,使得总换气率达到 1.0。对于 HVAC 工况,设置理想加热和制冷、加湿和除湿设备,用于维持室内环境舒适。HVAC 参数设置参考广州建筑热环境设计与计算指标的研究成果[97]。

表 6.4　WUFI Plus 模型室内热湿负荷和 HVAC 工况设置

房间工作时间	室内热湿负荷					HVAC 工况			
	对流热/W	辐射热/W	湿分/(g/h)	CO_2/(g/h)	人员活动/MET	开启状态	T_i/℃	RH_i/%	换气率
0:00~8:00	0	0	0	0	0	off			0.5(空气渗透)
8:00~18:00	126.24	42.24	96	81.6	1.2	on	20~28	40~70	1.0(空气渗透+自然通风)
18:00~24:00	0	0	0	0	0	off			0.5(空气渗透)

实际上,广州、三沙即使在冬季也不供暖或加湿,少数情况下,用户可通过分体空调进行制热。此处设置的 HVAC 工况中置入了制热和加湿功能,是为了保证室内 T_i 和 RH_i 可维持在理想的舒适范围内。实际模拟结果显示,三沙全年不产生供暖和加湿需求,广州产生一定供暖和加湿需求,但相对较小。

本研究的模拟方案存在一定的局限。由于缺乏基础参数,模型设计中的部分参数设置依靠经验值,如围护结构外表面太阳辐射吸收率和发射率分别设置为0.6和0.9、建筑空气渗透率设置为0.5,各城市窗户半球 SHGC 统一设置为0.6,这些都会影响模拟过程中室内外热湿过程交换,从而影响制冷和除湿量计算结果。此外,参照 AHSRAE 标准推荐的建筑单元,朝南方向的外窗未考虑遮阳措施,可能一定程度上导致太阳辐射影响权重的提高。未来工作中,将通过实验房或实际工程实测,获取更为可靠的输入参数,并通过实测数据反馈和校验,提高研究结论的可靠性。

6.2.2　TRY 代表性评价

1. 全年模拟结果

建筑运行碳排放 $C_{bo}[\text{kgCO}_2\text{e/m}^2]$ 根据建筑运行能源总需求 $P_{sum}[\text{kW} \cdot \text{h/m}^2]$ 换算,而 P_{sum} 由供暖 $P_{heating}$、制冷 $P_{cooling}$、加湿 H_{humid} 和除湿 $H_{dehumid}$ 构成,通过以下公式计算[84]:

$$P_{sum} = P_{heating} + P_{cooling} + 0.05 \times H_{humid} + 0.54 \times H_{dehumid}$$

根据 2021 年国家电网电力碳排放因子 $0.581\text{kgCO}_2\text{e/kW} \cdot \text{h}$,相应运行 C_{bo} 为

$$C_{bo} = 0.581 \times P_{sum}$$

为表征 TRY 和 CWS 模拟结果的差异,定义比值 $r_{TRY/CWS}$:

$$r_{TRY/CWS} = \frac{C_{bo}(\text{TRY})}{C_{bo}(\text{CWS}_{mean})} \times 100\%$$

式中,$C_{bo}(\text{TRY})$ 为以 TRY 为气象参数的 1 年期模拟结果;$C_{bo}(\text{CWS}_{mean})$ 为以 $\text{CWS}_{2010\sim2019}$ 为气象参数的 10 年期模拟结果的平均值。

表 6.5 和图 6.5 显示了 1 年期 TRY 和 10 年期 CWS 全年模拟结果的比较,重质构造组和轻质构造组 TRY/CWS_{mean} 分别在 83.56% ~ 103.63% 和 92.87% ~ 103.09% 范围内。相比于 CWS_{mean},除三沙外,其余 8 个城市案例都存在一定程度的低估。TRY 和 CWS_{mean} 模型组之间的差异在 $-3.98 \sim 2.82\text{kgCO}_2\text{e/m}^2$ 范围内,而 CWS 2010 ~ 2019 组的 10 年模拟结果之间偏差高达 $5.61 \sim 20.91\text{kgCO}_2\text{e/m}^2$。因此,从全年累计值判断,可以认为 TRY 组模拟结果可以较好地与 CWS 长期情况吻合。

表 6.5　1 年期 TRY 和 10 年期 CWS 全年模拟结果的比较

（单位：$kgCO_2e/m^2$）

城市	构造类型	CWS组				TRY组	TRY/CWS组比较			
		CWS_{max}	CWS_{min}	$CWS_{max-min}$	CWS_{mean}		$TRY-CWS_{max}$	$TRY-CWS_{min}$	$TRY-CWS_{mean}$	TRY/CWS_{mean}
三沙	重质	86.32	65.42	20.91	77.82	80.64	−5.68	15.23	2.82	103.63%
	轻质	98.09	77.25	20.83	89.73	92.50	−5.58	15.25	2.77	103.09%
广州	重质	42.37	33.72	8.65	38.50	37.74	−4.63	4.02	−0.76	98.04%
	轻质	52.54	44.27	8.27	49.39	48.98	−3.56	4.71	−0.41	99.17%
南宁	重质	47.65	36.47	11.18	42.79	41.51	−6.14	5.03	−1.29	96.99%
	轻质	57.85	48.10	9.74	52.98	51.14	−6.70	3.04	−1.84	96.52%
福州	重质	41.66	32.46	9.20	37.34	35.80	−5.85	3.35	−1.53	95.90%
	轻质	49.24	42.65	6.59	46.81	46.11	−3.13	3.47	−0.70	98.51%
杭州	重质	53.70	39.09	14.61	47.86	43.88	−9.81	4.79	−3.98	91.68%
	轻质	59.02	44.29	14.72	52.94	49.67	−9.35	5.37	−3.27	93.82%
长沙	重质	61.88	41.66	20.22	51.93	50.96	−10.91	9.30	−0.97	98.13%
	轻质	64.53	48.10	16.43	57.32	54.89	−9.64	6.79	−2.43	95.76%
成都	重质	40.05	30.35	9.70	35.55	33.73	−6.32	3.39	−1.82	94.89%
	轻质	44.22	36.33	7.89	40.21	38.01	−6.21	1.67	−2.20	94.52%
贵阳	重质	50.71	32.47	18.23	39.41	37.91	−12.80	5.44	−1.50	96.19%
	轻质	53.61	36.57	17.04	42.99	40.98	−12.63	4.41	−2.01	95.32%
昆明	重质	13.23	5.61	7.62	10.05	8.40	−4.83	2.80	−1.64	83.65%
	轻质	22.21	16.60	5.61	20.25	18.81	−3.40	2.21	−1.44	92.87%

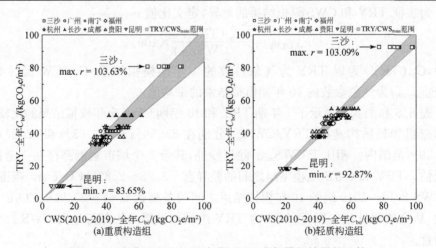

图 6.5　1 年期 TRY 和 10 年期 CWS 全年模拟结果的比较

2.逐月值分布模拟结果

图 6.6 和附图 4.1 为模拟结果逐月值分布曲线,显示了 TRY 模型组 1 年期模拟结果与 CWS 模型组 10 年期模拟结果的比较情况。从曲线可以看出,重质构造组和轻质构造组曲线特征基本一致,仅在数值上存在一定差异,以下仅以重质构造组为例进行讨论。

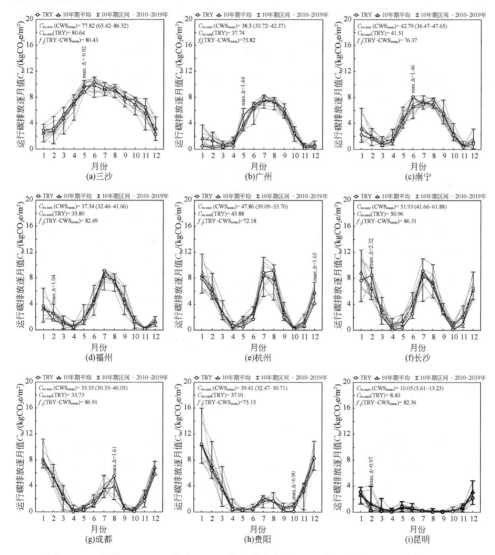

图 6.6　1 年期 TRY/10 年期 CWS 模型模拟结果逐月值分布曲线(重质构造组)

从逐月值分布曲线看,各城市 TRY 模拟结果逐月值均落在 $\text{CWS}_{2010\sim2019}$ 模拟结果逐月值范围内。TRY 组 P_{cooling} 曲线与 CWS_{mean} 组贴合度总体较高。各城市全年逐月值最大偏差在 $0.90\sim1.65\text{kgCO}_2\text{e}/\text{m}^2$ 范围内,最大偏差出现月份无明确规律。

为了进一步量化 TRY 和 CWS_{mean} 模型组之间的逐月值分布曲线的相似性,引入统计学中的相似性因子 f_2 进行表征,一般而言,当 $f_2>50$ 时,可认为两条曲线具有相似性,而当 $f_2>75$ 时,可以认为两条曲线之间相似性高。f_2 值根据以下公式计算:

$$f_2 = 50\lg\left\{\left[1 + \frac{1}{n}\sum_{t=1}^{n}(R_t - T_t)^2\right]^{-0.5} \times 100\right\}$$

式中,n 为曲线积分点数,在本研究中,$n=12$;R_t/T_t 为参考曲线/测试曲线在 t 点对应的值,$t=1,2,\cdots,n$。

R_t 和 T_t 根据下式计算:

$$R_t = \frac{C_{\text{bo},t}(\text{CWS}_{\text{mean}})}{C_{\text{bo},\text{max}}(\text{CWS}_{2010\sim2019})}$$

$$T_t = \frac{C_{\text{bo},t}(\text{TRY})}{C_{\text{bo},\text{max}}(\text{CWS}_{2010\sim2019})}$$

由于 $C_{\text{bo},\text{max}}(\text{CWS}_{2010\sim2019})$ 在不同城市之间差异较大,如果采用同一值,将会导致 R_t 和 T_t 之间差值不能反映真实差距。为此,将计算按气候区分为 3 组。计算结果表明,TRY 和 CWS_{mean} 模型组逐月值分布曲线的 f_2 为 $72.18\sim86.91$(重质构造组)和 $73.14\sim92.70$(轻质构造组)。除杭州外,其他城市组的 f_2 均大于 75,表明 TRY 和 CWS_{mean} 模型组的逐月值模拟结果具有较高的相似性。

6.3　气象要素影响分析

6.3.1　平行对比气象年制作

为定量研究各气象要素对建筑能耗模拟的影响幅度,将以上 TRY 的空气温度、相对湿度、太阳辐射和风速做一定幅度上调/下调,形成对比气象参数组,再将以对比气象参数和 TRY 分别作为外部条件的模型组模拟结果进行比较,以此评估气象要素对模拟结果的影响幅度。其中,空气温度对比气象参数组以空气温度 ±2℃ 作为偏幅 ΔT,其他要素的偏幅包括 ΔRH、ΔGHI、ΔWS,通过以下公式计算:

$$\Delta T = 2\text{℃} = x \times \sigma_T$$

$$\Delta\text{RH} = x \times \sigma_{\text{RH}}$$

$$\Delta\text{GHI} = x \times \sigma_{\text{GHI}}$$

$$\Delta\text{WS} = x \times \sigma_{\text{WS}}$$

式中,σ 为各月份中 10 年期间各气象要素月均值的标准差;x 为各气象要素采用的统一系数,通过 ΔT(即 2℃)与 σ_T 计算所得;GHI 仅在有太阳辐射的时间段(上午 06∶00/07∶00 至下午 18∶00/19∶00)进行偏移,其他时间段保持为 0,且偏移后 GHI 不小于 0;WS 最小值限制为 0。通过气象参数偏移,共形成 8 组对比气象年,分别为 $+\Delta T$、$-\Delta T$、$+\Delta RH$、$-\Delta RH$、$+\Delta GHI$、$-\Delta GHI$、$+\Delta WS$、$-\Delta WS$。对比气象年生成过程中,考虑了实际气候条件的限制。例如,RH 不允许高于 100% 或低于 0%。对比气象年各气象要素的累积分布函数曲线如图 6.7 所示。

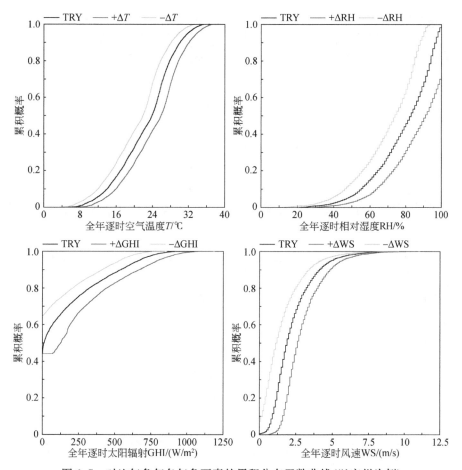

图 6.7　对比气象年各气象要素的累积分布函数曲线(以广州为例)

6.3.2　平行对比气象年模拟结果比较

借助 6.2.1 节中设置的 TRY 模型组,将其中的外部气象数据依次更换为

6.3.1节制备的8组对比参考年,再执行对比模拟。模拟结果显示,重质构造组和轻质构造组表现出的气象要素影响规律基本一致,仅在数值上存在一定差异,因此以下以重质构造组和轻质构造组平均情况进行讨论。TRY 和平行对比气象年模型组之间的模拟结果比较显示,不同城市案例之间存在数量差异,但规律相似,因此以下以广州为例进行定量讨论。TRY 及平行对比气象年模型组的供暖、制冷、加湿、除湿需求及总运行碳排放模拟结果如图 6.8~图 6.11 所示,其他城市案例对比结果见附录 4 的附图 4.2~附图 4.6。

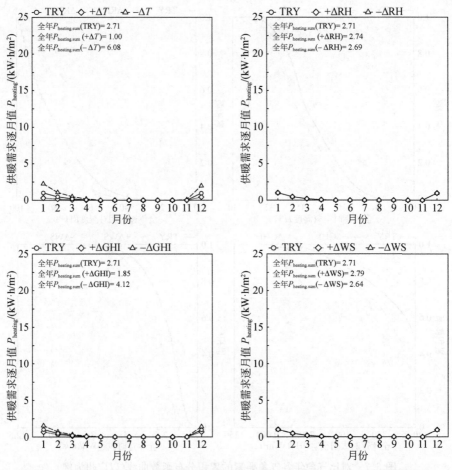

图 6.8 TRY 与对比气象年模型组供暖需求模拟结果(广州,重质+轻质构造组)

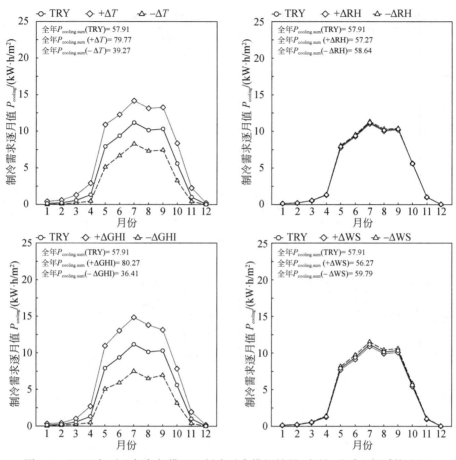

图 6.9　TRY 与对比气象年模型组制冷需求模拟结果(广州,重质＋轻质构造组)

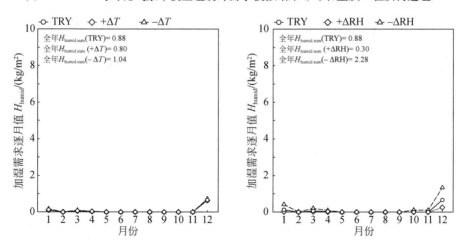

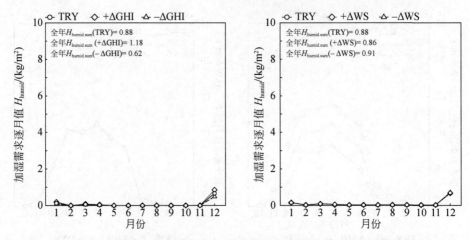

图 6.10　TRY 与对比气象年模型组加湿需求模拟结果(广州,重质+轻质构造组)

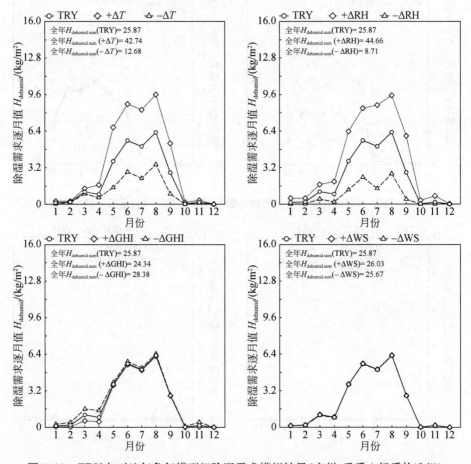

图 6.11　TRY 与对比气象年模型组除湿需求模拟结果(广州,重质+轻质构造组)

对于广州,具有较大影响的是制冷和除湿需求。从图 6.9 和图 6.11 可见,空气温度同时影响建筑制冷和除湿需求,且制冷量和除湿量均与空气温度呈正相关关系。例如,当 T 提高 2℃ 时,制冷和除湿需求明显增大。对于广州,全年 $P_{cooling,\,sum}$ 由 TRY 组的 57.91kW·h/m² 提高到 ＋ΔT 组的 79.77kW·h/m²,全年 $H_{dehumid,\,sum}$ 则由 TRY 组的 25.87kg/m² 提高到 ＋ΔT 组的 42.74kg/m²。相对湿度的提高带来除湿需求的升高,对于广州,全年 $H_{dehumid,\,sum}$ 由 TRY 组的 25.87kg/m² 上升到 ＋ΔRH 组的 44.66kg/m²。相比加湿,除湿过程需要消耗更多的能量,根据 Kim 等对能源之星(Energy Star)相关数据统计,加湿和除湿的能源转换系数分别为 0.05kW·h/kg 和 0.54kW·h/kg[84],因此由除湿需求提高所带来的能耗需求增加不可忽略。太阳辐射主要作用于制冷需求,且在广州影响较为显著,跟 TRY 组相比,＋ΔGHI 组的 $P_{cooling,\,sum}$ 由 57.91kW·h/m² 提高到 80.27kW·h/m²,两者增幅均高于＋ΔT 组的相应增幅。

对于总的运行碳排放,如图 6.12 所示,$C_{bo,\,sum}$ 与 T、RH、GHI 均表现出正相关

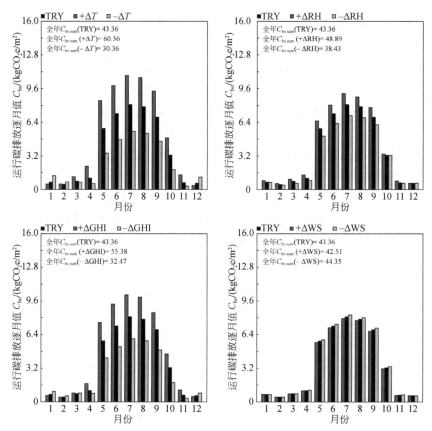

图 6.12　TRY 与对比气象年模型组运行碳排放模拟结果(广州,重质＋轻质构造组)

关系,对于广州,全年 $C_{\text{bo, sum}}$ 由 TRY 组的 43. 36kgCO$_2$e/m^2 分别提高到$+\Delta T$、$+\Delta$RH、$+\Delta$GHI 组的 60. 36kgCO$_2$e/m^2、48. 89kgCO$_2$e/m^2、55. 38kgCO$_2$e/m^2。与此相反的是,风速加快会带来建筑 $C_{\text{bo, sum}}$ 的下降,但与其他气象要素相比,其影响相对较小。

此外,尽管重质构造组和轻质构造组在围护结构热阻设置上近乎相等,模拟结果表明,重质构造组能耗量明显小于轻质构造组,这表明提高围护结构蓄热能力对建筑节能具有较大潜力。

6.3.3　气象要素相对影响权重分析

根据 4.2 节所得的逐月制冷量和除湿量,按以下公式计算各气象要素对模拟结果的相对影响权重 IF$_w$:

$$\text{IF}_t = \frac{\mid C_{\text{bo.}+\Delta T} - C_{\text{bo. TRY}} \mid + \mid C_{\text{bo.}-\Delta T} - C_{\text{bo. TRY}} \mid}{\sum \mid C_{\text{bo. w}} - C_{\text{bo. TRY}} \mid}$$

$$\text{IF}_{rh} = \frac{\mid C_{\text{bo.}+\Delta RH} - C_{\text{bo. TRY}} \mid + \mid C_{\text{bo.}-\Delta RH} - C_{\text{bo. TRY}} \mid}{\sum \mid C_{\text{bo. w}} - C_{\text{bo. TRY}} \mid}$$

$$\text{IF}_{ghi} = \frac{\mid C_{\text{bo.}+\Delta GHI} - C_{\text{bo. TRY}} \mid + \mid C_{\text{bo.}-\Delta GHI} - C_{\text{bo. TRY}} \mid}{\sum \mid C_{\text{bo. w}} - C_{\text{bo. TRY}} \mid}$$

$$\text{IF}_{ws} = \frac{\mid C_{\text{bo.}+\Delta WS} - C_{\text{bo. TRY}} \mid + \mid C_{\text{bo.}-\Delta WS} - C_{\text{bo. TRY}} \mid}{\sum \mid C_{\text{bo. w}} - C_{\text{bo. TRY}} \mid}$$

式中,IF$_t$、IF$_{rh}$、IF$_{ghi}$、IF$_{ws}$ 分别为空气温度、相对湿度、太阳总辐射、风速的 IF$_w$;$C_{\text{bo. w}}$ 是对比气象年组模拟结果逐月值,w 包含$+\Delta T$、$-\Delta T$、$+\Delta$RH、$-\Delta$RH、$+\Delta$GHI、$-\Delta$GHI、$+\Delta$WS、$-\Delta$WS;$C_{\text{bo. TRY}}$ 是 TRY 组模拟结果逐月值。

表 6.6 和图 6.13 显示了气象要素对逐月运行碳排放的相对影响权重,由于重质构造组和轻质构造组具有相近的作用规律,此处采用两者相对影响权重的平均值。

表 6.6　气象要素相对影响权重 IF$_w$　　　　　　　　（单位：%）

| 城市 | 逐月 | | | | | | | | 全年 | | | |
| | T | | RH | | GHI | | WS | | T | RH | GHI | WS |
	max	min	max	min	max	min	max	min	mean	mean	mean	mean
三沙	43. 29	37. 48	15. 26	6. 18	46. 75	39. 13	6. 41	3. 64	40. 37	12. 33	42. 31	4. 99
广州	69. 62	44. 37	37. 38	1. 20	44. 61	11. 33	3. 79	0. 32	51. 14	15. 31	31. 31	2. 23
南宁	65. 86	26. 61	39. 96	0. 41	40. 26	12. 57	2. 73	0. 97	50. 20	15. 19	32. 65	1. 95
福州	62. 32	43. 84	34. 70	0. 59	44. 61	17. 96	3. 14	0. 46	52. 05	8. 89	36. 91	2. 15

续表

城市	逐月								全年			
	T		RH		GHI		WS		T	RH	GHI	WS
	max	min	max	min	max	min	max	min	mean	mean	mean	mean
杭州	64.48	44.57	17.41	0.75	44.83	30.84	4.39	1.68	54.48	6.84	36.16	2.52
长沙	69.39	33.69	44.92	0.92	38.34	15.93	2.96	0.63	54.88	13.36	29.42	2.34
成都	65.75	37.92	35.72	0.50	47.94	20.33	2.98	1.10	53.96	10.82	33.48	1.74
贵阳	71.69	43.89	22.50	0.23	46.82	11.29	5.92	0.29	58.10	6.94	32.52	2.44
昆明	62.68	41.20	24.16	0.60	53.69	21.33	4.84	1.31	52.02	6.53	38.07	3.39

　　气象要素对逐月运行碳排放的相对影响权重呈现出不同的特点。其中,温度和太阳辐射占绝对重要地位。在 9 个城市案例中,年平均 IF_t 和 IF_{ghi} 分别为 40.37%～58.10% 和 29.42%～42.31%。除三沙外,温度的影响高于太阳辐射。相对湿度也有不可忽视的影响,在年运行碳排放方面,年平均 IF_{rh} 为 6.53%～15.31%。风速的相对影响权重 IF_{ws} 仅在三沙达到 4.99%,其他城市仅在 1.74%～3.39% 范围内,相比之下可以忽略不计。

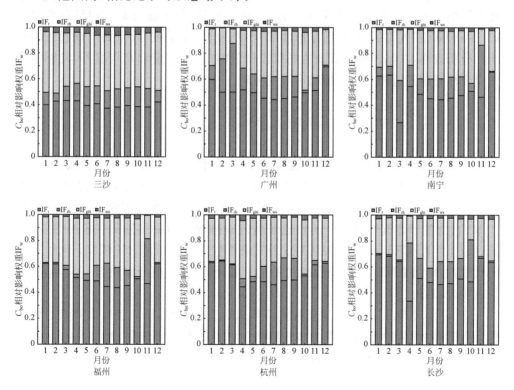

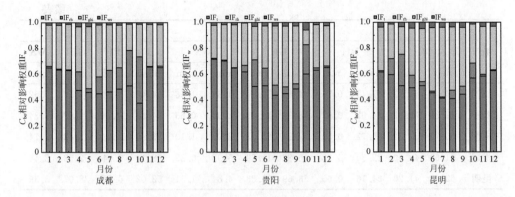

图 6.13　气象要素对建筑能耗模拟结果的影响权重(重质＋轻质构造组的平均值,
彩图请扫封底二维码)

　　每个气象要素的月度相对影响权重显示季节性变化。相对湿度的这一特点尤为明显,月最低 IF_{rh} 值仅为 0.23％(贵阳,3 月),最高值达到 44.92％(长沙,4 月)。此外,不同城市之间相对湿度的影响差异很大。例如,Ⅲ区杭州 6～9 月相对湿度的影响比较明显,Ⅳ区广州 2～9 月相对湿度的影响较大,Ⅴ区昆明 2～4 月相对湿度的影响较大。在气温和太阳辐射方面,除三沙外,其他城市案例均呈现类似规律。一般来说,气温的月 IF 呈 V 形曲线,冬季较大,夏季较小,而太阳辐射正好相反。分析表明,在制定建筑节能的局部设计策略时,除了缓解高气温外,特别重要的是要注意建筑遮阳和季节性相对湿度控制。

6.4　小　　结

　　本章选择我国南方夏热冬冷、夏热冬暖和温和气候区的 9 个代表城市,参考 ISO 15927-4 标准推荐的方法,基于 2010～2019 年城市气象站逐时实测数据 (CWS),以空气温度、相对湿度、太阳辐射和风速为取值依据制作测试参考年 (TRY),为基于建筑热湿耦合的竹建筑运行碳排放模拟提供外部气象参数支持。通过以 1 年期 TRY 和 10 年期 CWS 为气象参数的模型组的对比模拟,评估 TRY 的代表性,结果表明,TRY 组模拟结果全年累计值、逐月值分布均与 CWS 组长期情况吻合较好。

　　在 TRY 基础上,通过气象参数偏移形成对比模型组,研究各气象要素对竹建筑运行碳排放 C_{bo} 的影响权重,结果表明,空气温度和太阳辐射对 C_{bo} 具有主导影响,相对影响权重分别为 40.37％～58.10％ 和 29.42％～42.31％,其中三沙太阳辐射影响高于空气温度;相对湿度的相对影响权重为 6.53％～15.31％,具有明显季节性；风速的相对影响权重在三沙达到 5%，在其他城市均不及 5%。为此，制定竹建筑气候适应性低碳设计策略时，除考虑减缓高温作用外，特别需要注重建筑遮阳以及春夏季节的相对湿度控制。气象要素对运行碳排放模拟结果的影响权重未受建筑构造类型影响，但重质构造组碳排放明显低于轻质构造组，这表明提高围护结构蓄热能力对建筑碳减排有较大潜力。

第 7 章　气候适应性竹建筑系统与构造低碳优化

7.1　竹建筑单元碳排放模型设计

7.1.1　气候模型

设置标准建筑单元,用于开展竹建筑性能评价。建筑单元在 ASHRAE 140-2011 提供的基准模型的基础上进行调整,尺寸设置为 6.0m×6.0m×3.0m(面宽×进深×层高),没有内部分隔。四面外墙中朝南、北方向各设置两个不带遮阳的窗户,窗户尺寸为 1.2m×1.5m(宽×高),窗户总面积 7.2m², 达到建筑面积 36m² 的 1/5。

1. 外部气候

选择中国南方代表城市广州的气象要素作为模型的外部气候条件,气象要素包含太阳辐射、空气温度、相对湿度、降雨、云量指数、风速、风向、大气压力、露点温度等。附表 3.1 显示了源数据中几项关键气象要素的特征。

2. 内部气候

内部气候涉及室内热湿负荷和设备工况(HVAC)两种。对于室内热湿负荷,赋予标准办公间中由于人员活动和电器运行等产生的热量和湿分排放强度。表 7.1 显示的是工作日(周一到周五)内部负荷工况,房间工作时间为 8:00～18:00。对于非工作日(周六、周日),内部各项负荷值均为 0。

对于 HVAC 工况,参考广州建筑热环境设计与计算指标的研究成果,设置理想加热和制冷、加湿和除湿设备,用于维持室内一定的环境舒适水平。HVAC 包含 3 组工况,其中 HVAC5 组与房间使用对应,开启时间为工作日的房间工作时间,即周一至周五的 8:00～18:00。此外,设置 2 组工况作为对比,其中 HVAC 7 组,开启时间为每天的房间工作时间,即周一至周日的 8:00～18:00。HVAC0 组则在任何时间均不开启 HVAC。

表 7.1　竹建筑单元碳排放模型设计模型室内热湿负荷和 HVAC 工况设置

房间工作时间	室内热湿负荷					理想 HVAC 工况*		
	对流热 /W	辐射热 /W	湿分 /(g/h)	CO_2 /(g/h)	人员活动 /MET	启停	T_i /℃	RH_i /%
0:00～8:00	0	0	0	0	0	off		
8:00～18:00	94.68	31.68	72	61.2	1.2	on	18～28	40～70
18:00～24:00	0	0	0	0	0	off		

其中,室内热湿负荷按如下单位面积强度累计:

建筑面积/m²		对流热/W	辐射热/W	湿分/(g/h)	CO_2/(g/h)	人员活动/MET
36	单位面积强度	2.63	0.88	2	1.7	1.2
	总计	94.68	31.68	72	61.2	1.2(平均)

* HVAC 工况以 HVAC5 为例。

7.1.2　边界工况

第 6 章表 6.2 和表 6.3 中列出了建筑单元地面、屋面、外墙构造的构造层布置和材料选择以及窗户的基本特性。在所有的模型组中,采用相同的窗户参数,并将顶面天花及底面地板设为"相同内部条件的两房间之间的分隔"。

模型的四面外墙则是本研究进一步分析和对比的对象,其中东、西两侧外墙面积均为 18m²,而南、北两侧外墙除去窗户后,面积均为 14.4m²。本章关注包含 L、M 和 S 在内的 3 种典型构造类型。L 和 M 类属于层式构造(layered construction),均包含 2 层隔板(单腔)和 3 层隔板(双腔)两种。L 和 M 类构造仅在外层存在区别,其中 L 类构造外层为 18mm 厚的 BFB,M 类构造外层包含 120mm 厚的 LB 或 60mm 厚的 SB 两种。S 类构造属于实心构造(solid construction),其外层和内层设置同 L 和 M 类构造,但采用 BPB 作为内部填充,取代 L/M 类构造中的核心腔体及间层隔板。(图 7.1、表 7.2)

具体地,各构造组通过调整单一因子进行衍生所得,为计算结果的单因子影响分析创造条件。

首先设置 L2 构造组,由外向内包含外面板、核心腔体和内面板。其中外面板包含 1 种工况,为 18mm 厚的 BFB;内面板包含 4 种工况,分别为 12mm 厚的 BFB、12mm 厚的 BSB、12mm 厚的 BMB+10mm 厚的 IP(室内石膏)、12mm 厚的 BPB+10mm 厚的 IP;核心腔体包含 10 种工况,各工况由外向内分别为:a(0.2mm PE + 40mm Air)、b(0.2mm PE + 20mm CF)、c(0.2mm PE + 20mm EPS)、d(0.2mm PE + 20mm CF + 40mm Air)、e(0.2mm PE + 20mm EPS + 40mm Air)、f(40mm Air)、g(20mm CF)、h(20mm EPS)、i(20mm CF + 40mm

Air)、j(20mm EPS+40mm Air)。

　　从 L2 构造组衍生出 M2 构造组。将 18mm 厚的 BFB 外面板替换为 120mm 厚的 LB 和 60mm 厚的 SB,相应形成 M2-LB 和 M2-SB 构造组。

　　从 2 层构造组衍生出 3 层构造组,即从 L2、M2-LB 和 M2-SB 衍生出 L3、M3-LB 和 M3-SB 构造组。具体地,在 L2 和 M2 构造组核心腔体向外依次增加 12mm 间隔板和 40mm 空气层,形成相应的 3 层构造组。其中间隔板包含 2 种材料工况,分别为 12mm 厚的 BMB 和 12mm 厚的 BPB。

　　从 2 层构造组衍生出实心构造组,即从 L2、M2-LB 和 M2-SB 衍生出 S-F、S-LB 和 S-SB 构造组。将 L2 和 M2 构造组核心腔体除 PE 层外的部分替换为 54mm 厚的 BPB。

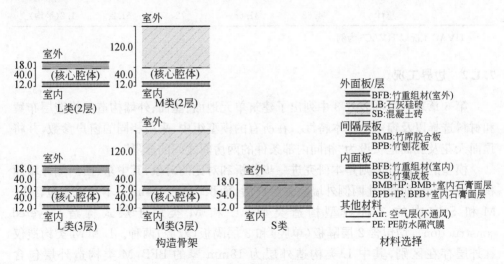

图 7.1　竹建筑单元外墙构造类型图示(单位:mm)

表 7.2　竹建筑单元碳排放模型边界工况(外墙构造,378 组)

构造组合数量	构造组	分隔板数量	外面板	PE 防水膜	间隔板	内面板	腔体	
							外侧	内侧(核心腔体)
40	L	2	BFB(18)	PE(0.2) PE(0)	—	BFB(12) BSB(12) BMB+IP(12+10) BPB+IP(12+10)	Air(40) BF(org.)(20) BF(inorg.)(20) BF(org.)+Air(20+40) BF(inorg.)+Air(20+40)	

续表

构造组合数量	构造组	分隔板数量	外面板	PE防水膜	间隔板	内面板	腔体	
							外侧	内侧（核心腔体）
80	M	2	LB(120) SB(60)	PE(0.2) PE(0)	—	BFB(12) BSB(12) BMB+IP(12+10) BPB+IP(12+10)	Air(40) BF(org.)(20) BF(inorg.)(20) BF(org.)+Air(20+40) BF(inorg.)+Air(20+40)	
80	L	3	BFB(18)	PE(0.2) PE(0)	BMB(12) BPB(12)	BFB(12) BSB(12) BMB+IP(12+10) BPB+IP(12+10)	Air(40)	Air(40) BF(org.)(20) BF(inorg.)(20) BF(org.) +Air(20+40) BF(inorg.) +Air(20+40)
160	M	3	LB(120) SB(60)	PE(0.2) PE(0)	BMB(12) BPB(12)	BFB(12) BSB(12) BMB+IP(12+10) BPB+IP(12+10)	Air(40)	Air(40) BF(org.)(20) BF(inorg.)(20) BF(org.) +Air(20+40) BF(inorg.) +Air(20+40)
6	S-L	2	BFB(18)	PE(0.2) PE(0)	BPB(54)	BFB(12) BSB(12) BMB+IP(12+10)	—	
12	S-M	2	LB(120) SB(60)	PE(0.2) PE(0)	BPB(54)	BFB(12) BSB(12) BMB+IP(12+10)	—	

　　竹材的物理性质和碳排放参数见第 5 章介绍。除竹材外，其余材料参数来源于具有代表性的数据库，其中，物理性质参数主要来源于德国 Fraunhofer IBP，碳排放参数主要来源于荷兰代尔夫特理工大学。材料参数见附录 2 和附录 3 的附表 3.2、附表 3.3。

7.1.3　计算工具和结果分析

如第 4 章所述,竹建筑 $LCCO_2$ 模型相关的建材和建筑运行 2 个关键阶段可分别通过相应计算和模拟获得。其中对于建材碳排放(C_{bm}),可以在建筑单元模型设置过程中,通过计算材料用量(体积/质量),结合各材料参数进行累加。建筑运行碳排放(C_{bo})通过计算运行能源需求(耗电量),并与相应能源(电力)碳排放因子相乘获得。其他室内舒适水平和建筑耐久性相关指标通过典型年份模拟,再进行统计。本研究中采用的模拟工具为德国 Fraunhofer IBP 开发的 WUFI。

对不同材料、构造、HVAC 工况,在分组统计的基础上,根据第 4 章所述方法,计算各工况的单位建筑面积、单年总碳排放(C_{sum}),通过对比分析,平衡择优,获得最优的可持续建造方案。

在 7.1.2 节中设置的材料和构造工况共有 378 组(含 L3/M3-LB/M3-SB 各 80组、L2/M2-LB/M2-SB 各 40 组、S-F/S-LB/S-SB 各 6 组),其中设置了 PE 膜的189 组构造的建材碳排放(C_{bm})如图 7.2 所示。每组构造又分别开展 HVAC0、HVAC5、HVAC5+、HVAC5+c 和 HVAC7 五种工况模拟,共形成 1890 组模拟结果。

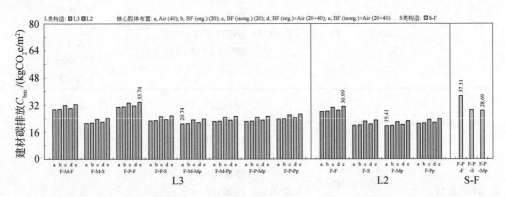

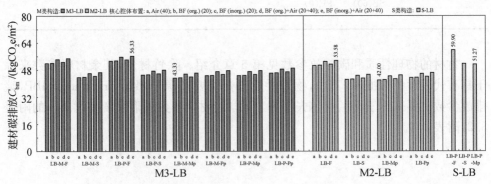

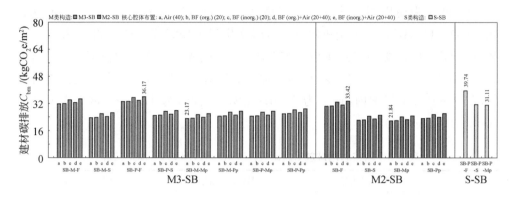

图 7.2 竹建筑单元外墙单位面积建材碳排放

为避免过于庞大的样本量造成分析困难，以下先对 HVAC 工况开展对比分析，在此基础上，选择 HVAC5＋开展材料和构造的分析。以下按从大到小的顺序，分别讨论 HVAC 工况设置、构造选型、构造层材料选择和核心腔体布置对竹建筑单元 C 值和其余指标的影响。

7.2 HVAC 工况设置

7.2.1 HVAC0/HVAC5/HVAC7 工况的比较

对于一定的材料和构造工况，LCCO$_2$ 模型中 C_{bm} 保持一致，因此 HVAC 工况的影响体现在 C_{bo} 上。此外，HVAC 还影响反映室内舒适水平的空气温度 T_i 和相对湿度 RH$_i$，以及反映构造发生湿破坏风险的界面超湿（RH＞80％）累计时间上。

对于 WUFI 逐时模拟结果，统计室内环境达到舒适水平的时间比例 T_{ic}、外墙构造室内界面空气相对湿度 RH＞80％ 的小时数 T_{is80}。T_{ic} 定义为室内空气维持在 18～28℃ 且相对湿度维持在 40％～70％ 范围内的小时数与房间工作小时数的比例。房间工作时间为星期一至星期五的 8：00～18：00，全年共 2610h。

计算结果表明，对于 HVAC0 工况，由于未开启 HVAC，C_{bo} 为 0。该工况下室内环境舒适水平无法保证，在所有的构造工况中，全年 T_{ic} 仅维持在 18.97％～24.41％；T_{is80} 在 377～2112h 范围内，均值为 862h。作者前期对竹集成材和竹重组材在纵向、径向和弦向开展的霉菌生长性质测试中发现，除竹重组材径向和弦向试件外，其余试件在连续暴露于超湿（RH＞80％）空气持续 4 个月（约 2880h）后，均出现霉菌生长破坏。本模拟所获得的 T_{is80} 为累积量，并非连续时间，但在该时段内，霉菌孢子有条件萌发，因此会增大构造发生霉菌生长破坏的风险。

以 30 年为使用周期计算,对于 HVAC5 工况,C_{bo} 为 17.50～39.24kgCO$_2$e/(m^2 · a)。HVAC5 为"人走机停"模式,即在房间工作时间开启空调,维持 T_{ic},其余时间 HVAC 供暖、制冷、加湿、除湿均关闭。因此该工况下 T_{ic} 达到 100%,但 T_{is80} 仍高达 80～1684h,均值为 427h。对于 HVAC7 工况,T_{is80} 也并未得到充分控制,在 8～1332h 范围内,均值为 215h;C_{bo} 明显提高,为 17.08～38.10kgCO$_2$e/(m^2 · a)。(表 7.3)

表 7.3　建筑总碳排放 C_{sum} 比较(HVAC0/HVAC5/HVAC7 工况)

项目		HVAC0 工况			HVAC5 工况			HVAC7 工况		
		C_{bo} /[kgCO$_2$e/(m^2·a)]	T_{ic} /%	T_{is80} /h	C_{bo} /[kgCO$_2$e/(m^2·a)]	T_{ic} /%	T_{is80} /h	C_{bo} /[kgCO$_2$e/(m^2·a)]	T_{ic} /%	T_{is80} /h
L3	max	0	24.41	816	28.66	100	495	36.15	100	238
	min	0	20.69	402	20.59	100	114	25.20	100	17
M3-LB	max	0	23.72	1300	23.22	100	584	28.83	100	297
	min	0	19.81	605	17.50	100	186	21.23	100	16
M3-SB	max	0	24.18	1855	27.50	100	1525	34.68	100	1171
	min	0	19.20	651	18.39	100	214	22.40	100	29
L2	max	0	24.18	812	39.24	100	576	50.89	100	383
	min	0	18.97	394	24.35	100	136	30.26	100	37
M2-LB	max	0	23.68	1247	29.24	100	594	36.97	100	311
	min	0	19.66	623	19.40	100	199	23.77	100	25
M2-SB	max	0	23.79	2112	36.68	100	1684	47.20	100	1332
	min	0	19.54	652	21.12	100	229	26.04	100	46
S-F	max	0	23.95	736	24.92	100	286	30.86	100	125
	min	0	22.03	377	23.43	100	80	28.84	100	8
S-LB	max	0	23.72	1144	21.91	100	456	27.05	100	207
	min	0	21.11	602	20.26	100	182	24.88	100	14
S-SB	max	0	23.60	1935	23.85	100	1006	29.80	100	536
	min	0	20.00	606	21.04	100	201	25.81	100	22
所有	max	0	24.41	2112	39.24	100	1684	50.89	100	1332
	min	0	18.97	377	17.50	100	80	21.23	100	8

HVAC7 和 HVAC5 工况组的对比结果表明,如仅在房间工作时间开启 HVAC,在 HVAC5 的基础上投入更多的设备对改善建筑构造耐久性并无益处,反

而会明显提高建筑运行碳排放。因此,对于特别需要关注构造湿破坏的竹建筑,"人走机停"的 HVAC5 模式需要寻求新的优化方案。

7.2.2　HVAC5 工况的优化

在现实工程中,由于室内人员舒适性需求,在建筑使用时间段开启空调设备(即 HVAC5)是最为常规的 HVAC 工况,但 HVAC5 工况还存在优化空间。在建筑非工作时间段,室内被认为不再具有湿分来源,当把建筑围护结构视为完全封闭、不透水汽的理想状态时,可以认为在非工作时间段的室内空气绝对湿度将继续维持在关闭 HVAC 前的水平。但实际工程中,建筑空间无法完全封闭,存在空气渗漏,本研究中将空气渗透导致的室内换气次数设为 0.5 次/h。

竹构造属于吸湿性、透气性围护结构,无法阻止室内外空气、热量及湿分的相互交换。这些原因将导致在人员离开、HVAC 关闭后,室内空气相对湿度可能高出临界水平,给竹构造内表面造成湿分破坏。本研究中,认为在 HVAC5 基础上,将除湿工况开启条件设为工作时间(周一至周五 08:00～18:00)RH>70%、非工作时间(周一至周五 0:00～8:00 及 18:00～24:00、周六及周日全天)RH>80%,将有利于在避免过大额外能耗的基础上,提高竹构造的耐久性,以下将该工况称为 HVAC5＋工况。

模拟结果表明,对于 HVAC5＋工况,T_{is80} 降低至 0,可以认为能有效避免竹构造因环境潮湿发生的霉菌生长等破坏。与此同时,发现 C_{bo} 为 17.60～39.30kgCO$_2$e/(m^2·a),相比于 HVAC5 工况的 17.50～39.24kgCO$_2$e/(m^2·a)仅有略微提高。其原因在于,在 HVAC5 工况中,非工作时间渗透进室内的湿分会等到开启设备时清除,导致房间工作时间段的除湿需求提高;而在 HVAC5＋工况中,该部分湿分得到及时清除,可降低相应工作时间段的除湿需求,从而使总的除湿需求相比 HVAC5 并无明显增加。(表 7.4)

表 7.4　建筑总碳排放 C_{sum} 比较(HVAC5/HVAC5＋/HVAC5＋c 工况)

项目		HVAC5 工况			HVAC5＋工况			HVAC5＋c 工况		
		C_{bo}/[kgCO$_2$e/(m^2·a)]	T_{ic}/%	T_{is80}/h	C_{bo}/[kgCO$_2$e/(m^2·a)]	T_{ic}/%	T_{is80}/h	C_{bo}/[kgCO$_2$e/(m^2·a)]	T_{ic}/%	T_{is80}/h
L3	max	28.66	100	495	28.71	100	0	27.78	100	0
	min	20.59	100	114	20.66	100	0	19.84	100	0
M3-LB	max	23.22	100	584	23.45	100	0	23.18	100	0
	min	17.50	100	186	17.60	100	0	17.08	100	0

项目		HVAC5 工况			HVAC5＋工况			HVAC5＋c 工况		
		C_{bo} /[kgCO₂e/(m²·a)]	T_{ic} /%	T_{is80} /h	C_{bo} /[kgCO₂e/(m²·a)]	T_{ic} /%	T_{is80} /h	C_{bo} /[kgCO₂e/(m²·a)]	T_{ic} /%	T_{is80} /h
M3-SB	max	27.50	100	1525	28.40	100	0	28.36	100	0
	min	18.39	100	214	18.52	100	0	17.78	100	0
L2	max	39.24	100	576	39.30	100	0	38.10	100	0
	min	24.35	100	136	24.43	100	0	23.40	100	0
M2-LB	max	29.24	100	594	29.48	100	0	29.11	100	0
	min	19.40	100	199	19.50	100	0	18.94	100	0
M2-SB	max	36.68	100	1684	37.94	100	0	37.67	100	0
	min	21.12	100	229	21.26	100	0	20.32	100	0
S-F	max	24.92	100	286	25.03	100	0	24.43	100	0
	min	23.43	100	80	23.51	100	0	22.90	100	0
S-LB	max	21.91	100	456	22.11	100	0	22.04	100	0
	min	20.26	100	182	20.39	100	0	20.03	100	0
S-SB	max	23.85	100	1006	24.57	100	0	25.17	100	0
	min	21.04	100	201	21.18	100	0	20.58	100	0
所有	max	39.24	100	1684	39.30	100	0	38.10	100	0
	min	17.50	100	80	17.60	100	0	17.08	100	0

在 HVAC5＋基础上,还尝试模拟 HVAC5＋c 工况,该工况假设建筑密封程度达到理想水平,避免空气渗漏,即将模型空气渗透导致的室内换气次数设为0。模拟结果表明,在 HVAC5＋c 工况下 C_{bo} 为 17.08～38.10kgCO₂e/(m²·a),比 HVAC5＋工况略有降低。这表明在 HVAC5＋工况下,提高建筑气密性有助于降低 C_{bo}。但考虑到工程设计和施工实际,HVAC5＋c 工况难以实现,因此以下对建筑构造和材料的低碳优化仅针对 HVAC5＋工况进行讨论。

7.3　构　造　选　型

7.3.1　L/M/S 类构造

L 类与 M 类构造的区别仅在于构造外层,这部分差别将在 7.4.1 节中进行讨论。以下仅在 S/L 类与 S/M 类之间进行比较。对于采用相同构造内外层的构造组,S 类构造与 L 类和 M 类构造的区别在于:S 类构造采用 BPB 作为内、外构造层之间的填充,而 L 类和 M 类的 2 层/3 层构造组分别采用核心腔体/核心腔体＋间隔板＋空气层;S 类构造没有内部骨架,而 L 类和 M 类构造中,外面板、间隔板和内面板之间通过竹重组材骨架连接。

对比结果显示,S 类构造低碳性能总体上介于 2 层构造和 3 层构造之间。相比 2 层构造,S-F、S-LB 和 S-SB 构造组的 C_{sum} 分别为相应 L2、M2-LB 和 M2-SB 构造组的 67.39%～97.32%、79.60%～104.13% 和 71.53%～100.33%。

S 类构造与 L 类及 M 类的 3 层构造组相比,C_{sum} 比值落在 89.79%～112.91% 范围内。其中,比值 100% 的分界线取决于 L3 类和 M3 类构造的核心腔体设置。对于使用了保温填充层的构造组,包括 BF(org.)(20)、BF(inorg.)(20)、BF(org.)＋ Air(20＋40)、BF(inorg.)＋Air(20＋40),S 类构造 C_{sum} 高于 L3 类和 M3 类构造。S-F、S-LB 和 S-SB 构造组的 C_{sum} 分别为相应 L3、M3-LB 和 M3-SB 构造组的 101.60%～112.56%、105.99%～112.91% 和 103.46%～112.75%。相比于未使用保温填充层的构造组,即 Air(40)组,S 类构造具有一定优势,C_{sum} 为 L3 和 M3 构造组的 89.79%～98.38%。(图 7.3)

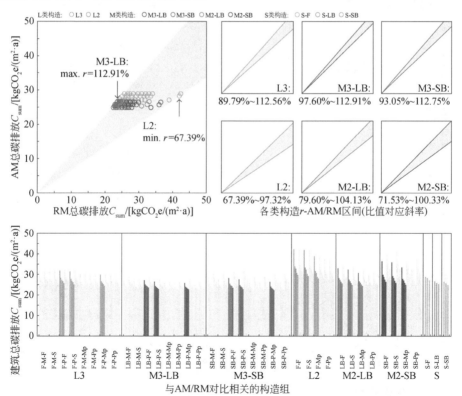

图 7.3　建筑总碳排放 C_{sum} 比较(S 类构造(AM)对比 L/M 类构造(RM),彩图请扫封底二维码)

7.3.2　2层/3层构造

L类和M类构造均包含2层和3层构造,3层构造是在2层构造基础上增加12mm的间隔板和40mm的空气层衍生所得。2层和3层构造组之间的比较显示,除L类构造中以BMB为间隔板、BSB/BPB＋IP为内面板的少数工况外,3层构造组C_{sum}总体有明显降低。以L2、M2-LB和M2-SB构造组为100%,相应L3、M3-LB和M3-SB组的C_{sum}值分别降低至75.06%～87.23%、81.56%～92.77%和76.87%～89.68%。

进一步分析可见,在C_{sum}中,增加的12mm的间隔板、40mm的空气层及附带的BFB骨架导致C_{bm}有一定提高,对于增加BMB和BPB作为间隔板,相应3层构造组增加的C_{bm}值分别为0.08kgCO$_2$e/(m^2·a)和0.16kgCO$_2$e/(m^2·a);由于热工性能提高,对应的C_{bo}均有降低,对于L3、M3-LB和M3-SB组,C_{bo}值比L2、M2-LB和M2-SB组分别降低3.54～10.47kgCO$_2$e/(m^2·a)、1.74～5.97kgCO$_2$e/(m^2·a)和2.55～8.31kgCO$_2$e/(m^2·a)。(图7.4)

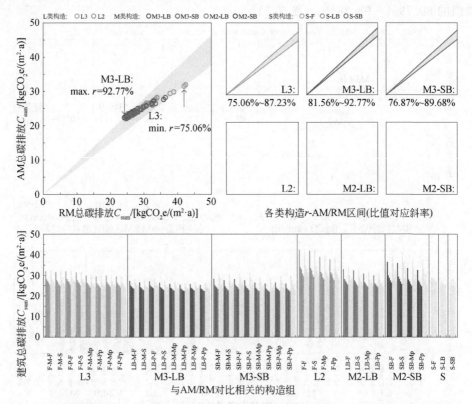

图7.4　建筑总碳排放C_{sum}比较(3层构造(AM)对比2层构造(RM),彩图请扫封底二维码)

7.4 构造层材料选择

7.4.1 外层（外面板）

L2、L3 及 S-F 构造组以 BFB 为外面板，M2-LB、M2-SB、M3-LB、M3-SB、S-LB 及 S-SB 构造组以 LB 和 SB 为构造外层。相比 18mm 的有机多孔植物材料 BFB，120mm 的 LB 和 60mm 的 SB 表观密度更大，属于重质材料，可以大幅提高构造整体热容；作为无机材料，具有更好的耐候性；作为孔隙尺寸更大、孔隙率更高的多孔材料，具有更快的吸放湿速率，在一定条件下可以通过蒸发冷却效应改善室内热环境，并降低制冷需求。另外，LB 和 SB 在构造整体的质量比重高，会给构造整体带来更高的碳排放。

对比结果显示，将 18mm 的外面板 BFB 替换为 120mm 的 LB 和 60mm 的 SB，在 30 年周期内，造成的 C_{bm} 值增量分别 $1.36kgCO_2e/(m^2 \cdot a)$ 和 $0.15kgCO_2e/(m^2 \cdot a)$。相比之下，$C_{bo}$ 降幅明显更大。对于最终 C_{sum}，以 L2 和 L3 构造组为 100%，M2-LB 和 M3-LB 组分别为 77.26%～87.38% 和 83.96%～93.48%，M2-SB 和 M3-SB 构造组分别为 85.69%～89.34% 和 87.71%～91.90%。（图 7.5）

7.4.2 内层（内面板）

实际工程中，BSB 和 BFB 因表观质量较好，通常直接外露作为装饰面板；BMB 和 BPB 表观质量不佳，颜色、光泽、粗糙度较差，可覆盖室内石膏层（IP）。为此，内面板的比较分三组进行，分别是 BSB 与 BFB 对比、BMB＋IP 与 BPB＋IP 对比、BPB＋IP 与 BSB 对比。

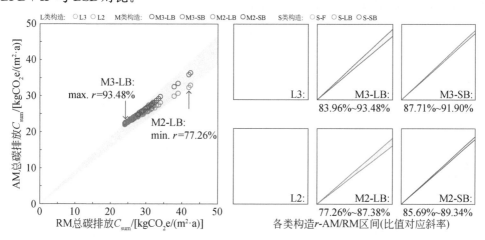

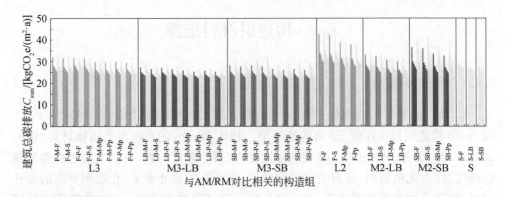

图 7.5　建筑总碳排放 C_{sum} 比较（LB/SB 作为外面板（AM）对比 BFB 作为外面板（RM），彩图请扫封底二维码）

对于 BSB 和 BFB 之间的对比，在 L、M 和 S 类构造中表现出相近规律，总体上 BSB 略占优势。以 BFB 构造组为 100%，BSB 组 C_{bo} 为 96.78%～98.91%。从分项看，两者之间的差异主要由 C_{bm} 引起，在 30 年周期内，BSB 构造组 C_{bm} 比 BFB 组低 0.49kgCO$_2$e/(m^2 · a)，而对于 C_{bo}，BSB 组总体略低，BSB 和 BFB 组的差值为 $-0.35 \sim 0.07$kgCO$_2$e/(m^2 · a)，最终导致 BSB 组 C_{sum} 比 BFB 组低 0.43～0.85kgCO$_2$e/(m^2 · a)。（图 7.6）

对于 BMB＋IP 和 BPB＋IP 之间的对比，在各类构造中表现出一致规律，即 BPB＋IP 表现优于 BMB＋IP，以 BMB＋IP 构造组为 100%，BPB＋IP 组 C_{sum} 在 97.20%～99.38% 范围内。从分项看，BPB＋IP 组 C_{bm} 比 BMB＋IP 高 0.08kgCO$_2$e/(m^2 · a)，但 C_{bo} 低 0.24～1.17kgCO$_2$e/(m^2 · a)，最终导致 BPB＋IP 组 C_{sum} 比 BMB＋IP 组低 0.16～1.09kgCO$_2$e/(m^2 · a)。（图 7.7）

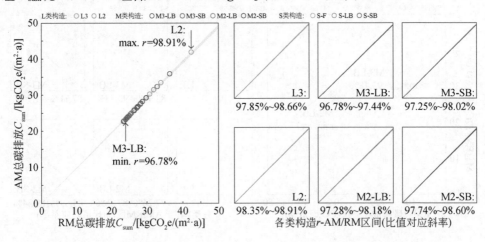

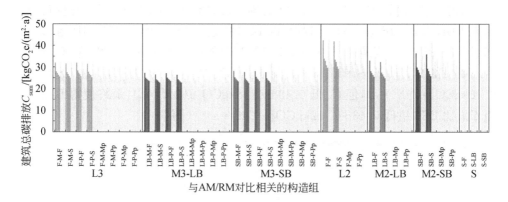

图 7.6　建筑总碳排放 C_{sum} 比较（BSB 作为内面板（AM）对比 BFB 作为内面板（RM），
彩图请扫封底二维码）

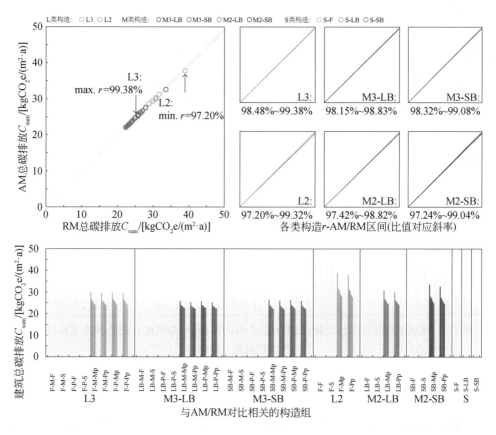

图 7.7　建筑总碳排放 C_{sum} 比较（BPB＋IP 作为内面板（AM）对比 BMB＋IP 作为内面板（RM），
彩图请扫封底二维码）

基于以上分析,进一步对 L 和 M 类构造,选择 BPB＋IP 与 BSB 组进行比较。结果表明,BPB＋IP 表现优于 BSB,以 BSB 构造组为 100%,BPB＋IP 组 C_{sum} 在 90.16%～98.11% 范围内,其中在 L2 和 M2-SB 构造中更具明显优势,为 90.16%～94.94% 和 90.70%～95.68%。从分项看,BPB＋IP 组 C_{bm} 比 BSB 组高 0.06kgCO$_2$e/(m^2·a),但 C_{bo} 低 0.49～4.18kgCO$_2$e/(m^2·a),最终使得 BPB＋IP 组 C_{sum} 比 BSB 组低 0.43～4.12kgCO$_2$e/(m^2·a)。(图 7.8)

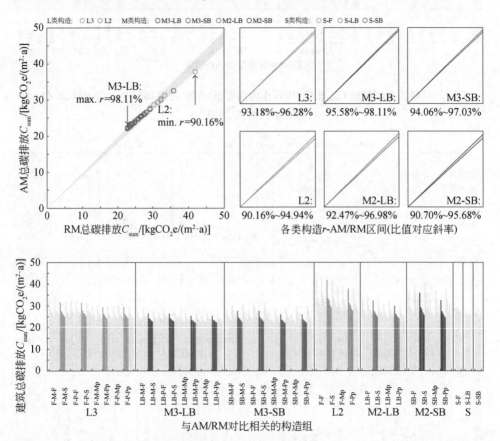

图 7.8　建筑总碳排放 C_{sum} 比较(BPB＋IP 作为内面板(AM)对比 BSB 作为内面板(RM),彩图请扫封底二维码)

7.4.3　间隔板

对于 L3 和 M3 构造组,BMB 和 BPB 作为间隔板,分隔开外侧空气层和内侧核心腔体。由于间隔板在 L3 和 M3 类构造整体中所占比重较小,计算结果显示,BMB 和 BPB 组之间差异并不明显。以 BMB 组为 100%,BPB 组的 C_{sum} 在

99.50％～101.33％范围内。其中,对于核心腔体采用 Air(40)的构造方案,BPB 组略占优势,对于其他构造方案,则反之。这一规律与内面板中两者对比的结论不同。(图 7.9)

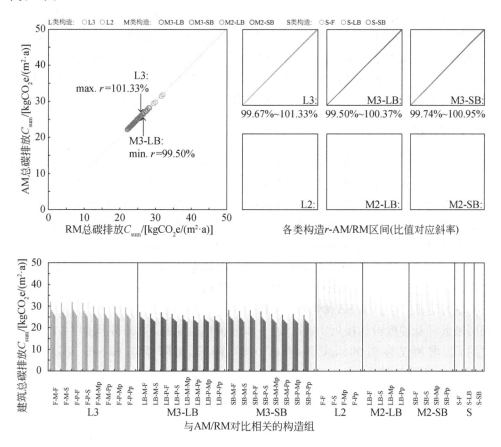

图 7.9　建筑总碳排放 C_{sum} 比较(BPB 作为间隔板(AM)对比 BMB 作为间隔板(RM),彩图请扫封底二维码)

7.5　核心腔体布置

核心腔体中布置了包含隔汽膜、保温填充层在内的“功能材料”,以及空气层,这些材料要么体积小,要么表观密度低,因此在构造整体中的质量比重小,但却发挥了提高构造性能的重要作用,也是可以进行构造设计优化的重要部位。如7.1.2 节边界工况设置中所述的,核心腔体包含 10 种工况,各工况由外向内分别为:a(0.2mm PE＋40mm Air)、b(0.2mm PE＋20mm CF)、c(0.2mm PE＋20mm EPS)、 d(0.2mm PE+20mm CF+40mm Air)、e(0.2mm PE+20mm EPS+40mm Air)、f(40mm Air)、g(20mm CF)、h(20mm EPS)、i(20mm CF+40mm Air)、j(20mm EPS+40mm Air)。

对计算结果中 C_{sum} 及 C_{bm} 和 C_{bo} 分项进行分组比较,从而明确核心腔体布置方式的影响。其中,a/b/c/d/e组与f/g/h/i/j组的对比结果表明 0.2mm PE 膜的影响;在设置了 PE 膜的构造组中,d/e组与b/c组的对比结果表明 40mm 空气层的影响;d/e组与a组的对比结果表明 20mm 保温填充层的影响;c/e组与b/d组的对比结果表明采用 EPS(无机材料)和 CF(有机材料)作为保温填充层的差异。

7.5.1　PE 膜

0.2mm 厚的 PE 膜在构造整体中所占体积及质量比重很低,因此即使它在材料层面的单位生产能耗和碳排放强度高,在构造整体层面所造成负荷项的 C_{bm} 的增加幅度也很小。计算结果显示,在构造外层内侧布置 0.2mm PE 膜的构造组,总体上有利于降低 C_{sum} ,降低幅度受构造整体设计影响有较大变化幅度。总体上,对于 L 类构造, C_{sum} 降低幅度较小,含 PE 组 C_{sum} 为无 PE 组的 97.27%～99.43%。

对于 M-LB 构造组,含 PE 组 C_{sum} 为无 PE 组的 93.15%～98.60%。M-SB 构造组外面板 SB 厚度为 60mm,小于 M-LB 组外面板的 120mm,相比之下,PE 膜的影响更为明显。对于 M-SB 构造组,含 PE 组 C_{sum} 为无 PE 组的 82.19%～98.55%,表明最大降低幅度可达接近 18%。进一步分析 C_{sum} 可见,在 30 年周期中,PE 膜导致的 C_{bm} 增加仅为 0.004kgCO$_2$e/(m^2 · a),而 C_{bo} 可降低 0.43～6.35kgCO$_2$e/(m^2 · a)。(图 7.10)

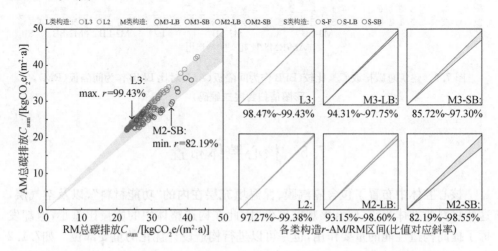

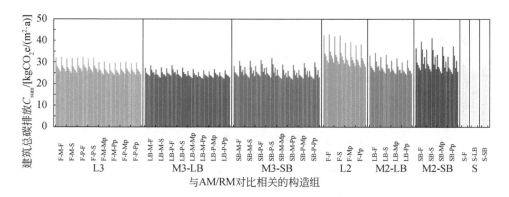

图 7.10 建筑总碳排放 C_{sum} 比较（设置 PE 的构造组（AM）对比未设置 PE 的构造组（RM），
彩图请扫封底二维码）

　　广州所代表的亚热带湿热气候区，往往具有雨热同期的气候特点，外立面快速的湿分吸放过程有助于在夏季改善室内热环境，并降低建筑制冷能耗。但同时也可能由于过量湿分，特别是液态水（雨水）的吸收，造成构造内部含湿量过大的负面影响。此时，在构造外层内侧布置隔汽层有助于解决这一问题。本研究中 PE 膜对 M 类构造的改善作用更加明显，也正是由于其构造外层采用的 LB 和 SB 材料湿阻小，更加需要 PE 膜辅助阻止湿分进一步向构造内部渗透。

7.5.2　空气层

　　设置 40mm 空气层与无空气层的构造组相比，C_{sum} 值有一定降低。总体上，在 2 层构造组中降低幅度更为明显，达到无空气层构造组的 90.15%～94.45%。在 3 层构造组中，该值为 93.53%～96.57%。（图 7.11）

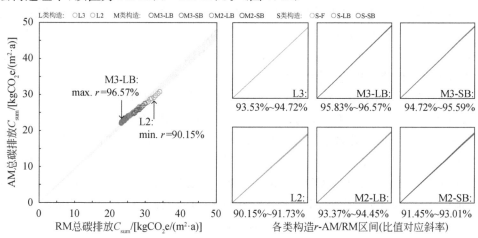

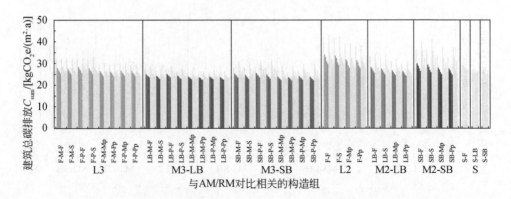

图 7.11　建筑总碳排放 C_{sum} 比较(核心腔体设置空气层的构造组(AM)
对比未设置空气层的构造组(RM),彩图请扫封底二维码)

对于所有构造组,增加 40mm 空气层会造成 C_{bm} 的提高,这是由其中的 BFB 骨架带来的,在 30 年周期内,C_{bm} 为 0.034kgCO₂e/(m² · a),相比之下,C_{bo} 的降低幅度更大,在 2 层构造和 3 层构造组中分别为 1.48~3.22kgCO₂e/(m² · a)和 0.83~1.76kgCO₂e/(m² · a)。

7.5.3　BF 层

此处要探讨的 BF 的影响包含两个层面,首先是设置与否的影响,其次是 BF 采用材料类型的影响。

对于前者,设置 20mm BF 层的构造组与无 BF 的构造组对比结果表明,在 2 层和 3 层构造组中,20mm BF 分别使得构造组 C_{sum} 降低到 69.65%~82.66% 和 79.06%~89.80%,可见改善效果明显。进一步分析模型各项指标可见,由于 BF 为轻质材料,在构造整体质量中比重小,因此对构造整体 C_{bm} 影响小,采用 EPS(无机材料)和 CF(有机材料)作为保温填充层的构造组,C_{bm} 仅分别提高 0.14kgCO₂e/(m² · a)和0.01kgCO₂e/(m² · a)。BF 的改善作用主要体现在提高围护结构热工性能,从而降低建筑运行能耗。(图 7.12)

对于后者,对比采用 EPS 和 CF 作为保温填充层的构造组,总体上显示出 EPS 组具有优势。以 CF 组为 100%,EPS 组的 C_{sum} 降低到 96.02%~98.74%。虽然 CF 和 EPS 的干燥导热系数相等,均为 0.04W/(m · K),但在实际应用中,具有吸湿性的 CF 由于吸收一定湿分而导致热工性能降低,最终导致 CF 构造组 C_{bo} 比 EPS 组高 0.42~1.25kgCO₂e/(m² · a),该幅度明显大于两者 C_{bm} 的差值 1.3kgCO₂e/(m² · a)。因此,平摊到建筑预期寿命内,EPS 材料层面所造成的碳排放增加幅度远小于其热工性能优势带来的对运行阶段碳排放的减少幅度。

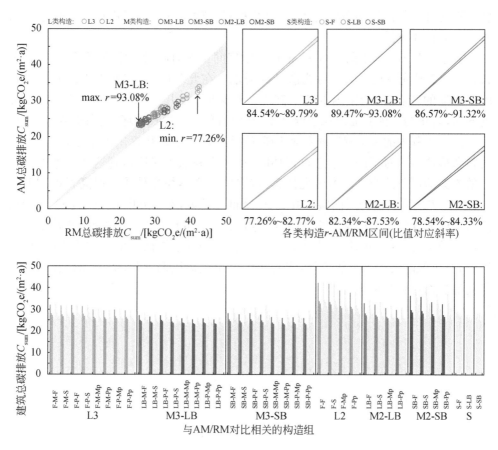

图 7.12　建筑总碳排放 C_{sum} 比较（核心腔体设置保温填充层的构造组（AM）
对比未设置保温填充层的构造组（RM），彩图请扫封底二维码）

7.6　小　　结

本章以亚热带地区代表城市广州的标准办公建筑单元为例，研究外墙构造层材料选择、核心腔体布置、构造类型选型、HVAC 工况设置等不同方案对竹建筑碳排放的影响。对比各组方案 C_{sum} 指标及 C_{bm} 和 C_{bo} 分项，探讨优化的低碳技术方案。

对于材料选择与构造设计，本章研究表明，采用无机、多孔、重质材料（如 LB 和 SB）作为构造外层，或者采用 IP 作为内面板覆层，有助于降低竹构造整体碳排放。构造设计中 PE 膜、空气层等微观、量小的构造措施同样可以对降低整体碳排放起到显著作用。采用轻质、不吸湿的无机材料（如 EPS）作为保温填充层，相比于有机材料（如 CF），总体上显示出优势。因此，不应片面提倡追求更高的可再生材料比重而排斥其他材料类型的使用,复合材料及构造形式的运用更加有助于降低竹建筑的整体碳排放。

对于 HVAC,本章研究认为,根据日常房间工作时间段的室内舒适需求,设置 HVAC5 工况尚不足以满足竹构造低碳需求。在此基础上,在非工作时间段维持除湿功能的开启,保持室内 RH 不高于 80%,可以在几乎不增加整体运行碳排放的同时,防止构造内界面出现超湿环境,从而避免霉菌生长破坏,提高构造耐久性。

实际工程中的许多材料选择和构造设计技术要求往往提供下限指标,当仅在材料和构造层面对不同方案进行评估时,往往容易认为采用达到这些技术要求下限的方案即可节约成本。本研究认为,许多解决方案往往是通过提高材料层面碳排放 C_{bm} 实现建筑运行层面碳排放 C_{bo} 的降低。例如,本研究中 L 和 M 类的 3 层构造组总体表现优于 2 层构造组,这是因为 3 层构造组具有更好的性能,在建筑运行层面所减少的直接和间接碳排放超出了在材料和构造层面所增加的隐含碳排放。因此,对于低碳技术方案的选择,应基于建筑全生命周期视角,而不能仅在材料或者构造层面进行简单估计。

第8章 "以竹代木"的低碳前景评估

8.1 需求背景与资源条件

8.1.1 "以竹代木"的需求背景

20 世纪 70 年代,我国提出"以竹代木",80 年代以来,陆续成功开发出各类工业竹材。到 21 世纪,开始明确以政策促进竹建筑及相关产业的发展。其中,2005 年 11 月,国家发展改革委等部门发布《关于加快推进木材节约和代用工作的意见》的通知,提出"提倡、鼓励生产和使用木材代用品,优先采用经济耐用、可循环利用、对环境友好的绿色木材代用材料及其制品,减少木材的不合理消费。积极发展人造板以及农作物剩余物、竹等资源加工产品替代木材产品,实施环保型代木工程"。

时至今日,我国仍面临巨大的木材资源缺口。根据 FAO 林产品年鉴统计,近年来,全球工业用原木和木锯材出口方仍为森林资源丰富的国家,进口方则转移至经济体量大但森林资源相对匮乏的国家;人造板出口中心向发展中国家转移,进口方主要仍为发达国家。2017 年,中国木材产品生产、消费、进口和出口总量占全球比重如表 8.1 所示,其中工业用原木、锯材、单板进口量分别占全球总量的 43%、26% 和 22%,由此可见,高效利用国内丰富的竹林资源,推广"以竹代木"十分必要。

表 8.1　中国各类木材产品生产、消费、进口、出口数据 (2017 年) (单位:%)

木材类型	总产量	总消费量	总进口量	总出口量
木质燃料	9	—	—	—
工业用原木	9	11	43	—
木质颗粒	3	—	—	—
锯材	18	26	26	—
单板	—	—	22	7
人造板	50	48	3	16
纸浆	9	20	37	—
回收纸及纸板	24	35	46	—
纸和纸板	28	28	5	6

资料来源:Anon. Forest products trade[DB/OL]. http://www.fao.org/forestry/statistics/80938@180724/en/. 2021-12-06.

8.1.2　林业资源条件

1.竹木森林资源比较

在全球范围内,竹林覆盖率仅约为木林覆盖率的 1%,竹材在种类、数量、管理水平、市场等方面均无法与木材抗衡。但在部分区域,如亚太地区,竹林资源比重有所提升。我国竹林覆盖率占森林总量的 3%。产竹大省湖南省有 56% 的面积被竹林覆盖。从局部地区看,竹林资源仍具有一定竞争力。(表 8.2、图 8.1)

表 8.2　竹木森林资源比较

项目		竹材	木材
物种*	总量	1642	30000
	用于商业或工程目的	20	1500~3000
	在国际市场上交易	5	500
森林资源**	总量	37 百万公顷	4000 百万公顷
	非洲	3%	15.6%
	美洲	30%	39.8%
	亚洲	67%(亚太地区)	14.8%
	欧洲	—	25.4%
	大洋洲	—	4.3%
森林分布	热带	丛生竹	硬木
	温带	散生竹	硬木+软木
	寒带	—	软木
经营情况**	人工种植/自然生长	多为自然林 在中国、日本等少数国家有人工林	原始森林(32.0%) 其他自然再生林(60.8%) 人工林(7.2%)

资料来源:

　*竹材:文献[21]. 木材:Herzog T, Natterer J, Schweitzer R, et al. Timber Construction Manual[M]. Basel: Birkhäuser, 2004.

　**竹材:文献[1]. 木材:文献[98].

总体上,竹林经营水平相对落后,多处于自然生长状态。在中国、日本等国家开展集约经营的人工竹林实践表明,单位时间、单位用地面积内,竹林积累的材料生物量可高出自然生长的软木林(以挪威云杉为例)和硬木林(以美国红橡木为例)。(表 8.3)

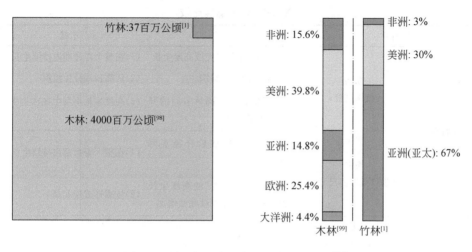

图 8.1 世界竹木森林资源分布对比图示[27]

表 8.3 竹木森林产量比较

项目	竹材	木材	
	毛竹(中国)	云杉(挪威)	红橡木(美国)
生长环境	集约经营人工林	自然森林	自然森林
采收周期/年	3～6	60～80	80～100
采收方法	部分采收至皆伐	选择性采收 至局部皆伐	选择性采收 至局部皆伐
平均采收周期内地面以上茎秆的烘干质量/绿量[t/(hm² · a)]	7.0～10.0(特定条件下可达 35.0)	2.5～3.5 (2.43～3.26*)	2.0～3.0**
采收后再生方法	发芽	发芽,自然更新,补植	发芽,自然更新,补植
80 年周期内的采收次数	14～20	1～2	1～2

* 挪威云杉木伞下的木材蓄积量。

** 80 年周期内的地上生物量产量,如果仅考虑主要的树干或者锯木部分,产量约为一半。

2. 竹木植株特点比较

作为最大型的禾本科植物,竹子具有不同于木材的生长特点。一方面,纵向生长极具爆发力,可在短时间内完成高度发育;另一方面,生长过程中秆径和壁厚几乎无增加。以 Guadua 为例,建筑常用的圆竹长度可达 15m,但秆径通常小于 15cm,壁厚小于 2cm。由于截面尺寸远小于木材,圆竹无法像木材那样作为具有较高承重要求的构件。(表 8.4)

表 8.4　竹木植株比较

项目		竹材	木材
生长特点[21]	纵向 （植株高度）	(1)在2~4个月内完成高度生长 (2)依靠居间分生组织 (3)高度生长在不同竹节间的开始和终止不同时	(1)在整个寿命期内持续生长 (2)依靠顶端分生组织 (3)高度生长不发生在次生生长组织上
	横向 （茎秆横截面尺寸）	(1)高度生长完成后秆径不再增加 (2)在"竹笋—早竹"的高度生长阶段,秆径及其壁厚仅稍微增加	(1)在整个寿命期内持续生长 (2)依靠形成层实现
尺寸	植株最大横截面 直径×高度/m×m	0.25×20	1.5×50
	用于建筑工业中的 尺寸/m×m	(0.09~0.13)×15	—
年龄	植株最大寿命/年	10	200
	用于建筑工业中的 材龄/年	4~6	60~120

注:尺寸和年龄的数据,竹材以 Guadua 为例,木材以 Spruce 为例。

　　竹秆经济价值受年龄影响,且影响程度远大于木材。竹秆约在 3 岁时达到成熟并拥有最佳力学强度,奥斯卡·伊达尔戈-洛佩兹对南美洲 Guadua 的研究表明,在该竹种 6 岁时将其应用于各类工程中最为合适,在 7~8 岁后其力学强度开始下降[1]。

　　木材在很长年限内可以随着年龄增加不断累积生物量,但作为禾本植物的竹子受寿命的局限特别明显。多数竹种约以 10 年为最大寿命,有的可达 12 年,超龄竹子的竹秆最终变干、白化并死亡。因此,从资源利用的角度,对于竹子存在"不用之则弃之"的难题,它无法向木材那样通过森林保留实现材料保存,必须加以采伐,并通过人工方法进行储存。

8.2　竹木森林碳汇潜力比较

8.2.1　温带/亚热带竹木林对比:毛竹与杉木

　　中国杉木 Chinese Fir（*Cunninghamia lanceolata*）与毛竹要求的气候条件相近,生长在相似的气候区,是中国温带和亚热带地区生长最快的人工林之一。杉木与毛竹生长方式不同,杉木林年龄均匀,在前 10 年处于幼龄林阶段,而毛竹林年龄不均匀,并且各竹株的竹秆大概在 8 岁后开始衰老并走向枯萎。根据 INBAR 的一份报告[73],自然状态下的竹林会较快达到碳平衡,对新植毛竹林前 10 年的固碳量监测显示,最初 10 年的平均净碳储存量为 3.1t/hm²。(图 8.2、图 8.3)

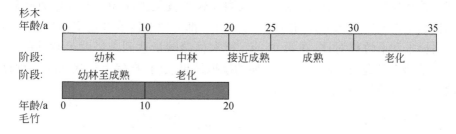

图 8.2　毛竹林与杉木林生长周期比较[27]

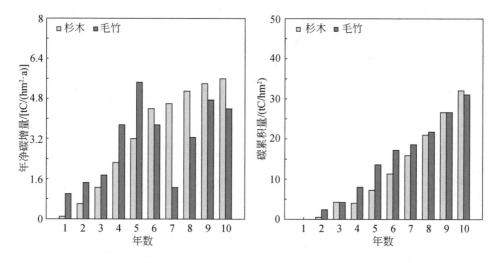

图 8.3　毛竹林与杉木林 10 年周期年净碳储存和碳积累比较[27]

对比 60 年周期内毛竹林和杉木林的年净碳储存量,毛竹林约在第 5 年达到峰值,约为 5.5tC/(hm²·a),在第 10 年之后进入平稳状态,保持为 3.8tC/(hm²·a),每年采伐其中 1/3 的竹株;杉木林在第 13 年达到峰值,同样约为 5.5tC/(hm²·a),之后逐渐降低,直至第 30 年进行皆伐。在 60 年周期中,毛竹林总碳积累量为 217tC/hm²,比杉木的 178tC/hm² 高出 22%。

该项研究还强调,毛竹林碳储存和碳积累的计算模型假设最初的种植密度为 315 秆/hm²,随后逐渐通过繁殖加密,直至达到第 10 年的 3300 秆/hm²。实际上,中国集约经营的毛竹林密度已达 4500 秆/hm²,这意味着更高的地面上生物量和碳累积量。但与此同时,这种集约经营措施(如添加肥料等)是否直接导致碳排放增加并降低土壤层的固存能力尚有待论证。

　　然而,对于未进行规律性采伐的毛竹林,固碳效果会大打折扣。自然生长的竹林中包含各个年龄段的竹株及大量衰老或枯萎的竹秆,地下根茎系统也可能恶化。这部分竹林往往由于不在人们视野范围内而较少被关注,FAO 2005 年数据显示,亚洲自然生长的竹林比重大约为 70%,只有一部分由社区或林业实体经营。同样是中国杉木和毛竹林对比,在第 15 年,杉木林储碳量达到未经营毛竹林的 2.13 倍[71]。在亚热带地区,基于 30 年周期的模拟结果表明,自然生长状态的毛竹林固态量仅为杉木的约 30%。(图 8.4)

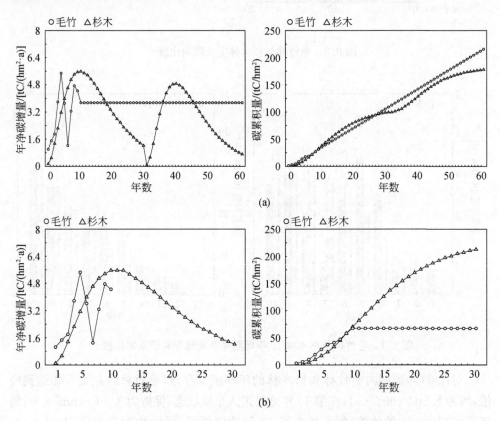

图 8.4　毛竹林与杉木林 60 年周期年净碳储存和碳积累比较[27]

计算基于场景假设,(a)假设毛竹林得到合理经营和规律性采伐,

(b)假设毛竹林处于自然生长状态

8.2.2　热带竹木林对比：麻竹与桉树

根据 INBAR 的一份报告[73]，将热带麻竹（*Dendrocalamus latiflorus*）林与桉树（*Eucalyptus urophylla*）林进行比较。麻竹是广泛生长在热带的一种丛生竹，而桉树是世界上生长最快的人工林树种之一，并且具有高产的特点。根据实际监测数据建模进行的长期模拟显示，麻竹 10 年碳累积量高于桉树。（图 8.5）

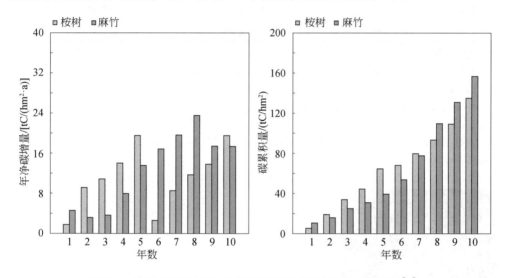

图 8.5　麻竹林与桉树林 10 年周期年净碳储存和碳积累比较[27]

以上研究通过建立模型对毛竹林和麻竹林年固碳量进行模拟，并与相应杉木林和桉树林进行比较，表明竹林碳汇具有较大潜力。在规律性的土壤管理、年度采伐等措施支持下，竹林可与速生树木的碳汇能力相当，但遵循不同的模式。可持续的管理和采伐对维持竹林碳汇能力至关重要。

8.3　竹木材料特性比较

8.3.1　竹木微观结构比较

木材是由树皮、边材和心材构成的圆柱实心复合体，由各种大小、性质和功能的春材和夏材交替组成。而竹子被竹节分隔，由许多空心圆柱体构成。从力学角度看，竹节起到防止径向开裂和结构变形以及提高圆竹刚度的重要作用。（表 8.5、图 8.6）

表8.5　竹木微观结构比较

项目	竹材	软木	硬木
细胞功能	支撑、传导、储存等	支撑、传导、储存等	支撑、传导、储存等
细胞类型	薄壁组织52% 纤维40% 传输组织(筛管、伴胞)	结构较为简单,主要由一种细胞构成,承担支撑及水分和营养物传输功能	细胞更为专化,且形成筛管;细胞和管束的相对位置和方向、与年轮一起形成木材的结构特征
纤维(纵向)	几乎完全	几乎完全	几乎完全
纤维(径向)	仅在竹节处有少量	射线管、射线薄壁组织	髓质射线

资料来源:

竹材:Liese W, Mende C. Histometrische Untersuchungen uber den Aufbau der Spro—Bachse zweir Bambusarten. Holzforsch[J]. Holzverwert, 1969,21(5): 113-117.

Grosser D, Liese W. Verteilung der Leitbündel und Zellarten in Sproßachsen verschiedener Bambusarten [J]. Holz als Roh-und Werkstoff, 1974,32: 473-482.

木材:Herzog T, Natterer J, Schweitzer R, et al. Timber Construction Manual [M]. Basel: Birkhäuser, 2004.

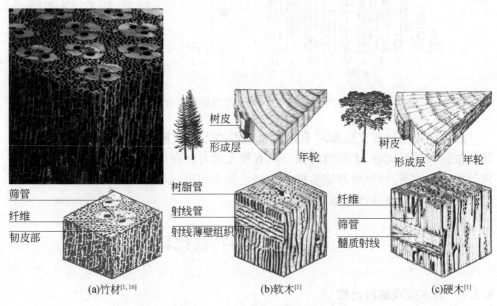

图8.6　竹木微观组织结构对比[14]

左上—锐药竹(*Oxytenanthera abyssinica*)竹秆维管束、薄壁组织的三维图

在更微观的视角上,竹材仅在竹节处有少量横向纤维,这是液体横向传输的重要通道,比木材少得多,由此,不仅竹材干燥特性与木材不同,并且在对竹秆进行防腐处理时,载有防腐剂的液体更加难以进入竹材内部,使得浸泡、蒸煮、高压注入等

常用防腐处理方法更加难以发挥作用。

8.3.2 竹木化学组成比较

总体上,竹材有机物含量近似于木材,大约包含 50% 的纤维素、25% 的半纤维素、25% 的木质素(主要为戊聚糖)和萃取物[21]。

但竹材与木材在微量物质含量上的差异导致其存在不同于木材的一些特点,其中特别重要的化学成分之一是淀粉。竹材中淀粉粒富含于形成其基本组织和维管束的薄壁细胞中,甚至纤维中[16]。储存在薄壁细胞中的淀粉含量很大程度上决定了其对霉菌,尤其是蓝变菌和甲虫的易感性。此外,竹材由于缺乏木材所具有的某些天然毒素,无法对虫害和霉菌起到有效抵抗,因此更加容易受到生物破坏。(表 8.6)

表 8.6 竹木化学组成比较 (单位:%)

	项目	竹材	木材
物质*	碳 carbon	50.0	≈50
	氧 oxygen	43.0	≈44
	氢 hydrogen	6.1	≈6
	其他成分	氮 0.04~0.26;灰分 0.2~0.6	色素、油分、鞣剂、树脂①
分子组成**	纤维素 cellulose	45.3	40~50
	半纤维素 hemi-cellulose	25.0[1]	20~35
	木质素 lignin	25.5	15~35
	戊聚糖 pentosans	24.3	—
	萃取物 extractive②	2.6	<10

① 这些物质决定木材的气味、颜色及其对虫害、霉菌的抵抗能力,含量最多可达 10%。

② 萃取物:竹材包括蜡、淀粉和硅;木材包括色素、油分、鞣剂和树脂。

资料来源:

* 竹材:文献[21].木材:Herzog T, Natterer J, Schweitzer R, et al. Timber Construction Manual[M]. Basel:Birkhäuser, 2004.

** Li S, Fu S, Zeng Q Y, et al. Biomimicry of bamboo bast fiber with engineering composite materials [J]. Materials Science and Engineering:C, 1995,3(2):125-130.

8.3.3 竹木物理力学性质比较

竹材基本没有径向纤维拉结,相比于木材,其各向异性更为明显。竹材纵向和横向的强度比约为 30:1,而木材纵向和横向的强度比约为 20:1。这导致竹秆更容易开裂,这既是缺点,一定条件下也可以成为一大优势,例如使得对竹原纤维/纤维束的碾压出纤更为简单。

壁厚和秆径尺寸比例为 1/8~1/5 的圆筒构造,相比于同秆径的实心杆件,具有更好的抗弯性能。桂竹（*Phyllostachys bambusoides*）和杨竹（*P. nigra henonis*）具有约为 1/9 的壁厚秆径比，能较好地抵抗积雪的破坏。毛竹的壁厚秆径比为 1/11，相比之下容易受到弯曲破坏[1]。

在力学性质方面，毛竹和瓜多竹与挪威云杉（Norway Spruce）和深红柳桉（dark red Meranti）的对比研究表明，毛竹硬度约为瓜多竹的 2 倍，高于两种木材，瓜多竹硬度介于两种木材之间；瓜多竹弹性模量高于两种木材，而毛竹最低；两种竹材断裂模量均明显高于两种木材。根据系列测试结果，毛竹被归为 C16 级，瓜多竹被归为 C35 级（荷兰建筑材料强度等级）。（表 8.7）

表 8.7　竹木力学强度比较

项目		毛竹 Moso	瓜多竹 Guadua	挪威云杉 Norway Spruce	深红柳桉 dark red Meranti
硬度/N	节间	5666.0	2685.8	1680	3570
	外部	5859.2	2241.1	—	—
	内部	5472.7	3130.4	—	—
弹性模量（MOE） /(N/mm²)	节间	8261.6	14189.6	9700	12020
	外部	8414.8	14103.8	—	—
	内部	8108.4	14275.4	—	—
断裂模量（MOR） /(N/mm²)	节间	113.0	127.3	63.0	87.7
	外部	110.7	134.3	—	—
	内部	115.2	120.2	—	—

资料来源：

　　竹材：de Vos V. Bamboo for exterior joinery：A research in material and market perspectives[D]. Leeuwarden：Van Hall Larenstein University of Applied Sciences, 2010.

　　木材：Wiselius S I. Wood Handbook[M]. 9th ed. Almere：Centrum Hout, 2005.

竹材和木材在含湿量和缩胀特性方面也存在差异。由于生长快速，竹材绿材含湿量通常高于木材，但采伐完干燥后进行储存和使用时，含湿量往往低于木材。竹材 FSP 为 13%～20%，明显低于木材的 28%～30%。

竹材收缩在干燥处理一开始时就发生，伴随含湿量下降立即出现收缩，但并不持续，其中在含湿量大约从 70% 下降到 40% 的过程中停止收缩，此后又重新开始收缩。而对于木材，含湿量在 FSP（约 30%）之上时，干燥过程对体积和强度基本无影响；低于 FSP 后，木材开始失去细胞壁中的水分，此时收缩开始并且强度增加。例如，含湿量从绿材下降到 12% 时，纵向抗压强度提高到约 2 倍，含湿量下降到 5% 时，纵向抗压强度提高到约 3 倍。相比之下，竹材由干燥引起的强度增加幅度远小于木材。此外，竹材和木材热物理性质方面的差异总是被忽略，通常认为，两者比热容和导热系数方面的差异不明显[1]。（表 8.8）

表 8.8 竹材和木材物理性质比较

项目		竹材	木材
	生长过程中*	毛竹在采伐年龄时平均含湿量约为80%	可达70%
含湿量 采伐**	绿材	底部48.5%,中部38.5%,顶部31.6%	截面≤200cm²:u>30% 截面>200cm²:u>35%
	半干燥	—	截面≤200cm²:20%<u≤30% 截面>200cm²:20%<u<35%
	干燥	底部15.7%,中部15.6%,顶部15.2%	u≤20%
FSP***		13%~20%	28%~30%
每1%含湿量变化所对应的缩胀率***		以毛竹为例 纵向:0.024% 切向:0.1822%(外部>内部) 径向:0.1890%(竹节处0.2726%,节间处0.1521%)	纵向:<0.01% 切向:0.27%~0.36% 径向:0.15%~0.19%

资料来源:

* 竹材:文献[21].

** 竹材:Prawirohatmodjo S. Comparative strengths or green andair dry bamboo[C]. Proceedings of the Third International Bamboo Workshop, Cochin, 1988:218-222.

Liese W. Bamboos—biology, silvics, properties, utilization[R]. Eschborn:Deutsche Gesellschaft für Technische Zusammenarbeit (GTZ), 1985.

Sharma S N, Mehra M L. Variation of specific gravity and tangential shrinkage in the wall thickness of Bamboo (Dendrocalamus strictus) and its possible influence on the trend of the shrinkage-moisture content characteristic[J]. Indian Forest Bulletin, 1970, 259:7.

Kumar S, Dobriyal P B, Rao I V R, et al. Preservative treatment of bamboo for structural uses[C]. Proceedings of the Third International Bamboo Workshop, Cochin, 1988:199-206.

*** 竹材:文献[1].

*/**/*** 木材:Herzog T, Natterer J, Schweitzer R, et al. Timber Construction Manual[M]. Basel:Birkhäuser, 2004.

8.3.4 竹木热湿性质比较

德国 Fraunhofer IBP 是较为权威的材料热湿性质测试机构之一,由其开发的热湿过程模拟程序 WUFI 是本书模拟部分工作所采用的主要工具。WUFI 材料数据库涵盖欧洲、北美、澳大利亚、日本等全球几大木构文化区的木材产品,具体来源包含德国 Fraunhofer IBP 数据库、德国 MASEA 数据库、德国能源署 DENA 建筑材料库、DIN 4108-4 的热工计算材料库、北美数据库、日本数据库、奥地利(维也纳大学)数据库、挪威(科技大学)数据库、瑞典(隆德大学 LTH)数据库以及通用数据库。以下将 WUFI 材料数据库中 18 种木材材性参数作为本节研究参考值 RT,并与竹材测试所得结果进行比较[100]。(图 8.7)

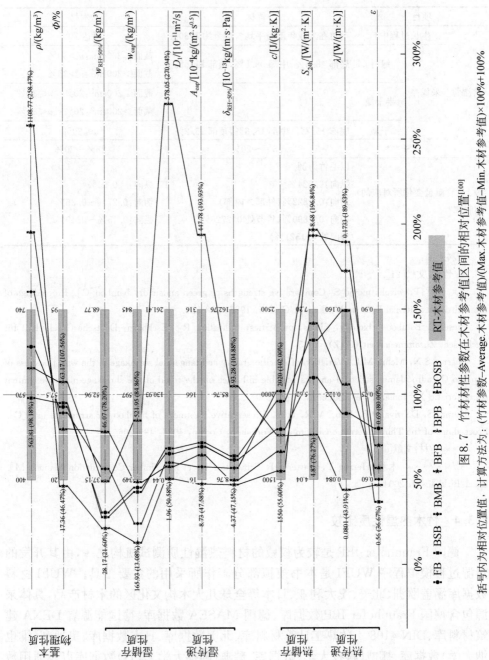

图 8.7 竹材材性参数在木材参考值区间的相对位置[100]

括号内为相对位置值，计算方法为：(竹材参数−Average.木材参考值)/(Max.木材参考值−Min.木材参考值)×100%÷100%

1)基本物理性质

表观密度对比结果表明,竹材表观密度大幅高于木材,以 RT 均值为基准(100%),其值为 98.18%~258.47%。其中 BFB 的表观密度 1108.77kg/m³,超过 RT 最大值 740kg/m³;孔隙率对比结果表明,竹材开放孔隙率总体处于 RT 中等偏低位置,其中 BFB 的 17.36%小于 RT 的最小值 20%。

2)湿物理性质

湿储存性质对比结果表明,竹材在 RH=50%对应的含湿量 $w_{RH=50\%}$[kg/m³]为 BFB 28.17~BMB 39.20,低于 RT 的 37.15~68.77;毛细饱和含湿量 w_{cap}[kg/m³]为 BFB 165.9~BPB 521.95,除 BPB 外,均低于 RT 的最小值 349。湿传递性质对比结果表明,与木材参考值相比,竹材吸水系数 A_{cap}[10^{-4} kg/(m² · s^{0.5})]为 BFB 8.73~BSB 78.74,普遍处在 RT 16~316 的较低值区域;液态水传递系数 D_l[10^{-11} m²/s]为 BFB 1.96~BSB 48.39,普遍处在 RT 0.44~261.41 的较低值区域;RH=50%对应的蒸汽渗透系数 $\delta_{RH=50\%}$[10^{-13} kg/(m · s · Pa)]为 BFB 4.37~BSB 27.99,低于 RT 的 8.76~162.76。

3)热物理性质

热储存性质对比结果表明,竹材比热容 c[J/(kg · K)]在 BFB 1550~BSB 1960,处于 RT 1500~2500 的中等偏低区域;热传递性质对比结果表明,竹材导热系数 λ[W/(m · K)]在 FB 0.1088~BMB 0.1733,略高于 RT 的 0.084~0.16;同时表征热储存和传递的竹材 24h 蓄热系数 S_{24h}[W/(m² · K)]为 FB 5.93~BFB 8.68,明显高于 RT 的 4.04~7.20。

8.4　我国南方产竹区竹木建筑低碳性能比较

8.4.1　碳排放计算模型设计

1.气候区代表性城市选择

选择我国南方代表城市长沙、广州和昆明,分别代表我国南方夏热冬冷区(Ⅲ区)、夏热冬暖区(Ⅳ区)和温和气候区(Ⅴ区),另外,特别将三沙作为我国极端热湿气候的代表城市。这些城市的 TRY 气象数据已在第 6 章得到开发并进行代表性验证,在本节中将被作为模拟竹、木建筑单元年运行能耗并进一步换算运行碳排放的基础气象参数。TRY 所含气象要素包含太阳辐射、空气温度、相对湿度、降雨、云量指数、风速、风向、大气压力、露点温度等。附表 3.1 显示了源数据中几项关键气象要素的特征。

2. 气候模型

气候模型包含外部气候和内部气候,前者采用上述代表城市对应在第 6 章中开发的 TRY 逐时气象数据。后者设置同第 7 章。考虑到在第 7 章对 HVAC 优化工况进行了对比,本节仅设置 HVAC5＋工况,即在工作日(周一到周五)房间工作时间 8:00～18:00,维持室内空气温度和相对湿度分别在 18～28℃ 和 40％～70％ 的范围内,其余时间则维持除湿功能,保证室内空气相对湿度不高于 80％。

3. 边界工况

对于竹建筑单元边界工况设置,在 7.1.2 节的基础上,去除未设置 PE 膜的构造组,其余保留。共包含 L2、M2-LB 和 M2-SB 构造各 20 组,L3、M2-LB 和 M2-SB 构造各 40 组,以及 S 构造 9 组,共 189 组构造工况。

对于参考木材单元边界工况,L 和 M 类构造同竹单元,包含 L2、M2-LB、M2-SB、L3、M2-LB 和 M2-SB 的 6 类构造,每类设置 2 组参考木材外墙,共 12 组。其木材材料选择 3 种,分别为硬木的代表橡木(Oak)、软木的代表云杉(Spruce)和木材人造板的代表定向结构刨花板(OSB)。橡木作为 L 类构造的外面板,云杉作为各类构造的内面板,OSB 作为 3 层构造的间隔板,并结合室内石膏面层共同作为内面板。

8.4.2　代表城市竹单元碳排放计算结果分析

1. 建材碳排放

如第 7 章图 7.2 所示,在以上 189 组构造工况中,外墙构造建材碳排放 C_{bm} 在 19.41～59.90kgCO$_2$e/m^2 的范围内。对构造整体 C_{bm} 影响最大的是外面板的选择,以 LB 最大,BFB 最小。对于以 LB 为外面板的 M-LB 和 S-LB 构造组,C_{bm} 为 42.00～59.90kgCO$_2$e/m^2,对于以 BFB 为外面板的 L 和 S-F 构造组,C_{bm} 为 19.41～37.31kgCO$_2$e/m^2。但外墙只是整个竹建筑单元的一部分,考虑采用同样的结构构件和楼板构造后,不同外墙方案对应竹建筑单元整体 C_{bm} 的差异缩小,平摊到 30 年周期时,以上 189 组构造的 C_{bm} 在 3.02～5.45kgCO$_2$e/(m^2 · a)的范围内。(图 8.8～图 8.11)

2. 建筑运行碳排放

模拟结果显示,4 个城市站点年运行碳排放值差异很大,从温和气候区昆明的 10.77～18.11kgCO$_2$e/(m^2 · a)到极端热湿气候区三沙的 31.72～68.16kgCO$_2$e/(m^2 · a)。在每个城市站点内,不同构造组之间 C_{bo} 也存在差异,总体上,2 层构造

组的 C_{bo} 明显高于 3 层构造组和 S 构造组。例如,在长沙,L 和 M 类的 2 层构造组 C_{bo} 为 35.80~52.14kgCO$_2$e/(m^2・a),其余 3 层构造组和 S 构造组 C_{bo} 在 33.22~ 43.46kgCO$_2$e/(m^2・a)范围内。

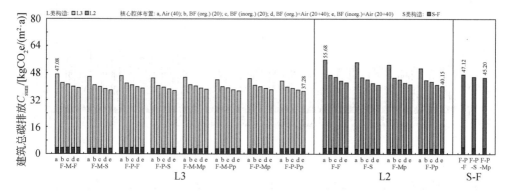

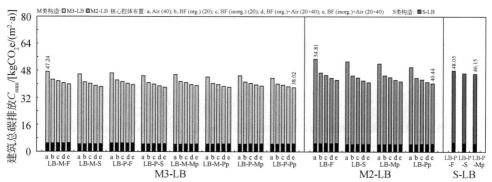

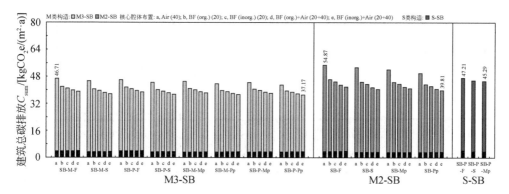

图 8.8 竹建筑单元碳排放计算结果:建材 C_{bm} 和运行 C_{bo}(长沙)

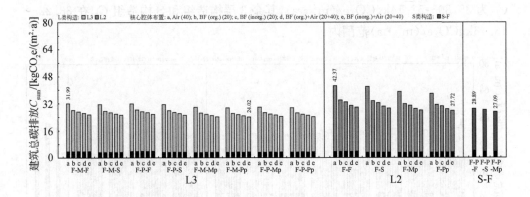

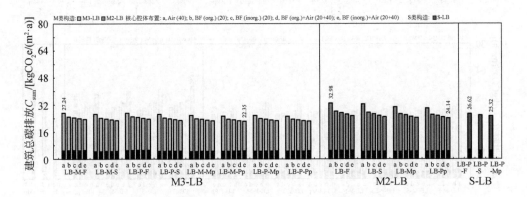

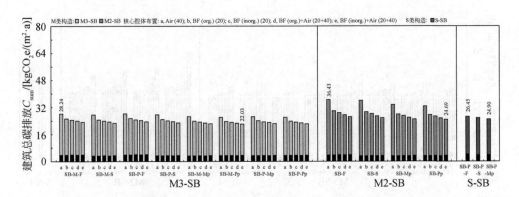

图 8.9 竹建筑单元碳排放计算结果:建材 C_{bm} 和运行 C_{bo}(广州)

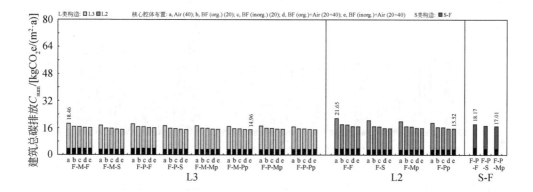

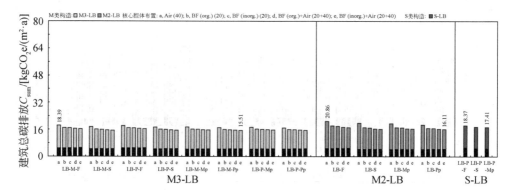

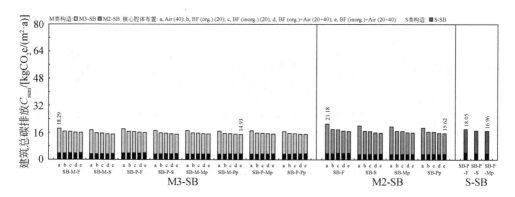

图 8.10 竹建筑单元碳排放计算结果：建材 C_{bm} 和运行 C_{bo}（昆明）

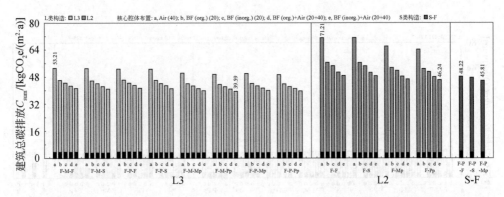

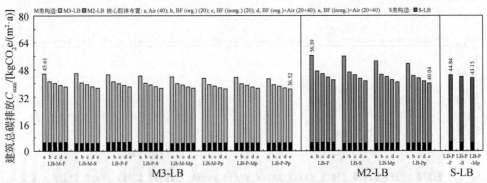

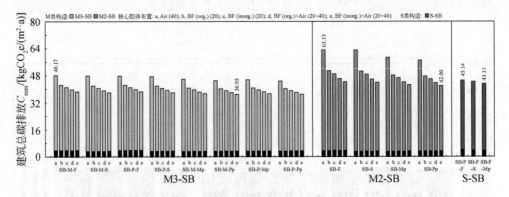

图 8.11　竹建筑单元碳排放计算结果：建材 C_{bm} 和运行 C_{bo}（三沙）

　　C_{bo} 的变化使得竹建筑单元整体 C_{sum} 值各分项所占比例出现较大变动，其中 C_{bm} 占比随着 C_{bo} 的升高而降低。在 4 个城市站点中，C_{bm} 在 C_{sum} 中所占比例在 4.28%～31.89% 范围内。其中，在温和气候区昆明，由于运行碳排较低，C_{bm} 占比达到 14.95%～31.89%，而在运行碳排较高的长沙和三沙，相应比例为 4.28%～13.81%。（图 8.12）

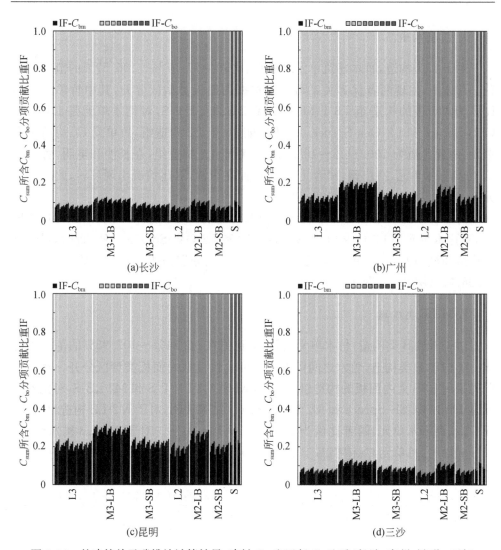

图 8.12 竹建筑单元碳排放计算结果:建材 C_{bm} 和运行 C_{bo} 比重(长沙、广州、昆明、三沙)

8.4.3 竹木建筑碳排放计算结果比较

研究表明,建材碳排放在建筑单元整体碳排放所占比重差异很大。在对竹、木建筑单元开展碳排放比较时,本应考虑建材碳排放,但由于在国内现有数据库中尚难以查找到足够可靠、与本书采用相同建材碳排放计算方法得到的木材碳排放因子参数,导致竹、木建材碳排放的比较需基于系列无法验证的假设。因此,以下仅针对占比更大的运行碳排放进行讨论。未来工作中,如果有可靠的国内木材碳排放因子参数,可以补充建材碳排放部分的比较研究。

1. L 类构造

对于 L 类构造,竹木建筑单元之间 C_{bo} 比值在 97.07%～105.57%的范围内变化。总体上,发现两者优劣关系可大致根据内面板类型区分开,其中竹单元采用 BSB 为内面板的构造组 L3 F-M-S、L3 F-P-S 和 L2 F-S,对比木单元是 L3 Oak-OSB-Spruce 和 L2 Oak-Spruce。结果表明,对于 L2 构造组,竹单元 C_{bo} 均高于木单元,两者比值为 100.11%～105.57%。对于 L3 构造组,在长沙和昆明,竹单元 C_{bo} 仍高于木单元,在广州,两者几乎相等,而在三沙,对比情况出现反转,此时竹单元 C_{bo} 为木单元的 98.25%～99.22%。

对于竹单元采用 BPB+IP 为内面板的构造组 L3 F-M-Pp、L3 F-P-Pp 和 L2 F-Pp,对比木单元是 L3 Oak-OSB-Spruce+IP 和 L2 Oak-Spruce+IP。此时,对于所有构造和城市站点,竹单元均表现出优势,其 C_{bo} 分别为相应木单元的 97.44%～99.56%。(图 8.13、图 8.14)

2. M-LB 类构造

对于 M-LB 类构造,竹木单元之间 C_{bo} 比值在 96.84%～102.98%的范围内变化。类似于 L 类构造,竹木之间优劣关系可大致根据内面板类型区分开。对于竹单元采用 BSB 为内面板的构造组 M3 LB-M-S、M3 LB-P-S 和 M2 LB-S,对比木单元是 M3 LB-OSB-Spruce 和 M2 LB-Spruce。结果表明,对于 M2-LB 构造组,竹单元 C_{bo} 均高于木单元,两者比值为 100.13%～102.81%。对于 M3-LB 构造组,在长沙和昆明,竹单元 C_{bo} 值仍高于木单元,在广州和三沙,两者几乎相等。总体上,木单元表现出略微优势。

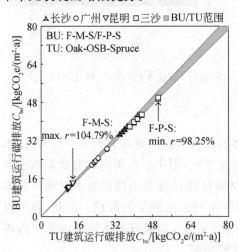

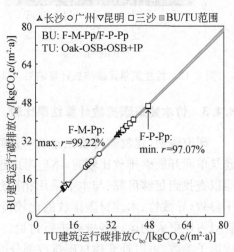

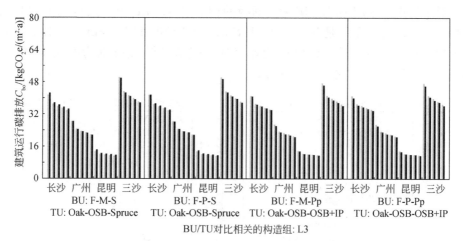

图 8.13 建筑单元运行碳排放 C_{bo} 计算结果比较:竹单元(BU)对比木单元(TU)(L3 类构造)

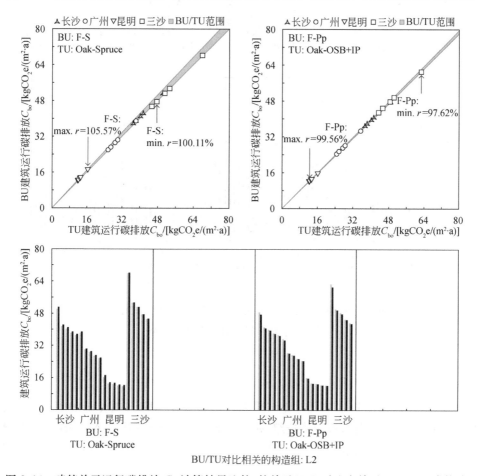

图 8.14 建筑单元运行碳排放 C_{bo} 计算结果比较:竹单元(BU)对比木单元(TU)(L2 类构造)

对于竹单元采用 BPB+IP 为内面板的构造组 M3 LB-M-Pp、M3 LB-P-Pp 和 M2 LB-Pp,对比木单元是 M3 LB-OSB-Spruce+IP 和 M2 LB-Spruce+IP。此时,对于所有构造和城市站点,竹单元均表现出优势,其 C_{bo} 分别为相应木单元的 96.84%～99.38%。(图 8.15、图 8.16)

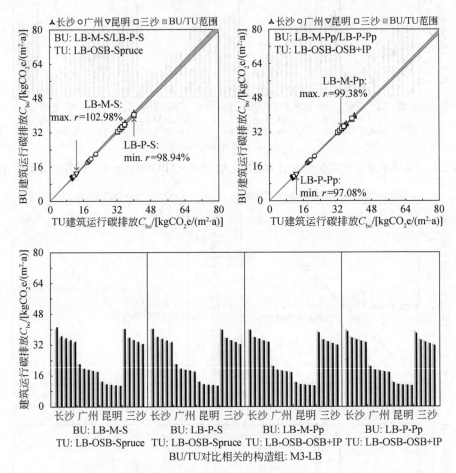

图 8.15　建筑单元运行碳排放 C_{bo} 计算结果比较:竹单元(BU)
对比木单元(TU)(M3-LB 类构造)

3. M-SB 类构造

M-SB 类构造的竹木单元对比结果表现出类似于 M-LB 类构造的规律。对于竹单元采用 BSB 为内面板的构造组 M3 SB-M-S、M3 SB-P-S 和 M2 SB-S,对比木单元是 M3 SB-OSB-Spruce 和 MS LB-Spruce。结果表明,对于 M2-SB 和 M3-SB

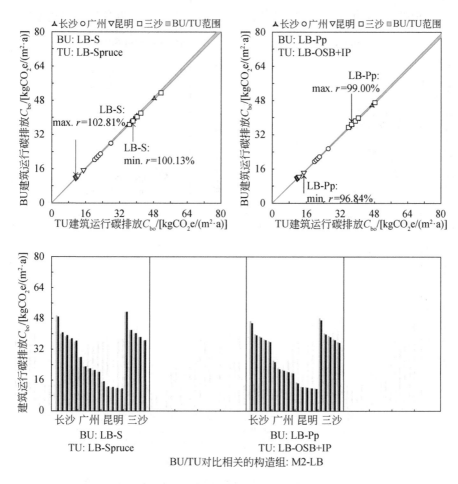

图 8.16 建筑单元运行碳排放 C_{bo} 计算结果比较:竹单元(BU)
对比木单元(TU)(M2-LB 类构造)

构造组,在长沙和昆明,竹单元 C_{bo} 均高于木单元,两者比值为 100.20% ~ 103.32%。在广州和三沙,两者几乎相等,比值在 98.23% ~ 100.31% 范围内波动。

对于竹单元采用 BPB+IP 为内面板的构造组 M3 SB-M-Pp、M3 SB-P-Pp 和 M2 SB-Pp,对比木单元是 M3 SB-OSB-Spruce+IP 和 M2 SB-Spruce+IP。此时,对于所有构造和城市站点,竹单元均表现出优势,其 C_{bo} 分别为相应木单元的 96.54% ~ 99.56%。(图 8.17、图 8.18)

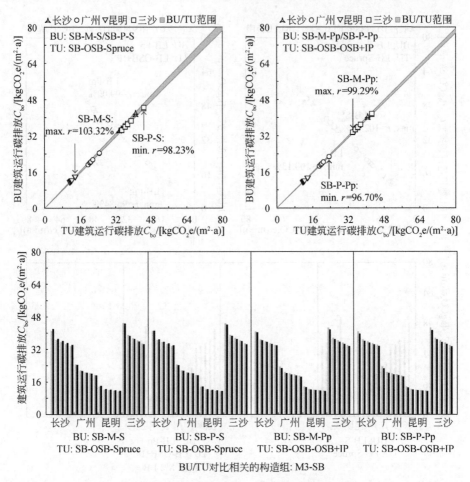

图 8.17　建筑单元运行碳排放 C_{bo} 计算结果比较：竹单元（BU）
对比木单元（TU）（M3-SB 类构造）

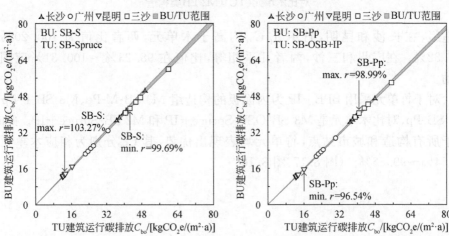

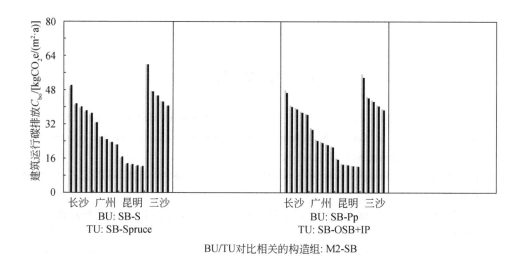

图 8.18　建筑单元运行碳排放 C_{bo} 计算结果比较:竹单元(BU)对比木单元(TU)(M2-SB 类构造)

8.5　小　　结

　　由于缺乏与本书采用相同计算方法得到的木材碳排放因子参数,本章未比较竹、木材料和构造单元之间的隐含碳排放 C_{bm},而选择长沙、广州、昆明和三沙,分别代表我国南方夏热冬冷、夏热冬暖、温和及极端热湿气候条件,开展竹、木标准办公建筑单元的运行碳排放 C_{bo} 比较。结果表明,竹材 BFB/BSB 作为外面板/内面板的构造组与相应木材 Oak/Spruce 组相比,总体上差异较小,竹单元 C_{bo} 为相应木单元的 96.54%～105.57%。其中,以 BPB 作为间隔板,或 BPB+室内石膏饰面作为内面板的构造组在所有工况中均表现出相比于相应木材 OSB 组的略微优势,表明其具有成为地域气候适应性低碳建材的潜力。

　　本章基于我国"以竹代木"需求背景,从森林碳汇潜力、材料微观结构、化学组成、力学、热湿物理性质等方面对竹、木开展系统性比较。竹子"非草非木,自成一族",竹材与木材之间以及竹材与竹材之间在生物、化学、物理学方面存在不同程度差异。因此,在实践中有必要针对具体地域资源条件和特定工程类型进行具体分析。

参 考 文 献

[1] Hidalgo-López O. Bamboo: The Gift of the Gods[M]. Bogotá: O. Hidalgo-López, 2003.

[2] Li Z Y, Long T T, Li N, et al. Main bamboo species and their utilization in Asia countries[J]. World Bamboo and Rattan, 2020, (4): 1-7.

[3] 李智勇, Jácome P, Long T T, 等. 拉丁美洲和加勒比地区主要竹种资源与利用[J]. 世界竹藤通讯, 2020, 18(3): 7-12.

[4] 李智勇, Bekele W, Thang T, 等. 非洲主要国家竹种资源与利用[J]. 世界竹藤通讯, 2020, 18(5): 1-9.

[5] Vorontsoval M S, Clark L G, Dransfield J, et al. World checklist of bamboos and rattans[R]. Beijing: International Bamboo and Rattan Organization(INBAR), 2016.

[6] Rao A N, Ramanatha Rao V, Williams J T. Priority species of bamboo and rattan[R]. Beijing: International Bamboo and Rattan Organization(INBAR), 1998.

[7] Yang Y M, Hui C M. China's bamboo: culture, resources, cultivation uandu utilization[R]. Beijing: International Bamboo and Rattan Organization(INBAR), 2010.

[8] 萧江华. 中国竹林经营学[M]. 北京: 科学出版社, 2010.

[9] FAO, INBAR. Bamboo for land restoration[R]. Beijing: International Bamboo and Rattan Organization(INBAR), 2018.

[10] Liu X M, Smith G D, Jiang Z H, et al. Nomenclature for engineered bamboo[J]. BioResources, 2016, 11(1): 1141-1161.

[11] van der Lugt P, King C. Bamboo in the circular economy[R]. Beijing: International Bamboo and Rattan Organization(INBAR), (2019).

[12] 王衍, 钟丽丹, 王正良. 基于专利文献的我国竹产业发展分析[J]. 浙江林业科技, 2012, 32(4): 67-73.

[13] Huang Z J, Sun Y M. Experimental study on the surface light and thermal properties of bamboo[J]. Journal of Building Engineering, 2021, (37): 102126.

[14] Huang Z J. Application of Bamboo in Building Envelope[M]. Cham: Springer, 2019.

[15] 余养伦, 刘波, 于文吉. 重组竹新技术和新产品开发研究进展[J]. 国际木业, 2014, 7(1): 8-13.

[16] Liese W. The anatomy of bamboo culms[R]. Beijing: International Bamboo and Rattan Organization(INBAR), 1998.

[17] Wu G J, Lin X J, Ran L X. Identifiaton of moulds infecting bamboo wood and formulation of fungicidal compounds[J]. Economic Forest Reseaches 1994, 12(2): 50-55.

[18] Lehmann J, Joseph S. Biochar for Environmental Management: Science and Technology[M]. 2nd

ed. London：Earthscan，2015.

［19］Jin W，Xuan T T. Bamboo briquette charcoal and biomass pellet production units in Zhejiang，China［R］. 2020 INBAR Webinar Session 2. 4，2020.

［20］Sharma R，Wahono J，Baral H. Bamboo as an alternative bioenergy crop and powerful ally for land restoration in Indonesia［J］. Sustainability，2018，10：4367.

［21］Zhang Q S，Jiang S X，Tang Y Y. Industrial utilization on bamboo［R］. Beijing：International Bamboo and Rattan Organization（INBAR），2002.

［22］肖岩，单波. 现代竹结构［M］. 北京：中国建筑工业出版社，2013.

［23］李晖，朱一辛，杨志斌，等. 我国竹材微观构造及竹纤维应用研究综述［J］. 林业工程学报，2013，27(3)：1-5.

［24］国家林业局知识产权研究中心. 木/竹重组材技术专利分析报告［R］. 北京：中国林业出版社出版，2014.

［25］Beals R L，Hoijer H. An Introduction to Anthropology［M］. New York：The MacMillan Company，1971.

［26］Pope G G. Bamboo and human evolution［J］. Natural History，1989，(10)：48-57.

［27］Huang Z J. Resource-Driven Sustainable Bamboo Construction in Asia-Pacific Bamboo Areas［M］. New York：Springer，2021.

［28］刘可为，许清风，王戈，等. 中国现代竹建筑［M］. 北京：中国建筑工业出版社，2019.

［29］黄祖坚. 中国"建筑用竹"的评价与建议——马库斯·海因斯多夫访谈［J］. 南方建筑，2019，3：76-81.

［30］Brown P. Indian Architecture（Buddhist and Hindu Period）［M］. Redditch：Read Books，2013.

［31］Havell E B. Indian Architecture：Its Psychology，Structure，and History from the First Muhammadan Invasion to the Present Day［M］. London：John Murray，1913.

［32］Dunkelberg K. Bamboo as a Building Material［M］. Stuttgart：Institut für Leichte Flächentragwerke，1985.

［33］Liese W，Köhl M. Bamboo：The Plant and Its Use［M］. New York：Springer，2015.

［34］FAO. Global forests resources assessment 2015［R］. Rome：FAO，2015.

［35］Butarbutar T，Köhl M，Neupane P R. Harvested wood products and REDD＋：Looking beyond the forest border［J］. Carbon Balance Management，2016，11(4)：1-12.

［36］Chen X，Zhang X，Zhang Y，et al. Changes of carbon stocks in bamboo stands in China during 100 years［J］. Forest Ecology and Management，2009，258：1489-1496.

［37］肖复明，范少辉，汪思龙，等. 毛竹、杉木人工林生态系统碳平衡估算［J］. 林业科学，2010，11：59-65.

［38］周国模. 毛竹林生态系统中碳储量、固定及其分配与分布的研究［D］. 杭州：浙江大学，2006.

［39］Kuehl Y，Li Y，Henley G. Impacts of selective harvest on the carbon sequestration potential in Moso bamboo（Phyllostachys pubescens）plantations［J］. Forests，Trees and Livelihoods，

2013,22:1-18.

[40] Kuehl Y,Lou Y P. Carbon off-setting with bamboo[R]. Beijing:International Bamboo and Rattan Organization(INBAR),2012.

[41] Lobovikov M,Lou Y P,Schoene D,et al. The poor man's carbon sink. Bamboo in climate change and poverty alleviation[R]. Rome:FAO,2009.

[42] van der Lugt P,Long T T,King C. Carbon sequestration and carbon emissions reduction through bamboo forests and products [R]. Beijing:International Bamboo and Rattan Organization(INBAR),2018.

[43] Rüter S,Werner F,Forsell N,et al. ClimWood2030,Climate benefits of material substitution by forest biomass and harvested wood products:Perspective 2030—Final report[R]. Braunschweig:Johann Heinrich von Thünen-Institut,2016.

[44] IPCC. IPCC Guidelines for Greenhouse Gas Inventories. Volume 4:Agriculture,Forestry and other Land Use[S]. Institute for Global Environmental Strategies for the IPCC,2006.

[45] Yuen J Q,Fung T,Ziegler A D. Carbon stocks in bamboo ecosystems worldwide:Estimates and uncertainties[J]. Forest Ecology and Management,2017,393:113-138.

[46] Nath A J,Lal R,Das A K. Managing woody bamboos for carbon farming and carbon trading[J]. Global Ecology and Conservation,2015,3:654-663.

[47] Li Y,Zhang J,Chang S X,et al. Long-term intensive management effects on soil organic carbon pools and chemical composition in Moso bamboo (*Phyllostachys pubescens*) forests in subtropical China[J]. Forest Ecology and Management,2013,303:121-130.

[48] 林宪德. 建筑碳足迹[M]. 台北:詹氏书局,2015.

[49] 林波荣,刘念雄,彭渤,等. 国际建筑生命周期能耗和 CO_2 排放比较研究[J]. 建筑科学, 2013,29(8):22-27.

[50] Bayer C,Gamble M,Gentry R,et al. Building life cycle assessment in practice:An AIA guide to LCA[R]. Washington D. C. American Institute of Architects,2010.

[51] 刘依明. 建筑生命周期评估方法国际发展之研究[D]. 台南:台湾成功大学,2015.

[52] Marsh E,Orr J,Ibell T. Quantification of uncertainty in product stage embodied carbon calculations for buildings[J]. Energy and Buildings,2021,251:111340.

[53] 聂祚仁. 生命周期方法与材料生命周期工程实践[J]. 科技导报,2021,39(9):1.

[54] 张孝存. 建筑碳排放量化分析计算与低碳建筑结构评价方法研究[D]. 哈尔滨:哈尔滨工业大学,2018.

[55] Glaser H. Graphical method for investigation of diffusional process[J]. Kalteteohnik,1959, 39(5):519-550.

[56] Künzel H M. Simultaneous heat and moisture transport in building components [R]. Stuttgart:Fraunhofer IRB Verlag Suttgart,1995.

[57] Woloszyn M,Rode C. IEA Annex 41:Whole Building Heat,Air,Moisture Response. Subtask 1:Modeling Principles and Common Exercises [R]. Paris:International Energy Agency, Executive committee on Energy Conservation in Buildings and Community Systems,2008.

[58] van Belleghem M,Steeman H J,Steeman M,et al. Sensitivity analysis of CFD coupled non-isothermal heat and moisture modelling[J]. Building and Environment, 2010, 45 (11): 2485-2496.

[59] Delgado J M P Q, Barreira E, Ramos N M M. et al. Hygrothermal Numerical Simulation Tools Applied to Building Physics[M]. Berlin:Springer,2013.

[60] Walker P, Thomson A, Maskell D. Nonwood biobased materials: Straw[C]//Jones D, Brischke C. Performance of Bio-based Building Materials. Duxford:Woodhead Publishing, 2017:112-119.

[61] Langmans J, Versele A, Roels S. On the hygrothermal performance of straw bale wall elements in Belgium [C]. International Conference on Sustainability in Energy and Buildings,Cardiff,2014.

[62] Vereecken E, Vanoirbeek K, Roels S. Towards a more thoughtful use of mould prediction models:A critical view on experimental mould growth research[J]. Journal of Building Physics,2015,39(2):102-123.

[63] Vanpachtenbeke M, van den Bulcke J, de Windt I, et al. An experimental set-up to study mould growth and wood decay under dynamic boundary conditions[C]. World Conference on Timber Emgineering,Vienna,2016:1589-1597.

[64] Sedlbauer K. Vorhersage von Schimmelpilzbildung auf und in Bauteilen[D]. Stuttgart: Universität Stuttgart,2001.

[65] Pazold M, Antretter F, Radon J. Anbindung von detaillierten Anlagetechnik an hygrothermische Gebäudesimulation[C]. The 5th German-Austrian IBPSA Conference, BauSim,2014:263-271.

[66] Kölsch P. Hygrothermal simulation of ventilated pitched roofs with effective transfer parameters[R]. Holzkirchen:Fraunhofer IBP,2015.

[67] Winkler M, Nore K, Antretter F. Impact of the moisture buffering effect of wooden materials on energy demand and comfort conditions[C]. The 10th Nordic Symposium on Building Physics,Lund,2014:483-492.

[68] Solomon S, Qin D, Manning M, et al. IPCC Fourth Assessment Report:Climate Change (AR4), The Physical Science Basis, Contribution of Working Group I to the Fourth Assessment Report of the Intergovernmental Panel on Climate Change[R]. Cambridge: Cambridge University,2007.

[69] Vogtländer J G, van der Velden N M, van der Lugt P. Carbon sequestration in LCA, a proposal for a new approach based on the global carbon cycle: cases on wood and on bamboo[J]. The International Journal of Life Cycle Assessment,2014,19:13-23.

[70] Xiao Y,Yang R Z,Shan B. Production, environmental impact and mechanical properties of glubam[J]. Construction and Building Materials,2013,44:765-773.

[71] Xiao F M,Fan S H,Wang S L,et al. Carbon storage and spatial distribution in *Phyllostachy pubescens* and *Cunninghamia lanceolate* plantation ecosystem[J]. Acta Ecologica Sinica

2007,27(7):2794-2801.

[72] Zhou G M,Jiang P K. Density,storage and spatial distribution of carbon in *Phyllostachys pubescens* forest[J]. Scientia Silvae Sinicae,2004,6:20-24.

[73] Lou Y P,Buckingham K, Henley G, et al. Bamboo and climate change mitigation[R]. Beijing:International Bamboo and Rattan Organization(INBAR),2010.

[74] van der Lugt P,Vogtländer J G. The environmental impact of industrial bamboo products. Life cycle assessment and carbon sequestration[R]. Beijing: International Bamboo and Rattan Organization(INBAR),2015.

[75] American Institute of Timber Construction. Timber Construction Manual[M]. 6th ed. Hoboken:Wiley,2012.

[76] Wu S C,Yu S Y,Han J,et al. Testing and analysis of the thermodynamics parameters of *Phyllostachys edulis*[J]. Journal of Central South Forestry University,2004,24(5):70-75.

[77] Huang P X,Chang W S,Martin P,et al. Porosity estimation of *Phyllostachys edulis*(Moso bamboo) by computed tomography and backscattered electron imaging[J]. Wood Science and Technology,2017,51(1):11-27.

[78] Jiang Z H,Wang H K,Yu Y,et al. Hygroscopic behaviour of bamboo and its blocking units[J]. Journal of Nanjing Forestry University,2012,36(2):11-14.

[79] Huang P X. Hygrothermal performance of Moso bamboo based building material[D]. Bath: University of Bath,2017.

[80] Shah D U,Maximilian C D. Bock H M,et al. Thermal conductivity of engineered bamboo composites[J]. Journal of Materials Science,2016,51(6):2991-3002.

[81] Kast W,Jokisch F. Überlegungen zum Verlauf von Sorptionsisothermen und zur Sorptions-kinetik an porösen Feststoffen (Considerations regarding the development of sorption isotherms and the sorption kinetics in porous solids)[J]. Chemie-Ingenieur Technik,1972, (44):556-563.

[82] Künzel H. Feuchteeinfluß auf die Warmeleitfähigkeit bei hygroskopischen und nicht hygros-kopischen Stoffen (The moisture effect on the thermal conductivity of hygroscopic and non-hygroscopic materials)[J]. WKSB,1991,(36):15-18.

[83] 龙激波. 基于多孔介质热质传输理论的竹材结构建筑热湿应力研究[D]. 长沙:湖南大学,2013.

[84] Kim S, Zirkelbach D, Künzel H M, et al. Development of test reference year using ISO 15927-4 and the influence of climatic parameters on building energy performance[J]. Building and Environment,2017,114:374-386.

[85] Wong S L,Wan K K W,Li D H W,et al. Generation of typical weather years with identified standard skies for Hong Kong[J]. Building and Environment,2012,56:321-328.

[86] Pernigotto G,Prada A,Cóstola D, et al. Multi-year and reference year weather data for building energy labelling in north Italy climates[J]. Energy and Buildings,2014,72:62-72.

[87] Kalamees T,Jylhä K,Tietäväinen H,et al. Development of weighting factors for climate

variables for selecting the energy reference year according to the EN ISO 15927-4 standard[J]. Energy and Buildings,2012,47:53-60.

[88] 黄祖坚,孙一民,Florian M. 北美典型气候区建筑围护结构 HM 模拟及分析[J]. 湖南大学学报(自然科学版),2019,46(3):135-145.

[89] Rahman I A, Dewsbury J. Selection of typical weather data (test reference years) for Subang, Malaysia[J]. Building and Environment,2007,42(10):3636-3641.

[90] ISO. ISO 15927-4:Hygrothermal Performance of Buildings—Calculation and Presentation of Climatic Data—Part 4:Hourly Data for Assessing the Annual Energy Use for Heating and Cooling[S]. Geneva:International Organization for Standardization,2005.

[91] Perez R, Seals R, Zelenka A, et al. Climatic evaluation of models that predict hourly direct irradiance from hourly global irradiance:Prospects for performance improvements[J]. Solar Energy,1990,44(2):99-108.

[92] Lengsfeld K, Holm A. Entwicklung und Validierung einer hygrothermischen Raumklima-Simulationssoftware WUFI®-Plus[J]. Bauphysik,2007,29(3):178-186.

[93] Antretter F, Sauer F, Schöpfer T, et al. Validation of a hygrothermal whole building simulation software[C]. Proceedings of Building Simulation 2011:The 12th Conference of International Building Performance Simulation Association,Sydney,2011:16.

[94] ASHRAE. ASHRAE Standard 140:Standard Method of Test for the Evaluation of Building Energy Analysis Computer Programs[S]. Atlanta:ASHRAE,2011.

[95] 中华人民共和国住房和城乡建设部. 民用建筑热工设计规范(GB 50176—2016)[S]. 北京:中国建筑工业出版社,2017.

[96] Schaube H, Werner H. Wärmeübergangskoeffizient unter natürlichen Klimabedingungen[R]. Holzkirchen:Fraunhofer IBP,1986.

[97] Zhang Y, Chen H, Meng Q. Thermal comfort in buildings with split air-conditioners in hot-humid area of China[J]. Building and Environment,2013,64:213-224.

[98] FAO, UNEP. The State of the World's Forests 2020. Forests, biodiversity and people[DB/OL]. https://doi.org/10.4060/ca8642en. 2021-01-15.

[99] MacDicken K, Jonsson Ö, Piña L, et al. Global forest resources assessment 2015:How are the world's forests changing? [R]. 2nd ed. Rome:Food and Agriculture Organization of the United Nations,2016.

[100] 黄祖坚,孙一民,Florian M. 基于 HAM 模型的竹材热湿物理性质试验研究[J]. 湖南大学学报(自然科学版),2018,45(9):145-156.

附　　录

附录1　典型竹材设计参数

附表1.1　整竹展品板 FB

照片	加工信息		
	组坯方式	构成单元	厚度
	—	原竹竹壁 （厚度：8mm）	8.0mm

1. 竹筒　　2. 去节，刻痕　　3. 热压　　4. 展平

综合碳排放因子　　$[kgCO_2e/m^3]$　　　—

基本物理性质			湿物理性质		
ρ_d	$[kg/m^3]$	666.38	w_{RH}		
Φ	$[\%]$	52.24	RH=11.2%		8.58
热物理性质			RH=24.4%		13.91
c_0	$[J/(kg \cdot K)]$	1796	RH=33.4%		19.99
S_{24h}	$[W/(m^2 \cdot K)]$	5.93	RH=43.5%		26.03
λ_0	$[W/(m \cdot K)]$	0.1088	RH=55.0%	$[kg/m^3]$	34.94
a_w	$[(W/(m \cdot K))/u(-)]$	0.2587	RH=59.7%		38.65
ε	$[-]$	0.69	RH=77.2%		54.53
ρ_v	$[\%]$	38.80	RH=85.4%		69.88
ρ_e	$[\%]$	59.75	RH=96.3%		118.61
α_e	$[\%]$	40.25	w_{cap}	$[kg/m^3]$	326.41
符号注释			A_{cap}	$\begin{bmatrix}10^{-4}kg/\\(m^2 \cdot s^{0.5})\end{bmatrix}$	74.06
ρ_d	干燥表观密度		δ_{RH}		
Φ	孔隙率		RH=20.0%		10.69
w_{RH}	相对湿度相关平衡含湿量		RH=25.0%		11.46
w_{cap}	毛细饱和含湿量		RH=35.0%		13.00
A_{cap}	毛细吸水系数		RH=45.0%	$[10^{-13}kg/$	22.87
δ_{RH}	含湿量相关蒸汽渗透系数		RH=50.0%	$(m \cdot s \cdot Pa)]$	27.81
U_u	含湿量相关干燥速率		RH=73.0%		41.03
c_0	比热容		RH=83.0%		128.32
S_{24h}	24h 蓄热系数		RH=93.0%		337.32
λ_0	干燥导热系数		U_u		
a_w	导热系数含湿量补偿系数		u12%~u11%		266.32
ε	半球辐射率		u11%~u10%		187.78
ρ_v	可见光反射比（380~780nm）		u10%~u9%	$[10^{-7}kg/$	166.94
ρ_e	太阳光直接反射比（200~2600nm）		u9%~u8%	$(m^2 \cdot s)]$	108.52
α_e	太阳光直接吸收比（200~2600nm）		u8%~u7%		65.45
			u7%~u6%		15.92

附表 1.2　竹席胶合板 BMB

照片	加工信息		
	组坯方式	构成单元	厚度
	竹篾编织成竹席，正交 15 层	竹篾(宽度:15~30mm；厚度:0.8~2.0mm)	27.8mm
	 1. 竹筒-竹片-竹篾	2. 编织成席	3. 平压

综合碳排放因子　　[kgCO₂e/m³]　　　64.26

基本物理性质			湿物理性质		
ρ_d	[kg/m³]	776.21	w_{RH}		
Φ	[%]	49.58	RH=11.2%		11.58
热物理性质			RH=24.4%		19.36
c_0	[J/(kg·K)]	2020	RH=33.4%		25.48
S_{24h}	[W/(m²·K)]	8.57	RH=43.5%		34.59
λ_0	[W/(m·K)]	0.1733	RH=55.0%	[kg/m³]	42.74
a_w	[(W/(m·K))/u(—)]	0.2185	RH=59.7%		46.38
ε	[—]	0.60	RH=77.2%		63.18
ρ_v	[%]	26.40	RH=85.4%		81.59
ρ_e	[%]	49.51	RH=96.3%		120.55
α_e	[%]	50.40	w_{cap}	[kg/m³]	221.44

符号注释		A_{cap}	[10⁻⁴kg/(m²·s^{0.5})]	38.71
ρ_d	干燥表观密度	δ_{RH}		
Φ	孔隙率	RH=20.0%		9.10
w_{RH}	相对湿度相关平衡含湿量	RH=25.0%		10.79
w_{cap}	毛细饱和含湿量	RH=35.0%		14.19
A_{cap}	毛细吸水系数	RH=45.0%	[10⁻¹³kg/(m·s·Pa)]	17.58
δ_{RH}	含湿量相关蒸汽渗透系数	RH=50.0%		19.28
U_u	含湿量相关干燥速率	RH=73.0%		37.61
c_0	比热容	RH=83.0%		68.89
S_{24h}	24h 蓄热系数	RH=93.0%		242.92
λ_0	干燥导热系数	U_u		
a_w	导热系数含湿量补偿系数	u12%~u11%		22.32
ε	半球辐射率	u11%~u10%		21.15
ρ_v	可见光反射比(380~780nm)	u10%~u9%	[10⁻⁷kg/(m²·s)]	19.52
ρ_e	太阳光直接反射比(200~2600nm)	u9%~u8%		17.57
α_e	太阳光直接吸收比(200~2600nm)	u8%~u7%		15.96
		u7%~u6%		13.43

附表1.3　竹刨花板BPB

照片	加工信息		
	组坯方式	构成单元	厚度
	不定向，3层	竹刨花（长度：20～30mm；宽度：1～5mm）	18.4mm

1. 细刨花

2. 细刨花板

综合碳排放因子	$[kgCO_2e/m^3]$	182.11

基本物理性质			湿物理性质		
ρ_d	$[kg/m^3]$	623.32	w_{RH}		
Φ	$[\%]$	63.17	RH=11.2%		10.25
热物理性质			RH=24.4%		13.91
c_0	$[J/(kg \cdot K)]$	1760	RH=33.4%		23.81
S_{24h}	$[W/(m^2 \cdot K)]$	4.87	RH=43.5%		32.31
λ_0	$[W/(m \cdot K)]$	0.0801	RH=55.0%	$[kg/m^3]$	40.41
a_w	$[(W/(m \cdot K))/u(-)]$	0.4583	RH=59.7%		44.42
ε	$[-]$	0.59	RH=77.2%		61.07
ρ_v	$[\%]$	31.59	RH=85.4%		74.17
ρ_e	$[\%]$	46.39	RH=96.3%		105.83
α_e	$[\%]$	53.61	w_{cap}	$[kg/m^3]$	521.95
符号注释			A_{cap}	$[10^{-4}kg/(m^2 \cdot s^{0.5})]$	447.78
ρ_d	干燥表观密度		δ_{RH}		
Φ	孔隙率		RH=20.0%		82.27
w_{RH}	相对湿度相关平衡含湿量		RH=25.0%		84.11
w_{cap}	毛细饱和含湿量		RH=35.0%		87.78
A_{cap}	毛细吸水系数		RH=45.0%	$[10^{-13}kg/(m \cdot s \cdot Pa)]$	91.44
δ_{RH}	含湿量相关蒸汽渗透系数		RH=50.0%		93.27
U_u	含湿量相关干燥速率		RH=73.0%		140.61
c_0	比热容		RH=83.0%		234.47
S_{24h}	24h蓄热系数		RH=93.0%		754.10
λ_0	干燥导热系数		U_u		
a_w	导热系数含湿量补偿系数		u12%～u11%		179.53
ε	半球辐射率		u11%～u10%		163.16
ρ_v	可见光反射比（380～780nm）		u10%～u9%	$[10^{-7}kg/(m^2 \cdot s)]$	156.75
ρ_e	太阳光直接反射比（200～2600nm）		u9%～u8%		123.94
			u8%～u7%		83.92
α_e	太阳光直接吸收比（200～2600nm）		u7%～u6%		51.43

附表 1.4　竹材定向刨花板 BOSB

照片	加工信息		
	组坯方式	构成单元	厚度
	定向，正交 5 层	扁平竹碎片（长度：50～90mm；宽度：5～20mm）	27.6mm

1. 粗刨花　　　　2. 定向　　　　3. 定向大片刨花板

综合碳排放因子　$[kgCO_2e/m^3]$　　　—

基本物理性质			湿物理性质		
ρ_d	$[kg/m^3]$	895.02	w_{RH}		
Φ	$[\%]$	42.32	RH=11.2%		13.63
热物理性质			RH=24.4%		13.91
c_0	$[J/(kg \cdot K)]$	1663	RH=33.4%		31.50
S_{24h}	$[W/(m^2 \cdot K)]$	6.94	RH=43.5%		40.86
λ_0	$[W/(m \cdot K)]$	0.1197	RH=55.0%	$[kg/m^3]$	50.07
a_w	$[(W/(m \cdot K))/u(-)]$	0.6890	RH=59.7%		55.50
ε	$[-]$	0.62	RH=77.2%		75.83
ρ_v	$[\%]$	39.11	RH=85.4%		91.74
ρ_e	$[\%]$	58.13	RH=96.3%		137.53
α_e	$[\%]$	41.87	w_{cap}	$[kg/m^3]$	342.68
符号注释			A_{cap}	$[10^{-4}kg/(m^2 \cdot s^{0.5})]$	59.15
ρ_d	干燥表观密度		δ_{RH}		
Φ	孔隙率		RH=20.0%		3.96
w_{RH}	相对湿度相关平衡含湿量		RH=25.0%		4.51
w_{cap}	毛细饱和含湿量		RH=35.0%		5.60
A_{cap}	毛细吸水系数		RH=45.0%	$[10^{-13}kg/(m \cdot s \cdot Pa)]$	6.69
δ_{RH}	含湿量相关蒸汽渗透系数		RH=50.0%		7.23
U_u	含湿量相关干燥速率		RH=73.0%		25.26
c_0	比热容		RH=83.0%		38.16
S_{24h}	24h 蓄热系数		RH=93.0%		77.50
λ_0	干燥导热系数		U_u		
a_w	导热系数含湿量补偿系数		u12%～u11%		48.35
ε	半球辐射率		u11%～u10%		45.26
ρ_v	可见光反射比（380～780nm）		u10%～u9%	$[10^{-7}kg/(m^2 \cdot s)]$	41.36
ρ_e	太阳光直接反射比（200～2600nm）		u9%～u8%		37.13
α_e	太阳光直接吸收比（200～2600nm）		u8%～u7%		31.20
			u7%～u6%		24.76

附表 1.5　竹集成材 BSB

照片	加工信息		
	组坯方式	构成单元	厚度
	平压—侧压—平压，正交 3 层	竹条(宽度:15~20mm;厚度:5~8mm)	30.0mm

1.开裂　　2. 纵切　　3.组坯　　4.组合

综合碳排放因子　[kgCO$_2$e/m^3]		121.42

基本物理性质			湿物理性质		
ρ_d	[kg/m^3]	563.81	w_{RH}		
Φ	[%]	53.97	RH=11.2%		9.08
热物理性质			RH=24.4%		13.91
c_0	[J/(kg·K)]	1960	RH=33.4%		21.46
S_{24h}	[W/(m^2·K)]	6.63	RH=43.5%		26.27
λ_0	[W/(m·K)]	0.1475	RH=55.0%	[kg/m^3]	33.64
a_w	[(W/(m·K))/u(—)]	0.2137	RH=59.7%		36.57
ε	[—]	0.56	RH=77.2%		53.60
ρ_v	[%]	51.51	RH=85.4%		64.35
ρ_e	[%]	67.46	RH=96.3%		100.78
α_e	[%]	32.54	w_{cap}	[kg/m^3]	317.21
符号注释			A_{cap}	[10^{-4}kg/(m^2·s$^{0.5}$)]	78.74
ρ_d	干燥表观密度		δ_{RH}		
Φ	孔隙率		RH=20.0%		21.66
w_{RH}	相对湿度相关平衡含湿量		RH=25.0%		22.72
w_{cap}	毛细饱和含湿量		RH=35.0%		24.83
A_{cap}	毛细吸水系数		RH=45.0%	[10^{-13}kg/(m·s·Pa)]	26.94
δ_{RH}	含湿量相关蒸汽渗透系数		RH=50.0%		27.99
U_u	含湿量相关干燥速率		RH=73.0%		47.98
c_0	比热容		RH=83.0%		188.16
S_{24h}	24h 蓄热系数		RH=93.0%		522.22
λ_0	干燥导热系数		U_u		
a_w	导热系数含湿量补偿系数		u12%~u11%		74.22
ε	半球辐射率		u11%~u10%		66.64
ρ_v	可见光反射比(380~780nm)		u10%~u9%	[10^{-7}kg/(m^2·s)]	58.87
ρ_e	太阳光直接反射比(200~2600nm)		u9%~u8%		60.01
α_e	太阳光直接吸收比(200~2600nm)		u8%~u7%		52.75
			u7%~u6%		48.72

附表 1.6　竹重组材 BFB

照片	加工信息		
	组坯方式	构成单元	厚度
	平行	竹纤维束 （宽度：10～30mm）	30.0mm

1. 竹筒-竹片-纤维/纤维束　　　2. 竹重组材-方材　　　3. 竹重组材-板材

综合碳排放因子 $[kgCO_2e/m^3]$ 985.16(室外板材)；806.30(室内板材)

基本物理性质			湿物理性质		
ρ_d	$[kg/m^3]$	563.81	w_{RH}		
Φ	$[\%]$	53.97	RH=11.2%		6.79
热物理性质			RH=24.4%		13.91
c_0	$[J/(kg \cdot K)]$	1550	RH=33.4%		20.26
S_{24h}	$[W/(m^2 \cdot K)]$	8.68	RH=43.5%		25.55
λ_0	$[W/(m \cdot K)]$	0.1625	RH=55.0%	$[kg/m^3]$	30.19
a_w	$[(W/(m \cdot K))/u(-)]$	0.3289	RH=59.7%		32.24
ε	$[-]$	0.66	RH=77.2%		53.75
ρ_v	$[\%]$	19.74	RH=85.4%		69.58
ρ_e	$[\%]$	44.51	RH=96.3%		155.04
α_e	$[\%]$	55.49	w_{cap}	$[kg/m^3]$	165.93
符号注释			A_{cap}	$[10^{-4}kg/(m^2 \cdot s^{0.5})]$	8.73
ρ_d	干燥表观密度		δ_{RH}		
Φ	孔隙率		RH=20.0%		2.12
w_{RH}	相对湿度相关平衡含湿量		RH=25.0%		2.50
w_{cap}	毛细饱和含湿量		RH=35.0%		3.25
A_{cap}	毛细吸水系数		RH=45.0%	$[10^{-13}kg/(m \cdot s \cdot Pa)]$	3.99
δ_{RH}	含湿量相关蒸汽渗透系数		RH=50.0%		4.37
U_u	含湿量相关干燥速率		RH=73.0%		18.40
c_0	比热容		RH=83.0%		26.47
S_{24h}	24h 蓄热系数		RH=93.0%		40.97
λ_0	干燥导热系数		U_u		
a_w	导热系数含湿量补偿系数		u12%～u11%		12.58
ε	半球辐射率		u11%～u10%		11.46
ρ_v	可见光反射比(380～780nm)		u10%～u9%	$[10^{-7}kg/(m^2 \cdot s)]$	10.38
ρ_e	太阳光直接反射比(200～2600nm)		u9%～u8%		9.71
			u8%～u7%		8.98
α_e	太阳光直接吸收比(200～2600nm)		u7%～u6%		7.74

附录 2　竹外墙构造设计参数

此表为本书第 6~8 章的 189 组外墙构造的设计参数，包含墙体厚度 d、面密度 M、单位面积建材碳排放 $C_{bm,s}$，以及以广州为外部条件，标准办公建筑单元为竹建筑模型，以 30 年为设计周期，计算所得的建材碳排放 C_{bm}、建筑运行碳排放 C_{bo} 和总碳排放 C_{sum}。

构造组		外面板	防水层	同隔板	内面板	腔体 外侧	腔体 内侧	d /mm	M /(kg/m²)	$C_{bm,s}$ /(kgCO₂e/m²)	C_{bm}	C_{bo}	C_{sum} /[kgCO₂e/(m²·a)]
L3													
F-M-F	a	BFB(18)	PE(0.2)	BMB(12)	BFB(12)	Air(40)	Air(40)	122.2	52.55	29.37	3.62	28.37	31.99
	b	BFB(18)	PE(0.2)	BMB(12)	BFB(12)	Air(40)	BF(org.)(20)	102.2	51.28	29.54	3.63	24.40	28.03
	c	BFB(18)	PE(0.2)	BMB(12)	BFB(12)	Air(40)	BF(inorg.)(20)	102.2	50.57	31.77	3.76	23.43	27.19
	d	BFB(18)	PE(0.2)	BMB(12)	BFB(12)	Air(40)	BF(org.)+Air(20+40)	142.2	56.26	30.10	3.66	22.67	26.33
	e	BFB(18)	PE(0.2)	BMB(12)	BFB(12)	Air(40)	BF(inorg.)+Air(20+40)	142.2	55.55	32.33	3.80	21.71	25.50
F-M-S	a	BFB(18)	PE(0.2)	BMB(12)	BSB(12)	Air(40)	Air(40)	122.2	46.01	21.15	3.13	28.44	31.56
	b	BFB(18)	PE(0.2)	BMB(12)	BSB(12)	Air(40)	BF(org.)(20)	102.2	44.74	21.33	3.14	24.40	27.54
	c	BFB(18)	PE(0.2)	BMB(12)	BSB(12)	Air(40)	BF(inorg.)(20)	102.2	44.03	23.55	3.27	23.41	26.68
	d	BFB(18)	PE(0.2)	BMB(12)	BSB(12)	Air(40)	BF(org.)+Air(20+40)	142.2	49.72	21.89	3.17	22.64	25.81
	e	BFB(18)	PE(0.2)	BMB(12)	BSB(12)	Air(40)	BF(inorg.)+Air(20+40)	142.2	49.01	24.11	3.30	21.65	24.95
F-P-F	a	BFB(18)	PE(0.2)	BPB(12)	BFB(12)	Air(40)	Air(40)	122.2	50.71	30.78	3.70	28.20	31.91
	b	BFB(18)	PE(0.2)	BPB(12)	BFB(12)	Air(40)	BF(org.)(20)	102.2	49.45	30.96	3.71	24.57	28.28
	c	BFB(18)	PE(0.2)	BPB(12)	BFB(12)	Air(40)	BF(inorg.)(20)	102.2	48.74	33.18	3.85	23.45	27.30
	d	BFB(18)	PE(0.2)	BPB(12)	BFB(12)	Air(40)	BF(org.)+Air(20+40)	142.2	54.42	31.52	3.75	22.92	26.66
	e	BFB(18)	PE(0.2)	BPB(12)	BFB(12)	Air(40)	BF(inorg.)+Air(20+40)	142.2	53.71	33.74	3.88	21.78	25.66

续表

构造组	外面板	防水层	间隔板	内面板	腔体 外侧	腔体 内侧	d /mm	M /(kg/m²)	$C_{bm,s}$ /(kgCO₂e/m²)	C_{bm}	C_{bo}	C_{sum} /[kgCO₂e/(m²·a)]
L3												
F-P-S a	BFB(18) PE(0.2)	BPB(12)	BSB(12)	Air(40)	Air(40)	122.2	44.18	22.56	3.21	28.25	31.46
F-P-S b	BFB(18) PE(0.2)	BPB(12)	BSB(12)	Air(40)	BF(org.)(20)	102.2	42.91	22.74	3.22	24.58	27.80
F-P-S c	BFB(18) PE(0.2)	BPB(12)	BSB(12)	Air(40)	BF(inorg.)(20)	102.2	42.20	24.96	3.35	23.43	26.78
F-P-S d	BFB(18) PE(0.2)	BPB(12)	BSB(12)	Air(40)	BF(org.)+Air(20+40)	142.2	47.88	23.30	3.25	22.90	26.15
F-P-S e	BFB(18) PE(0.2)	BPB(12)	BSB(12)	Air(40)	BF(inorg.)+Air(20+40)	142.2	47.17	25.52	3.39	21.72	25.11
F-M-Mp a	BFB(18) PE(0.2)	BMB(12)	BMB+IP(12+10)	Air(40)	Air(40)	132.2	57.06	20.74	3.10	26.76	29.86
F-M-Mp b	BFB(18) PE(0.2)	BMB(12)	BMB+IP(12+10)	Air(40)	BF(org.)(20)	112.2	55.79	20.92	3.11	23.28	26.39
F-M-Mp c	BFB(18) PE(0.2)	BMB(12)	BMB+IP(12+10)	Air(40)	BF(inorg.)(20)	112.2	55.08	23.14	3.24	22.46	25.70
F-M-Mp d	BFB(18) PE(0.2)	BMB(12)	BMB+IP(12+10)	Air(40)	BF(org.)+Air(20+40)	152.2	60.77	21.48	3.14	21.74	24.89
F-M-Mp e	BFB(18) PE(0.2)	BMB(12)	BMB+IP(12+10)	Air(40)	BF(inorg.)+Air(20+40)	152.2	60.06	23.70	3.28	20.92	24.20
F-M-Pp a	BFB(18) PE(0.2)	BPB(12)	BPB+IP(12+10)	Air(40)	Air(40)	132.2	55.22	22.16	3.19	26.23	29.41
F-M-Pp b	BFB(18) PE(0.2)	BPB(12)	BPB+IP(12+10)	Air(40)	BF(org.)(20)	112.2	53.96	22.33	3.20	22.97	26.16
F-M-Pp c	BFB(18) PE(0.2)	BPB(12)	BPB+IP(12+10)	Air(40)	BF(inorg.)(20)	112.2	53.25	24.55	3.33	22.14	25.47
F-M-Pp d	BFB(18) PE(0.2)	BPB(12)	BPB+IP(12+10)	Air(40)	BF(org.)+Air(20+40)	152.2	58.93	22.89	3.23	21.48	24.71
F-M-Pp e	BFB(18) PE(0.2)	BPB(12)	BPB+IP(12+10)	Air(40)	BF(inorg.)+Air(20+40)	152.2	58.22	25.11	3.36	20.66	24.02
F-P-Mp a	BFB(18) PE(0.2)	BPB(12)	BMB+IP(12+10)	Air(40)	Air(40)	132.2	55.22	22.16	3.19	26.62	29.81
F-P-Mp b	BFB(18) PE(0.2)	BPB(12)	BMB+IP(12+10)	Air(40)	BF(org.)(20)	112.2	53.96	22.33	3.20	23.43	26.62
F-P-Mp c	BFB(18) PE(0.2)	BPB(12)	BMB+IP(12+10)	Air(40)	BF(inorg.)(20)	112.2	53.25	24.55	3.33	22.47	25.80
F-P-Mp d	BFB(18) PE(0.2)	BPB(12)	BMB+IP(12+10)	Air(40)	BF(org.)+Air(20+40)	152.2	58.93	22.89	3.23	21.94	25.17
F-P-Mp e	BFB(18) PE(0.2)	BPB(12)	BMB+IP(12+10)	Air(40)	BF(inorg.)+Air(20+40)	152.2	58.22	25.11	3.36	20.98	24.34

续表

构造组		外面板	防水层	间隔板	内面板	腔体外侧	腔体内侧	d /mm	M /(kg/m²)	$C_{bm,s}$ /(kgCO₂e/m²)	C_{bm}	C_{bo}	C_{sum} /[kgCO₂e/(m²·a)]
L3													
F-P-Pp	a	BFB(18)	PE(0.2)	BPB(12)	BPB+IP(12+10)	Air(40)	Air(40)	132.2	53.39	23.57	3.27	26.15	29.42
	b	BFB(18)	PE(0.2)	BPB(12)	BPB+IP(12+10)	Air(40)	BF(org.)(20)	112.2	52.12	23.75	3.28	23.13	26.41
	c	BFB(18)	PE(0.2)	BPB(12)	BPB+IP(12+10)	Air(40)	BF(inorg.)(20)	112.2	51.41	25.97	3.41	22.16	25.58
	d	BFB(18)	PE(0.2)	BPB(12)	BPB+IP(12+10)	Air(40)	BF(org.)+Air(20+40)	152.2	57.10	24.31	3.31	21.70	25.02
	e	BFB(18)	PE(0.2)	BPB(12)	BPB+IP(12+10)	Air(40)	BF(inorg.)+Air(20+40)	152.2	56.39	26.53	3.45	20.73	24.18
M3-LB													
LB-M-F	a	LB(120)	PE(0.2)	BMB(12)	BFB(12)	Air(40)	Air(40)	224.2	260.59	51.96	4.97	22.27	27.24
	b	LB(120)	PE(0.2)	BMB(12)	BFB(12)	Air(40)	BF(org.)(20)	204.2	259.33	52.13	4.98	19.99	24.98
	c	LB(120)	PE(0.2)	BMB(12)	BFB(12)	Air(40)	BF(inorg.)(20)	204.2	258.62	54.35	5.12	19.35	24.47
	d	LB(120)	PE(0.2)	BMB(12)	BFB(12)	Air(40)	BF(org.)+Air(20+40)	244.2	264.30	52.69	5.02	18.97	23.99
	e	LB(120)	PE(0.2)	BMB(12)	BFB(12)	Air(40)	BF(inorg.)+Air(20+40)	244.2	263.59	54.91	5.15	18.38	23.53
LB-M-S	a	LB(120)	PE(0.2)	BMB(12)	BSB(12)	Air(40)	Air(40)	224.2	254.05	43.74	4.48	22.06	26.54
	b	LB(120)	PE(0.2)	BMB(12)	BSB(12)	Air(40)	BF(org.)(20)	204.2	252.79	43.91	4.49	19.74	24.23
	c	LB(120)	PE(0.2)	BMB(12)	BSB(12)	Air(40)	BF(inorg.)(20)	204.2	252.08	46.13	4.62	19.12	23.75
	d	LB(120)	PE(0.2)	BMB(12)	BSB(12)	Air(40)	BF(org.)+Air(20+40)	244.2	257.76	44.47	4.52	18.69	23.22
	e	LB(120)	PE(0.2)	BMB(12)	BSB(12)	Air(40)	BF(inorg.)+Air(20+40)	244.2	257.05	46.69	4.66	18.12	22.78
LB-P-F	a	LB(120)	PE(0.2)	BPB(12)	BFB(12)	Air(40)	Air(40)	224.2	258.76	53.37	5.06	22.07	27.13
	b	LB(120)	PE(0.2)	BPB(12)	BFB(12)	Air(40)	BF(org.)(20)	204.2	257.49	53.55	5.07	19.96	25.03
	c	LB(120)	PE(0.2)	BPB(12)	BFB(12)	Air(40)	BF(inorg.)(20)	204.2	256.78	55.77	5.20	19.29	24.49
	d	LB(120)	PE(0.2)	BPB(12)	BFB(12)	Air(40)	BF(org.)+Air(20+40)	244.2	262.47	54.11	5.10	18.97	24.08
	e	LB(120)	PE(0.2)	BPB(12)	BFB(12)	Air(40)	BF(inorg.)+Air(20+40)	244.2	261.75	56.33	5.24	18.34	23.58

续表

构造组		外面板	防水层	间隔板	内面板	腔体 外侧	内侧	d/mm	M/(kg/m²)	$C_{bm,s}$/(kgCO₂e/m²)	C_{bm}	C_{bo}	C_{sum}/[kgCO₂e/(m²·a)]
M3-LB													
LB-P-S	a	LB(120)	PE(0.2)	BPB(12)	BSB(12)	Air(40)	Air(40)	224.2	252.22	45.15	4.57	21.85	26.41
	b	LB(120)	PE(0.2)	BPB(12)	BSB(12)	Air(40)	BF(org.)(20)	204.2	250.95	45.33	4.58	19.70	24.28
	c	LB(120)	PE(0.2)	BPB(12)	BSB(12)	Air(40)	BF(inorg.)(20)	204.2	250.24	47.55	4.71	19.05	23.76
	d	LB(120)	PE(0.2)	BPB(12)	BSB(12)	Air(40)	BF(org.)+Air(20+40)	244.2	255.93	45.89	4.61	18.69	23.30
	e	LB(120)	PE(0.2)	BPB(12)	BSB(12)	Air(40)	BF(inorg.)+Air(20+40)	244.2	255.22	48.11	4.74	18.09	22.83
LB-M-Mp	a	LB(120)	PE(0.2)	BMB(12)	BMB+IP(12+10)	Air(40)	Air(40)	234.2	265.10	43.33	4.46	21.39	25.85
	b	LB(120)	PE(0.2)	BMB(12)	BMB+IP(12+10)	Air(40)	BF(org.)(20)	214.2	263.84	43.51	4.47	19.39	23.86
	c	LB(120)	PE(0.2)	BMB(12)	BMB+IP(12+10)	Air(40)	BF(inorg.)(20)	214.2	263.13	45.73	4.60	18.88	23.48
	d	LB(120)	PE(0.2)	BMB(12)	BMB+IP(12+10)	Air(40)	BF(org.)+Air(20+40)	254.2	268.81	44.07	4.50	18.46	22.96
	e	LB(120)	PE(0.2)	BMB(12)	BMB+IP(12+10)	Air(40)	BF(inorg.)+Air(20+40)	254.2	268.10	46.29	4.63	17.99	22.62
LB-M-Pp	a	LB(120)	PE(0.2)	BMB(12)	BPB+IP(12+10)	Air(40)	Air(40)	234.2	263.27	44.74	4.54	20.83	25.37
	b	LB(120)	PE(0.2)	BMB(12)	BPB+IP(12+10)	Air(40)	BF(org.)(20)	214.2	262.00	44.92	4.55	18.94	23.50
	c	LB(120)	PE(0.2)	BMB(12)	BPB+IP(12+10)	Air(40)	BF(inorg.)(20)	214.2	261.29	47.14	4.68	18.49	23.17
	d	LB(120)	PE(0.2)	BMB(12)	BPB+IP(12+10)	Air(40)	BF(org.)+Air(20+40)	254.2	266.98	45.48	4.59	18.05	22.63
	e	LB(120)	PE(0.2)	BMB(12)	BPB+IP(12+10)	Air(40)	BF(inorg.)+Air(20+40)	254.2	266.27	47.70	4.72	17.63	22.35
LB-P-Mp	a	LB(120)	PE(0.2)	BPB(12)	BMB+IP(12+10)	Air(40)	Air(40)	234.2	263.27	44.74	4.54	21.20	25.74
	b	LB(120)	PE(0.2)	BPB(12)	BMB+IP(12+10)	Air(40)	BF(org.)(20)	214.2	262.00	44.92	4.55	19.34	23.89
	c	LB(120)	PE(0.2)	BPB(12)	BMB+IP(12+10)	Air(40)	BF(inorg.)(20)	214.2	261.29	47.14	4.68	18.81	23.49
	d	LB(120)	PE(0.2)	BPB(12)	BMB+IP(12+10)	Air(40)	BF(org.)+Air(20+40)	254.2	266.98	45.48	4.59	18.44	23.03
	e	LB(120)	PE(0.2)	BPB(12)	BMB+IP(12+10)	Air(40)	BF(inorg.)+Air(20+40)	254.2	266.27	47.70	4.72	17.95	22.66

续表

构造组		外面板	防水层	间隔板	内面板	腔体 外侧	腔体 内侧	d /mm	M /(kg/m²)	$C_{bm,s}$ /(kgCO₂e/m²)	C_{bm} /[kgCO₂e/(m²·a)]	C_{bo}	C_{sum}
M3-LB													
	a	LB(120)	PE(0.2)	BPB(12)	BPB+IP(12+10)	Air(40)	Air(40)	234.2	261.43	46.16	4.63	20.65	25.28
	b	LB(120)	PE(0.2)	BPB(12)	BPB+IP(12+10)	Air(40)	BF(org.)(20)	214.2	260.17	46.33	4.64	18.89	23.53
LB-P-Pp	c	LB(120)	PE(0.2)	BPB(12)	BPB+IP(12+10)	Air(40)	BF(inorg.)(20)	214.2	259.46	48.56	4.77	18.42	23.19
	d	LB(120)	PE(0.2)	BPB(12)	BPB+IP(12+10)	Air(40)	BF(org.)+Air(20+40)	254.2	265.14	46.89	4.67	18.03	22.70
	e	LB(120)	PE(0.2)	BPB(12)	BPB+IP(12+10)	Air(40)	BF(inorg.)+Air(20+40)	254.2	264.43	49.12	4.80	17.60	22.40
	a	SB(60)	PE(0.2)	BMB(12)	BFB(12)	Air(40)	Air(40)	164.2	146.59	31.80	3.76	24.48	28.24
	b	SB(60)	PE(0.2)	BMB(12)	BFB(12)	Air(40)	BF(org.)(20)	144.2	145.33	31.97	3.77	21.51	25.29
SB-M-F	c	SB(60)	PE(0.2)	BMB(12)	BFB(12)	Air(40)	BF(inorg.)(20)	144.2	144.62	34.19	3.91	20.67	24.57
	d	SB(60)	PE(0.2)	BMB(12)	BFB(12)	Air(40)	BF(org.)+Air(20+40)	184.2	150.30	32.53	3.81	20.23	24.04
	e	SB(60)	PE(0.2)	BMB(12)	BFB(12)	Air(40)	BF(inorg.)+Air(20+40)	184.2	149.59	34.75	3.94	19.40	23.34
M3-SB													
	a	SB(60)	PE(0.2)	BPB(12)	BSB(12)	Air(40)	Air(40)	164.2	140.05	23.58	3.27	24.41	27.68
	b	SB(60)	PE(0.2)	BPB(12)	BSB(12)	Air(40)	BF(org.)(20)	144.2	138.79	23.75	3.28	21.38	24.66
SB-M-S	c	SB(60)	PE(0.2)	BPB(12)	BSB(12)	Air(40)	BF(inorg.)(20)	144.2	138.08	25.97	3.41	20.55	23.97
	d	SB(60)	PE(0.2)	BPB(12)	BSB(12)	Air(40)	BF(org.)+Air(20+40)	184.2	143.76	24.31	3.32	20.07	23.39
	e	SB(60)	PE(0.2)	BPB(12)	BSB(12)	Air(40)	BF(inorg.)+Air(20+40)	184.2	143.05	26.53	3.45	19.25	22.70
	a	SB(60)	PE(0.2)	BPB(12)	BFB(12)	Air(40)	Air(40)	164.2	144.76	33.21	3.85	24.34	28.19
	b	SB(60)	PE(0.2)	BPB(12)	BFB(12)	Air(40)	BF(org.)(20)	144.2	143.49	33.39	3.86	21.60	25.46
SB-P-F	c	SB(60)	PE(0.2)	BPB(12)	BFB(12)	Air(40)	BF(inorg.)(20)	144.2	142.78	35.61	3.99	20.67	24.66
	d	SB(60)	PE(0.2)	BPB(12)	BFB(12)	Air(40)	BF(org.)+Air(20+40)	184.2	148.47	33.95	3.89	20.37	24.26
	e	SB(60)	PE(0.2)	BPB(12)	BFB(12)	Air(40)	BF(inorg.)+Air(20+40)	184.2	147.75	36.17	4.03	19.44	23.46

续表

构造组		外面板	防水层	间隔板	内面板	腔体 外侧	腔体 内侧	d /mm	M /(kg/m²)	$C_{bm,s}$ /(kgCO₂e/m²)	C_{bm}	C_{bo}	C_{sum} /[kgCO₂e/(m²·a)]
M3-SB													
SB-P-S	a	SB(60)	PE(0.2)	BPB(12)	BSB(12)	Air(40)	Air(40)	164.2	138.22	24.99	3.36	24.26	27.61
	b	SB(60)	PE(0.2)	BPB(12)	BSB(12)	Air(40)	BF(org.)(20)	144.2	136.95	25.17	3.37	21.47	24.83
	c	SB(60)	PE(0.2)	BPB(12)	BSB(12)	Air(40)	BF(inorg.)(20)	144.2	136.24	27.39	3.50	20.55	24.05
	d	SB(60)	PE(0.2)	BPB(12)	BSB(12)	Air(40)	BF(org.)+Air(20+40)	184.2	141.93	25.73	3.40	20.21	23.61
	e	SB(60)	PE(0.2)	BPB(12)	BSB(12)	Air(40)	BF(inorg.)+Air(20+40)	184.2	141.22	27.95	3.53	19.29	22.82
SB-M-Mp	a	SB(60)	PE(0.2)	BMB(12)	BMB+IP(12+10)	Air(40)	Air(40)	174.2	151.10	23.17	3.25	23.24	26.48
	b	SB(60)	PE(0.2)	BMB(12)	BMB+IP(12+10)	Air(40)	BF(org.)(20)	154.2	149.84	23.35	3.26	20.64	23.90
	c	SB(60)	PE(0.2)	BMB(12)	BMB+IP(12+10)	Air(40)	BF(inorg.)(20)	154.2	149.13	25.57	3.39	19.95	23.34
	d	SB(60)	PE(0.2)	BMB(12)	BMB+IP(12+10)	Air(40)	BF(org.)+Air(20+40)	194.2	154.81	23.91	3.29	19.50	22.79
	e	SB(60)	PE(0.2)	BMB(12)	BMB+IP(12+10)	Air(40)	BF(inorg.)+Air(20+40)	194.2	154.10	26.13	3.42	18.82	22.24
SB-M-Pp	a	SB(60)	PE(0.2)	BMB(12)	BPB+IP(12+10)	Air(40)	Air(40)	174.2	149.27	24.58	3.33	22.71	26.04
	b	SB(60)	PE(0.2)	BMB(12)	BPB+IP(12+10)	Air(40)	BF(org.)(20)	154.2	148.00	24.76	3.34	20.27	23.61
	c	SB(60)	PE(0.2)	BMB(12)	BPB+IP(12+10)	Air(40)	BF(inorg.)(20)	154.2	147.29	26.98	3.48	19.61	23.08
	d	SB(60)	PE(0.2)	BMB(12)	BPB+IP(12+10)	Air(40)	BF(org.)+Air(20+40)	194.2	152.98	25.32	3.38	19.15	22.53
	e	SB(60)	PE(0.2)	BMB(12)	BPB+IP(12+10)	Air(40)	BF(inorg.)+Air(20+40)	194.2	152.27	27.54	3.51	18.52	22.03
SB-P-Mp	a	SB(60)	PE(0.2)	BPB(12)	BMB+IP(12+10)	Air(40)	Air(40)	174.2	149.27	24.58	3.33	23.11	26.44
	b	SB(60)	PE(0.2)	BPB(12)	BMB+IP(12+10)	Air(40)	BF(org.)(20)	154.2	148.00	24.76	3.34	20.70	24.04
	c	SB(60)	PE(0.2)	BPB(12)	BMB+IP(12+10)	Air(40)	BF(inorg.)(20)	154.2	147.29	26.98	3.48	19.93	23.41
	d	SB(60)	PE(0.2)	BPB(12)	BMB+IP(12+10)	Air(40)	BF(org.)+Air(20+40)	194.2	152.98	25.32	3.38	19.59	22.97
	e	SB(60)	PE(0.2)	BPB(12)	BMB+IP(12+10)	Air(40)	BF(inorg.)+Air(20+40)	194.2	152.27	27.54	3.51	18.84	22.34

续表

构造组		外面板	防水层	间隔板	内面板	腔体 外侧	腔体 内侧	d/mm	M/(kg/m²)	$C_{bm,s}$/(kgCO₂e/m²)	C_{bm}	C_{bo}	C_{sum}/[kgCO₂e/(m²·a)]
M3-SB													
	a	SB(60)	PE(0.2)	BPB(12)	BPB+IP(12+10)	Air(40)	Air(40)	174.2	147.43	26.00	3.42	22.61	26.02
	b	SB(60)	PE(0.2)	BPB(12)	BPB+IP(12+10)	Air(40)	BF(org.)(20)	154.2	146.17	26.17	3.43	20.34	23.76
SB-P-Pp	c	SB(60)	PE(0.2)	BPB(12)	BPB+IP(12+10)	Air(40)	BF(inorg.)(20)	154.2	145.46	28.40	3.56	19.60	23.16
	d	SB(60)	PE(0.2)	BPB(12)	BPB+IP(12+10)	Air(40)	BF(org.)+Air(20+40)	194.2	151.14	26.73	3.46	19.26	22.72
	e	SB(60)	PE(0.2)	BPB(12)	BPB+IP(12+10)	Air(40)	BF(inorg.)+Air(20+40)	194.2	150.43	28.96	3.59	18.54	22.14
L2													
	a	BFB(18)	PE(0.2)		BFB(12)		Air(40)	70.2	38.26	28.04	3.54	38.84	42.37
	b	BFB(18)	PE(0.2)		BFB(12)		BF(org.)(20)	50.2	37.00	28.21	3.55	30.42	33.97
F-F	c	BFB(18)	PE(0.2)		BFB(12)		BF(inorg.)(20)	50.2	36.28	30.43	3.68	29.17	32.85
	d	BFB(18)	PE(0.2)		BFB(12)		BF(org.)+Air(20+40)	90.2	41.97	28.77	3.58	27.21	30.79
	e	BFB(18)	PE(0.2)		BFB(12)		BF(inorg.)+Air(20+40)	90.2	41.26	30.99	3.72	25.97	29.68
	a	BFB(18)	PE(0.2)		BSB(12)		Air(40)	70.2	31.72	19.82	3.05	38.87	41.91
	b	BFB(18)	PE(0.2)		BSB(12)		BF(org.)(20)	50.2	30.46	19.99	3.06	30.42	33.47
F-S	c	BFB(18)	PE(0.2)		BSB(12)		BF(inorg.)(20)	50.2	29.75	22.22	3.19	29.19	32.38
	d	BFB(18)	PE(0.2)		BSB(12)		BF(org.)+Air(20+40)	90.2	35.43	20.56	3.09	27.20	30.29
	e	BFB(18)	PE(0.2)		BSB(12)		BF(inorg.)+Air(20+40)	90.2	34.72	22.78	3.22	25.97	29.19
	a	BFB(18)	PE(0.2)		BMB+IP(12+10)		Air(40)	80.2	42.77	19.41	3.02	35.86	38.88
	b	BFB(18)	PE(0.2)		BMB+IP(12+10)		BF(org.)(20)	60.2	41.51	19.59	3.03	28.64	31.67
F-Mp	c	BFB(18)	PE(0.2)		BMB+IP(12+10)		BF(inorg.)(20)	60.2	40.79	21.81	3.16	27.59	30.76
	d	BFB(18)	PE(0.2)		BMB+IP(12+10)		BF(org.)+Air(20+40)	100.2	46.48	20.15	3.07	25.82	28.89
	e	BFB(18)	PE(0.2)		BMB+IP(12+10)		BF(inorg.)+Air(20+40)	100.2	45.77	22.37	3.20	24.76	27.96

续表

构造组		外面板	防水层	间隔板	内面板	腔体 外侧	腔体 内侧	d/mm	M/(kg/m²)	$C_{bm,s}$/(kgCO₂e/m²)	C_{bm}	C_{bo}	C_{sum}/[kgCO₂e/(m²·a)]
L2													
F-Pp	a	BFB(18) PE(0.2)			BPB+IP(12+10)		Air(40)	80.2	40.94	20.83	3.11	34.69	37.79
	b	BFB(18) PE(0.2)			BPB+IP(12+10)		BF(org.)(20)	60.2	39.67	21.00	3.12	28.16	31.28
	c	BFB(18) PE(0.2)			BPB+IP(12+10)		BF(inorg.)(20)	60.2	38.96	23.22	3.25	27.12	30.37
	d	BFB(18) PE(0.2)			BPB+IP(12+10)		BF(org.)+Air(20+40)	100.2	44.64	21.56	3.15	25.54	28.69
	e	BFB(18) PE(0.2)			BPB+IP(12+10)		BF(inorg.)+Air(20+40)	100.2	43.93	23.78	3.28	24.43	27.72
M2-LB													
LB-F	a	LB(120) PE(0.2)			BFB(12)		Air(40)	172.2	246.30	50.62	4.89	28.09	32.98
	b	LB(120) PE(0.2)			BFB(12)		BF(org.)(20)	152.2	245.04	50.80	4.90	23.28	28.18
	c	LB(120) PE(0.2)			BFB(12)		BF(inorg.)(20)	152.2	244.33	53.02	5.04	22.26	27.30
	d	LB(120) PE(0.2)			BFB(12)		BF(org.)+Air(20+40)	192.2	250.01	51.36	4.94	21.47	26.41
	e	LB(120) PE(0.2)			BFB(12)		BF(inorg.)+Air(20+40)	192.2	249.30	53.58	5.07	20.50	25.57
LB-S	a	LB(120) PE(0.2)			BSB(12)		Air(40)	172.2	239.77	42.41	4.40	27.98	32.38
	b	LB(120) PE(0.2)			BSB(12)		BF(org.)(20)	152.2	238.50	42.58	4.41	23.06	27.47
	c	LB(120) PE(0.2)			BSB(12)		BF(inorg.)(20)	152.2	237.79	44.80	4.54	22.12	26.66
	d	LB(120) PE(0.2)			BSB(12)		BF(org.)+Air(20+40)	192.2	243.47	43.14	4.44	21.24	25.69
	e	LB(120) PE(0.2)			BSB(12)		BF(inorg.)+Air(20+40)	192.2	242.76	45.36	4.58	20.32	24.90
LB-Mp	a	LB(120) PE(0.2)			BMB+IP(12+10)		Air(40)	182.2	250.81	42.00	4.38	26.36	30.74
	b	LB(120) PE(0.2)			BMB+IP(12+10)		BF(org.)(20)	162.2	249.55	42.17	4.39	22.25	26.64
	c	LB(120) PE(0.2)			BMB+IP(12+10)		BF(inorg.)(20)	162.2	248.84	44.40	4.52	21.44	25.96
	d	LB(120) PE(0.2)			BMB+IP(12+10)		BF(org.)+Air(20+40)	202.2	254.52	42.73	4.42	20.66	25.08
	e	LB(120) PE(0.2)			BMB+IP(12+10)		BF(inorg.)+Air(20+40)	202.2	253.81	44.96	4.55	19.88	24.43

续表

构造组		外面板	防水层	间隔板	内面板	腔体 外侧	腔体 内侧	d /mm	M /(kg/m²)	$C_{bm,s}$ /(kgCO₂e/m²)	C_{bm}	C_{bo}	C_{sum} /[kgCO₂e/(m²·a)]
M2-LB													
LB-Pp	a	LB(120)	PE(0.2)		BPB+IP(12+10)		Air(40)	182.2	248.98	43.41	4.46	25.48	29.94
	b	LB(120)	PE(0.2)		BPB+IP(12+10)		BF(org.)(20)	162.2	247.71	43.59	4.47	21.74	26.21
	c	LB(120)	PE(0.2)		BPB+IP(12+10)		BF(inorg.)(20)	162.2	247.00	45.81	4.60	20.99	25.59
	d	LB(120)	PE(0.2)		BPB+IP(12+10)		BF(org.)+Air(20+40)	202.2	252.69	44.15	4.51	20.25	24.75
	e	LB(120)	PE(0.2)		BPB+IP(12+10)		BF(inorg.)+Air(20+40)	202.2	251.98	46.37	4.64	19.50	24.14
M2-SB													
SB-F	a	SB(60)	PE(0.2)		BFB(12)		Air(40)	112.2	132.30	30.46	3.68	32.74	36.43
	b	SB(60)	PE(0.2)		BFB(12)		BF(org.)(20)	92.2	131.04	30.64	3.69	26.13	29.83
	c	SB(60)	PE(0.2)		BFB(12)		BF(inorg.)(20)	92.2	130.33	32.86	3.83	24.90	28.73
	d	SB(60)	PE(0.2)		BFB(12)		BF(org.)+Air(20+40)	132.2	136.01	31.20	3.73	23.73	27.46
	e	SB(60)	PE(0.2)		BFB(12)		BF(inorg.)+Air(20+40)	132.2	135.30	33.42	3.86	22.50	26.37
SB-S	a	SB(60)	PE(0.2)		BSB(12)		Air(40)	112.2	125.77	22.25	3.19	32.73	35.92
	b	SB(60)	PE(0.2)		BSB(12)		BF(org.)(20)	92.2	124.50	22.42	3.20	26.04	29.24
	c	SB(60)	PE(0.2)		BSB(12)		BF(inorg.)(20)	92.2	123.79	24.64	3.33	24.88	28.21
	d	SB(60)	PE(0.2)		BSB(12)		BF(org.)+Air(20+40)	132.2	129.47	22.98	3.24	23.60	26.84
	e	SB(60)	PE(0.2)		BSB(12)		BF(inorg.)+Air(20+40)	132.2	128.76	25.20	3.37	22.43	25.80
SB-Mp	a	SB(60)	PE(0.2)		BMB+IP(12+10)		Air(40)	122.2	136.81	21.84	3.17	30.33	33.50
	b	SB(60)	PE(0.2)		BMB+IP(12+10)		BF(org.)(20)	102.2	135.55	22.01	3.18	24.69	27.87
	c	SB(60)	PE(0.2)		BMB+IP(12+10)		BF(inorg.)(20)	102.2	134.84	24.24	3.31	23.68	26.99
	d	SB(60)	PE(0.2)		BMB+IP(12+10)		BF(org.)+Air(20+40)	142.2	140.52	22.57	3.21	22.60	25.81
	e	SB(60)	PE(0.2)		BMB+IP(12+10)		BF(inorg.)+Air(20+40)	142.2	139.81	24.80	3.34	21.58	24.92

续表

构造组		外面板	防水层	间隔板	内面板	腔体 外侧	腔体 内侧	d /mm	M /(kg/m²)	$C_{\text{bm,s}}$ /(kgCO₂e/m²)	C_{bm}	C_{bo}	C_{sum} /[kgCO₂e/(m²·a)]
M2-SB													
SB-Pp	a	SB(60)	PE(0.2)		BPB+IP(12+10)		Air(40)	122.2	134.98	23.25	3.25	29.32	32.58
	b	SB(60)	PE(0.2)		BPB+IP(12+10)		BF(org.)(20)	102.2	133.71	23.43	3.26	24.21	27.47
	c	SB(60)	PE(0.2)		BPB+IP(12+10)		BF(inorg.)(20)	102.2	133.00	25.65	3.40	23.26	26.65
	d	SB(60)	PE(0.2)		BPB+IP(12+10)		BF(org.)+Air(20+40)	142.2	138.69	23.99	3.30	22.26	25.55
	e	SB(60)	PE(0.2)		BPB+IP(12+10)		BF(inorg.)+Air(20+40)	142.2	137.98	26.21	3.43	21.26	24.69
S-F													
F-P-F		BFB(18)	PE(0.2)		BPB(54)		BFB(12)	84.2	66.95	37.31	4.09	24.79	28.89
F-P-S		BFB(18)	PE(0.2)		BPB(54)		BSB(12)	84.2	60.41	29.09	3.60	24.65	28.25
F-P-Mp		BFB(18)	PE(0.2)		BPB(54)		BMB+IP(12+10)	94.2	71.46	28.69	3.58	23.51	27.09
S-LB													
LB-P-F		LB(120)	PE(0.2)		BPB(54)		BFB(12)	186.2	274.99	59.90	5.45	21.17	26.62
LB-P-S		LB(120)	PE(0.2)		BPB(54)		BSB(12)	186.2	268.45	51.68	4.96	20.82	25.78
LB-P-Mp		LB(120)	PE(0.2)		BPB(54)		BMB+IP(12+10)	196.2	279.50	51.27	4.93	20.39	25.32
S-SB													
SB-P-F		SB(60)	PE(0.2)		BPB(54)		BFB(12)	126.2	160.99	39.74	4.24	22.21	26.45
SB-P-S		SB(60)	PE(0.2)		BPB(54)		BSB(12)	126.2	154.45	31.52	3.75	21.95	25.69
SB-P-Mp		SB(60)	PE(0.2)		BPB(54)		BMB+IP(12+10)	136.2	165.50	31.11	3.72	21.18	24.90

附录 3　气象数据及其他材料物理性质参数

附表 3.1　我国南方 9 个代表城市气象站 2010～2019 年逐时气象数据特征值

年份	T_{mean} /℃	T_{max} /℃	T_{min} /℃	RH_{mean} /%	RH_{max} /%	RH_{min} /%	GHI_{sum} /(kW·h/m²)	GHI_{max} /(W/m²)	GHD_{sum} /(kW·h/m²)	GHD_{max} /(W/m²)	WS_{mean} /(m/s)	WS_{max} /(m/s)	RN_{sum} /mm	RN_{max} /(mm/h)
三沙														
2010	27.77	33.1	20.3	76.19	96	48	1828.1	985	870.0	581.8	4.02	20.2	1653.3	58.1
2011	26.88	33.0	20.2	78.98	96	51	1816.7	1033	854.1	574.8	4.03	21.9	1481.6	28.6
2012	27.60	33.1	20.4	78.46	97	52	2027.4	1082	727.9	566.8	3.73	17.7	1758.1	77.7
2013	27.36	33.7	19.9	77.27	96	45	1875.1	994	841.8	579.2	3.82	21.5	1730.0	68.8
2014	27.44	33.6	18.9	80.28	98	50	1819.3	1018	890.9	555.2	3.53	17.8	1453.8	51.5
2015	27.78	33.9	19.0	79.09	98	48	2037.4	1008	838.6	575.6	3.46	15.3	1042.2	33.4
2016	27.91	33.3	17.3	82.40	100	51	1816.6	967	927.5	589.0	3.58	26.4	1575.2	48.7
2017	27.56	33.0	19.6	80.51	98	50	1849.4	1015	906.7	565.3	3.42	14.5	1322.2	43.7
2018	27.38	33.9	17.7	79.90	97	48	1944.8	1051	839.0	574.8	3.20	13.3	752.0	31.9
2019	27.97	34.0	20.1	78.96	98	53	2039.4	1112	804.6	579.9	3.40	15.2	1377.8	52.5
Average	27.57			79.20			1905.4		850.1		3.62		1414.6	
Max	27.97			82.40			2039.4		927.5		4.03		1758.1	
Min	26.88			76.19			1816.6		727.9		3.20		752.0	
Deviation	4.0%			7.8%			11.7%		23.5%		22.9%		71.1%	
广州														
2010	22.59	36.9	1.9	72.09	100	12	1090.9	978	782.9	663.9	1.41	5.7	2389.8	99.1
2011	21.57	36.7	2.7	73.38	100	19	1391.1	979	868.7	655.5	2.71	11.3	1661.4	79.7

续表

年份	T_{mean} /℃	T_{max} /℃	T_{min} /℃	RH_{mean} /%	RH_{max} /%	RH_{min} /%	GHI_{sum} /(kW·h/m²)	GHI_{max} /(W/m²)	GHD_{sum} /(kW·h/m²)	GHD_{max} /(W/m²)	WS_{mean} /(m/s)	WS_{max} /(m/s)	RN_{sum} /mm	RN_{max} /(mm/h)
广州														
2012	21.79	36.7	2.5	80.46	99	20	1262.5	976	821.5	583.3	2.50	14.5	1842.7	43.3
2013	21.69	36.2	3.6	79.64	100	17	1291.6	992	809.6	673.7	2.47	13.2	2090.2	44.4
2014	21.83	36.8	1.7	77.21	98	13	1292.1	934	826.0	577.8	2.19	10.7	2234.0	56.1
2015	22.37	37.4	4.9	77.01	100	19	1293.6	992	856.1	569.5	2.32	10.1	2471.9	90.4
2016	22.06	37.0	1.3	80.83	100	16	1246.1	971	807.2	625.4	2.26	16.2	2937.9	71.6
2017	22.21	37.9	4.5	79.22	100	19	1341.3	1025	830.9	573.4	2.22	12.3	2089.3	78.8
2018	22.27	36.8	1.4	80.38	100	20	1221.4	896	860.6	579.1	2.26	14.6	1870.8	63.2
2019	22.80	37.0	6.4	80.65	100	17	1340.6	1047	824.2	583.8	2.17	12.3	2460.3	54.7
Average	22.12			78.09			1277.1		828.8		2.25		2204.8	
Max	22.80			80.83			1391.1		868.7		2.71		2937.9	
Min	21.57			72.09			1090.9		782.9		1.41		1661.4	
Deviation	5.6%			11.2%			23.5%		10.4%		57.8%		57.9%	
南宁														
2010	21.99	38.0	1.7	76.29	96	16	1274.3	1025	805.1	583.8	1.70	7.7	1410.1	44.6
2011	20.85	36.9	1.0	73.85	95	16	1307.2	1020	812.2	566.7	1.64	8.8	1294.5	55.7
2012	21.53	37.1	3.4	78.93	98	26	1163.6	979	778.7	585.9	1.61	7.9	1136.5	32.7
2013	21.71	35.5	1.6	79.33	100	21	1307.3	1060	812.1	649.5	1.60	8.4	1634.8	73.2
2014	21.78	36.7	−1.0	81.14	100	18	1246.8	982	809.3	572.9	1.48	10.6	1234.7	47.7
2015	22.34	37.2	3.1	82.29	99	30	1267.5	1026	844.3	580.2	1.58	9.3	1222.3	51.3
2016	22.42	38.8	1.6	79.24	100	22	1347.4	989	825.3	690.6	1.70	10.8	1546.4	66.7

续表

年份	T_{mean} /℃	T_{max} /℃	T_{min} /℃	RH_{mean} /%	RH_{max} /%	RH_{min} /%	GHI_{sum} /(kW·h/m²)	GHI_{max} /(W/m²)	GHD_{sum} /(kW·h/m²)	GHD_{max} /(W/m²)	WS_{mean} /(m/s)	WS_{max} /(m/s)	RN_{sum} /mm	RN_{max} /(mm/h)
南宁														
2017	21.99	37.3	7.6	79.24	99	18	1290.5	994	832.6	578.6	2.60	10.2	1548.9	54.1
2018	21.88	35.6	2.9	78.86	99	19	1240.8	978	820.3	569.3	2.56	9.8	1290.7	32.4
2019	22.14	36.4	4.3	79.34	100	15	1319.8	974	810.9	575.8	2.55	10.7	1221.8	40.7
Average	21.86			78.85			1276.5		815.1		1.90		1354.1	
Max	22.42			82.29			1347.4		844.3		2.60		1634.8	
Min	20.85			73.85			1163.6		778.7		1.48		1136.5	
Deviation	7.2%			10.7%			14.4%		8.0%		58.9%		36.8%	
福州														
2010	20.33	38.2	1.3	73.31	97	15	1205.9	984	692.3	672.1	2.27	10.6	1710.3	37.1
2011	20.15	38.4	2.2	69.63	98	12	1254.9	1034	735.6	638.9	2.32	11.0	1293.1	43.0
2012	20.15	39.1	1.0	75.04	99	21	1216.5	1039	706.4	622.7	2.18	11.3	1929.4	48.5
2013	20.37	40.1	2.7	71.35	99	17	1298.5	988	758.0	649.2	2.27	11.5	1195.2	33.8
2014	20.73	37.6	2.2	72.08	98	21	1425.2	1170	726.1	683.2	2.25	9.8	1628.0	46.9
2015	20.69	38.0	2.7	75.25	99	18	1181.8	1052	691.6	536.6	2.23	16.1	1778.2	36.2
2016	21.00	38.3	−1.8	77.09	99	20	1282.5	1146	669.8	506.2	2.25	12.0	2265.9	60.8
2017	21.15	38.9	4.2	72.45	99	18	1360.1	1028	704.1	570.9	2.21	10.3	1478.0	29.7
2018	20.85	37.5	0.2	72.80	98	19	1345.2	1014	727.3	589.1	2.21	18.6	1407.4	46.8
2019	20.75	38.3	5.1	73.61	99	17	1284.0	1003	718.9	563.6	2.11	9.7	1348.3	38.1
Average	20.62			73.26			1285.4		713.0		2.23		1603.4	
Max	21.15			77.09			1425.2		758.0		2.32		2265.9	
Min	20.15			69.63			1181.8		669.8		2.11		1195.2	
Deviation	4.8%			10.2%			18.9%		12.4%		9.4%		66.8%	

续表

年份	T_{mean} /℃	T_{max} /℃	T_{min} /℃	RH_{mean} /%	RH_{max} /%	RH_{min} /%	GHI_{sum} /(kW·h/m²)	GHI_{max} /(W/m²)	GHD_{sum} /(kW·h/m²)	GHD_{max} /(W/m²)	WS_{mean} /(m/s)	WS_{max} /(m/s)	RN_{sum} /mm	RN_{max} /(mm/h)
杭州														
2010	17.39	39.4	−3.4	71.30	99	10	1125.3	919	721.8	692.2	2.09	10.1	1654.2	54.2
2011	17.22	38.1	−4.9	68.24	100	11	1208.7	956	750.6	566.2	2.05	7.9	1326.4	53.5
2012	17.11	38.1	−3.3	70.43	98	12	1228.8	1004	678.2	533.3	2.13	10.8	1764.2	29.2
2013	18.01	41.4	−4.2	67.75	98	8	1493.4	1013	709.3	877.4	2.30	9.5	1504.4	41.1
2014	17.53	37.7	−3.3	72.82	99	15	1264.1	1004	716.4	652.9	2.14	8.7	1359.9	28.8
2015	17.50	38.7	−1.9	74.74	99	14	1147.7	1008	666.3	582.7	2.08	11.1	2131.9	52.3
2016	18.17	40.1	−7.6	74.85	99	19	1202.9	1012	788.7	588.9	2.23	10.1	1798.0	27.2
2017	18.25	40.9	−2.3	70.55	99	15	1336.3	1013	670.2	628.3	2.29	9.4	1442.0	26.0
2018	18.12	37.6	−4.2	73.29	98	13	1275.2	1000	656.8	569.2	2.20	13.4	1827.9	42.1
2019	17.99	38.7	−0.7	74.13	99	12	1253.9	1012	658.1	551.4	2.07	10.6	1650.2	63.3
Average	17.73			71.81			1253.6		701.6		2.16		1645.9	
Max	18.25			74.85			1493.4		788.7		2.30		2131.9	
Min	17.11			67.75			1125.3		656.8		2.05		1326.4	
Deviation	6.4%			9.9%			29.4%		18.8%		11.6%		48.9%	
长沙														
2010	18.26	39.8	−1.6	73.85	97	14	1098.3	972	693.3	643.9	2.18	10.2	1643.6	35.9
2011	17.94	38.6	−2.5	71.44	97	15	1143.8	976	742.0	685.3	2.12	9.6	901.5	40.0
2012	17.63	37.5	−2.1	75.89	99	6	1003.2	965	667.6	568.2	2.00	7.6	1728.3	26.2
2013	19.26	40.0	−2.6	66.58	99	13	1223.6	983	763.6	642.7	2.01	8.4	1255.9	42.9
2014	18.66	37.9	−3.4	68.81	100	7	1047.5	941	732.2	630.6	1.75	9.5	1343.5	37.0

续表

年份	T_{mean} /℃	T_{max} /℃	T_{min} /℃	RH_{mean} /%	RH_{max} /%	RH_{min} /%	GHI_{sum} /(kW·h/m²)	GHI_{max} /(W/m²)	GHD_{sum} /(kW·h/m²)	GHD_{max} /(W/m²)	WS_{mean} /(m/s)	WS_{max} /(m/s)	RN_{sum} /mm	RN_{max} /(mm/h)
长沙														
2015	17.50	36.1	-0.8	81.99	99	21	1106.1	997	693.1	568.1	2.67	14.7	1538.3	42.6
2016	17.56	38.3	-6.3	82.57	100	16	1171.4	1029	693.5	575.2	2.81	13.3	1704.9	50.3
2017	17.76	38.6	-1.5	76.54	100	18	1197.0	1036	685.3	568.5	2.57	12.5	1684.3	59.4
2018	17.80	37.8	-4.1	76.79	100	16	1293.8	1006	702.1	670.0	2.57	13.9	1243.9	35.9
2019	17.52	38.8	-1.6	77.92	100	16	1216.9	1020	656.5	567.6	2.51	13.7	1217.9	18.6
Average	17.99			75.24			1150.2		702.9		2.32		1426.2	
Max	19.26			82.57			1293.8		763.6		2.81		1728.3	
Min	17.50			66.58			1003.2		656.5		1.75		901.5	
Deviation	9.8%			21.3%			25.3%		15.2%		45.7%		58.0%	
成都														
2010	16.18	35.6	-2.3	78.13	97	22	900.4	942	689.0	653.7	1.15	7.7	973.4	39.1
2011	16.09	35.9	-3.9	72.98	95	20	998.3	1053	713.4	695.1	1.16	8.0	1020.0	40.7
2012	16.01	35.2	-3.2	77.11	97	17	942.5	989	696.8	657.2	1.14	8.6	642.6	34.8
2013	17.08	35.7	-4.4	75.39	96	16	1100.2	1011	753.2	653.7	1.13	8.5	1352.7	51.7
2014	16.17	35.0	-3.2	81.09	99	17	1009.5	1030	703.6	598.3	1.25	7.3	975.0	40.1
2015	16.97	35.8	-2.5	80.21	99	20	1081.0	1053	695.5	680.5	1.32	12.0	880.2	29.8
2016	16.97	36.4	-6.3	80.55	99	17	1068.1	972	720.1	643.8	1.31	7.3	984.2	54.5
2017	16.77	36.4	-2.5	80.27	99	19	1108.4	1030	711.6	532.7	1.33	7.2	966.9	60.8
2018	16.67	35.4	-4.9	80.64	99	19	1158.0	1065	717.0	567.5	1.44	9.4	1247.4	37.5
2019	16.53	35.9	-1.6	83.24	99	22	1077.0	1048	688.8	710.3	1.36	7.0	1110.9	48.2

续表

年份	T_{mean} /℃	T_{max} /℃	T_{min} /℃	RH_{mean} /%	RH_{max} /%	RH_{min} /%	GHI_{sum} /(kW·h/m²)	GHI_{max} /(W/m²)	GHD_{sum} /(kW·h/m²)	GHD_{max} /(W/m²)	WS_{mean} /(m/s)	WS_{max} /(m/s)	RN_{sum} /mm	RN_{max} /(mm/h)
成都														
Average	16.54			78.96			1044.3		708.9		1.26		1015.3	
Max	17.08			83.24			1158.0		753.2		1.44		1352.7	
Min	16.01			72.98			900.4		688.8		1.13		642.6	
Deviation	6.5%			13.0%			24.7%		9.1%		24.6%		69.9%	
贵阳														
2010	14.70	32.3	-4.0	76.51	100	8	1123.4	1035	733.7	686.2	2.52	9.8	1039.2	26.3
2011	14.08	32.6	-5.3	77.44	100	22	1159.6	1034	732.5	660.6	2.47	10.4	754.0	26.8
2012	13.73	31.6	-4.0	84.19	100	16	1032.7	1018	698.5	590.9	2.50	8.6	1322.1	51.3
2013	15.20	32.3	-5.6	78.25	100	22	1203.8	1011	739.0	661.0	2.44	10.8	938.1	27.2
2014	14.75	31.5	-5.5	82.22	100	19	1141.3	1028	831.9	595.1	2.36	11.6	1562.0	51.3
2015	15.25	32.2	-3.4	83.42	100	13	1051.4	1035	726.4	647.4	2.46	9.7	1430.8	35.8
2016	15.34	32.9	-4.8	79.45	100	18	962.3	838	764.9	666.3	2.49	9.6	1045.6	35.7
2017	15.21	32.0	-0.4	79.60	100	20	934.1	835	732.9	721.6	2.40	9.5	1166.4	43.0
2018	14.89	32.3	-4.7	79.47	100	20	1131.7	1024	738.3	604.0	2.41	9.6	1250.6	48.3
2019	15.05	33.5	-4.0	81.71	100	21	1136.5	991	714.3	572.8	2.28	10.6	1256.4	54.9
Average	14.82			80.23			1087.7		741.2		2.43		1176.5	
Max	15.34			84.19			1203.8		831.9		2.52		1562.0	
Min	13.73			76.51			934.1		698.5		2.28		754.0	
Deviation	10.9%			9.6%			24.8%		18.0%		9.9%		68.7%	

续表

年份	T_{mean} /℃	T_{max} /℃	T_{min} /℃	RH_{mean} /%	RH_{max} /%	RH_{min} /%	GHI_{sum} /(kW·h/m²)	GHI_{max} /(W/m²)	GHD_{sum} /(kW·h/m²)	GHD_{max} /(W/m²)	WS_{mean} /(m/s)	WS_{max} /(m/s)	RN_{sum} /mm	RN_{max} /(mm/h)
昆明														
2010	16.85	30.0	0.4	64.99	99	10	1522.7	988	814.2	663.8	3.07	15.0	951.2	36.3
2011	15.69	30.4	−0.9	69.95	100	12	1583.9	1037	800.2	690.2	2.80	13.6	697.8	31.3
2012	16.58	30.5	−2.3	65.69	100	13	1656.1	1040	780.0	724.6	2.94	13.3	835.5	64.4
2013	16.26	30.8	−3.5	66.38	99	9	1626.6	1041	768.1	652.4	2.60	13.5	833.0	28.8
2014	16.61	32.5	−1.6	64.34	100	10	1683.4	1041	792.9	693.1	2.67	12.5	1091.9	43.3
2015	16.43	30.6	−1.9	68.98	100	11	1640.5	1038	790.7	709.7	2.41	13.0	1186.6	40.6
2016	15.97	30.3	−4.5	72.18	100	10	1644.6	1041	773.6	679.2	2.37	13.7	1143.8	39.4
2017	15.92	29.6	−3.5	71.61	98	13	1549.8	1041	767.6	672.0	2.23	13.1	1186.4	31.5
2018	15.92	29.1	−1.7	70.33	100	13	1594.3	1038	802.0	715.7	2.22	17.4	1084.8	51.7
2019	16.95	31.6	−2.6	65.20	100	10	1718.3	1041	789.2	705.9	2.31	13.9	839.7	37.1
Average	16.32			67.96			1622.0		787.8		2.56		985.1	
Max	16.95			72.18			1718.3		814.2		3.07		1186.6	
Min	15.69			64.34			1522.7		767.6		2.22		697.8	
Deviation	7.7%			11.5%			12.1%		5.9%		33.2%		49.6%	

注：偏幅 Deviation＝（最大值 Max－最小值 Min）/平均值 Average×100%。

附表 3.2　本研究竹材以外材料的物理性质参数(组 1)

项目	符号	单位	LB		SB-m		PE	Air
干燥表观密度	ρ_d	kg/m³	1900		1900		130	1.3
孔隙率	Φ	%	24		24		0.1	99.9
平衡含水率	w	kg/m³	RH/%:		RH/%:		—	—
			0	0	0	0		
			50	17	10	0.55		
			65	18	20	1.23		
			80	25	30	2.11		
			90	40	40	3.26		
			93	52.3	50	4.84		
			95	128	55	5.89		
			99	213	60	7.17		
			99.5	218	65	8.8		
			99.9	225	70	10.93		
			100	250	75	13.83		
					80	18		
					85	24.53		
					90	36.21		
					91	39.75		
					92	43.94		
					93	49.01		
					94	55.24		
					95	63.09		
					96	73.29		
					97	87.07		
					98	106.74		
					99	137.08		
					100	190		

续表

项目	符号	单位	LB		SB-m		PE	Air
液态水传输系数,吸收	DWS	m²/s	w/(kg/m³)		w/(kg/m³)		0	0
			0	0	0	0		
			37	2.00×10^{-10}	10	1.5×10^{-10}		
			62	3.00×10^{-9}	190	1.7×10^{-6}		
			100	7.00×10^{-9}				
			150	1.00×10^{-8}				
			200	3.00×10^{-8}				
			225	6.00×10^{-8}				
			238	8.00×10^{-8}				
			250	1.20×10^{-7}				
液态水传输系数,重分布	DWW	m²/s	w/(kg/m³)		w/(kg/m³)		0	0
			0	0	0	0		
			37	2.00×10^{-10}	10	1.5×10^{-10}		
			62	3.00×10^{-10}	190	1.7×10^{-8}		
			100	8.00×10^{-10}				
			150	1.50×10^{-9}				
			200	4.00×10^{-9}				
			225	8.00×10^{-9}				
			238	9.00×10^{-9}				
			250	1.00×10^{-8}				
蒸汽渗透阻力因子	μ	—	RH/%		RH/%		50000	0.38
			0	28	0	10		
			100	28	100	10		
比热容	c	J/(kg·K)	850		850		2300	1000
导热系数	λ_d	W/(m·K)	w/(kg/m³)		w/(kg/m³)		2.3	0.23
			0	1	0	0.6		
			290	2.22	240	1.74		

附表 3.3　本研究竹材以外材料的物理性质参数(组 2)

项目	符号	单位	Oak	OSB	Spruce
干燥表观密度	ρ_d	kg/m³	720	650	450
孔隙率	Φ	%	47	90	73

平衡含水率　w　kg/m³

Oak		OSB		Spruce	
RH/%	w	RH/%	w	RH/%	w
0	0	0	0	0	0
50	52	10	51	20	30
80	98	30	61	50	45
90	143	50	71	65	57
97	190	70	84	80	80
100	370	80	95	90	100
		90	115	96	125
		93	126	99	330
		95	137	99.6	350
		99	200	99.9	390
		99.5	232	99.96	430
		99.9	316	99.99	510
		99.95	356	100	600
		99.99	450		
		100	814		

液态水传输系数,吸收　DWS　m²/s

Oak		OSB		Spruce	
w/(kg/m³)	DWS	w/(kg/m³)	DWS	w/(kg/m³)	DWS
0	0	0	0	0	0
98	4.43×10^{-13}	95	3.00×10^{-12}	20	3.20×10^{-13}
370	7.11×10^{-11}	814	4.00×10^{-12}	600	9.20×10^{-12}

续表

项目	符号	单位	Oak		OSB		Spruce	
液态水传输系数、重分布	DWW	m^2/s	$w/(kg/m^3)$		$w/(kg/m^3)$		$w/(kg/m^3)$	
			0	0	0	0	0	0
			98	4.43×10^{-13}	74	1.10×10^{-11}	20	3.20×10^{-13}
			370	7.11×10^{-12}	85	1.50×10^{-11}	600	9.20×10^{-12}
					814	3.00×10^{-10}		
蒸汽渗透阻力因子	μ	—	RH/%		RH/%		RH/%	
			0	200	0	50	0	50
			25	180	100	30	100	20
			50	65				
			60	45				
			70	30				
			80	17				
			86	13				
			90	10				
			100	10				
比热容	c	$J/(kg \cdot K)$	1800		1400		1600	
导热系数	λ_d	$W/(m \cdot K)$	$w/(kg/m^3)$		$w/(kg/m^3)$		$w/(kg/m^3)$	
			0	0.16	0	0.13	0	0.13
			470	0.30	900	0.40	730	0.40

附录 4　其他气象年模型组模拟结果

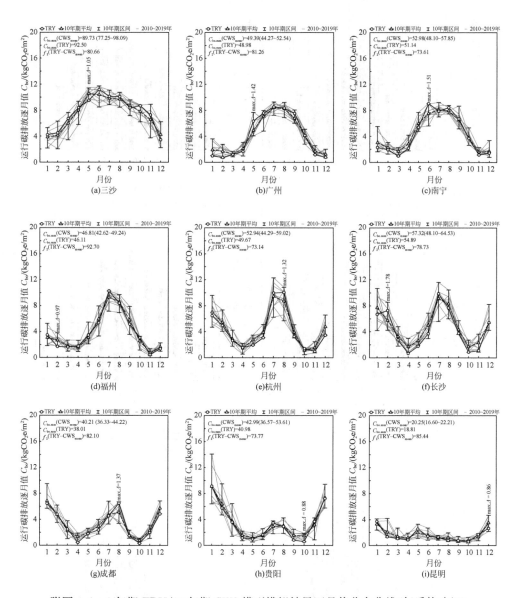

附图 4.1　1年期 TRY/10 年期 CWS 模型模拟结果逐月值分布曲线(轻质构造组)

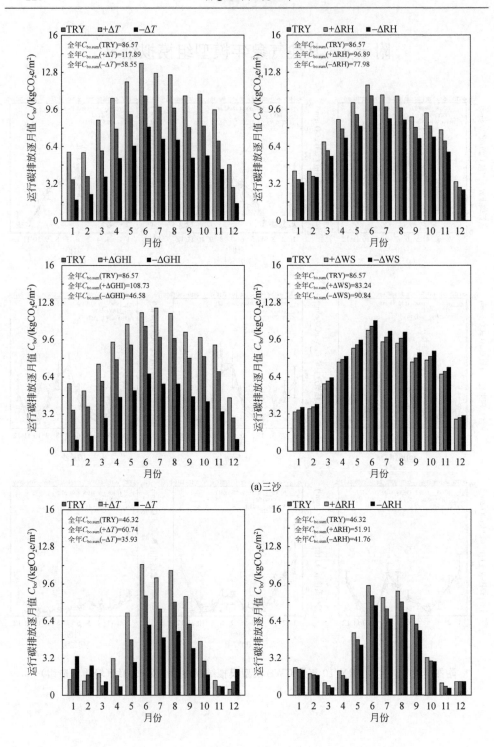

(a)三沙

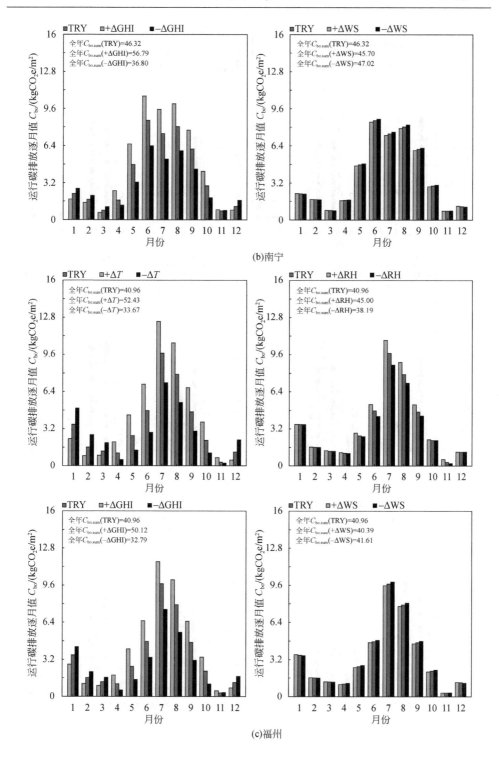

(b)南宁

(c)福州

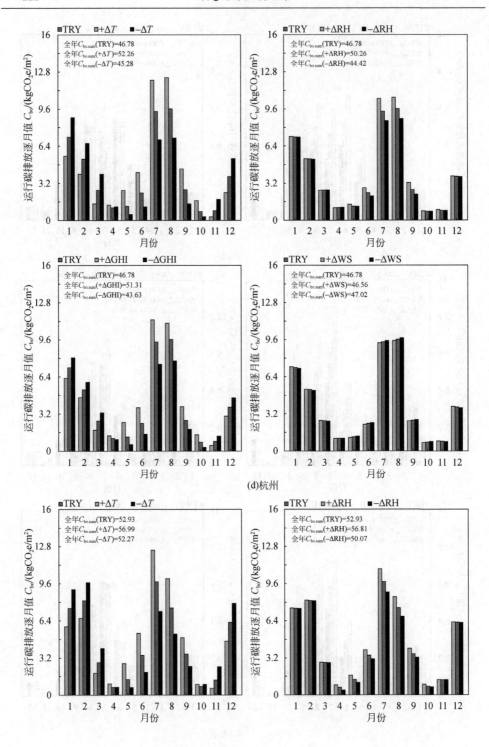

(d)杭州

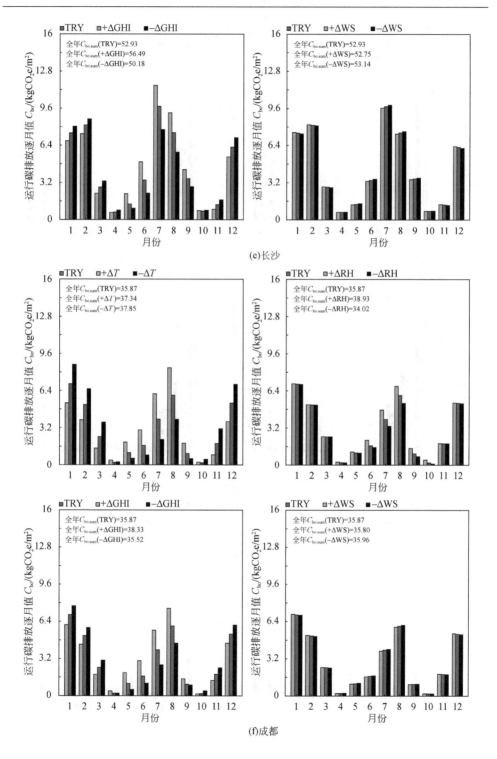

(e)长沙

(f)成都

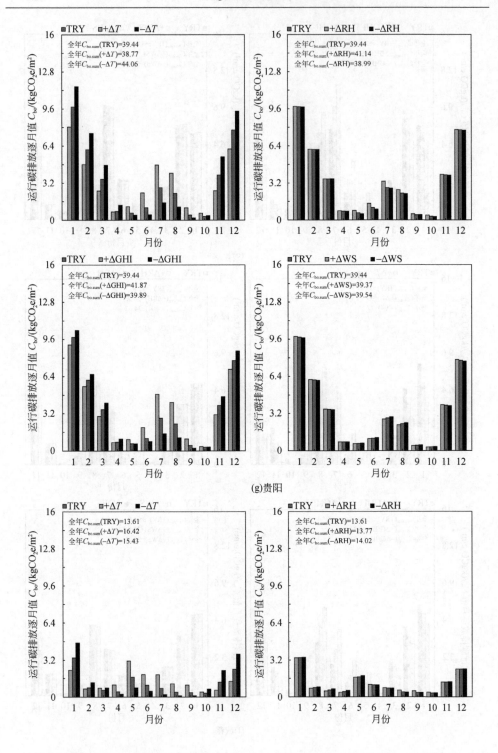

(g)贵阳

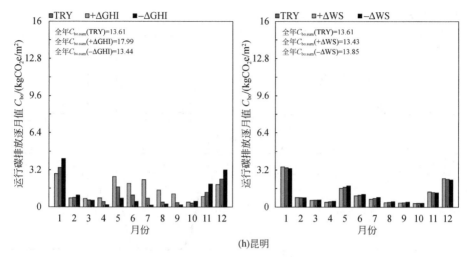

(h)昆明

附图 4.2　TRY 与对比气象年模型组运行碳排放模拟结果(三沙、南宁、
福州、杭州、长沙、成都、贵阳、昆明,重质＋轻质构造组)

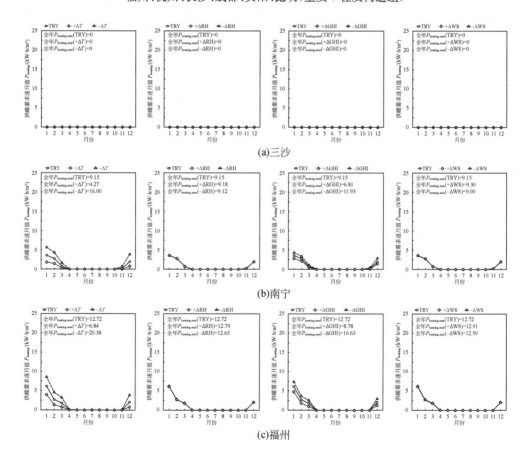

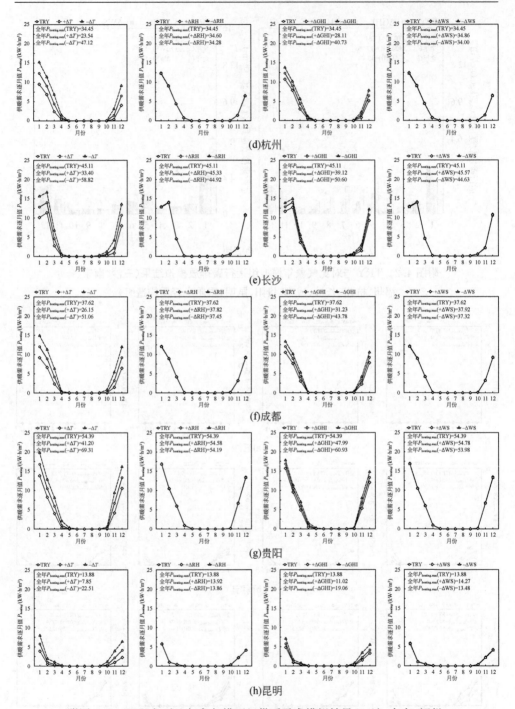

附图 4.3　TRY 与对比气象年模型组供暖需求模拟结果(三沙、南宁、福州、
杭州、长沙、成都、贵阳、昆明,重质+轻质构造组)

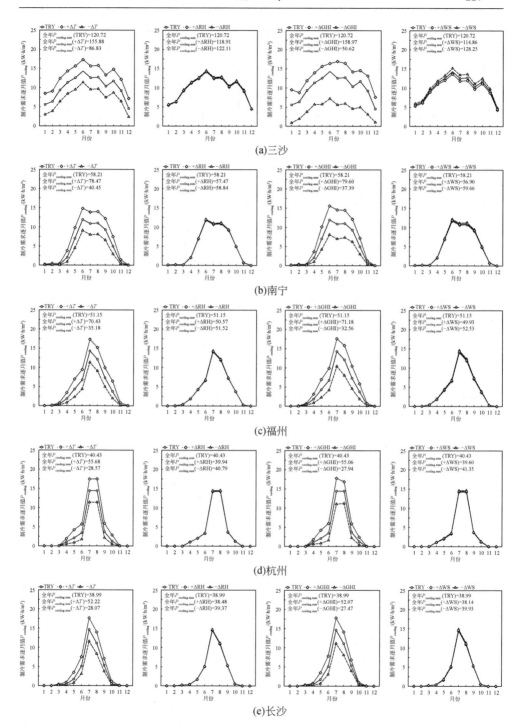

(a)三沙

(b)南宁

(c)福州

(d)杭州

(e)长沙

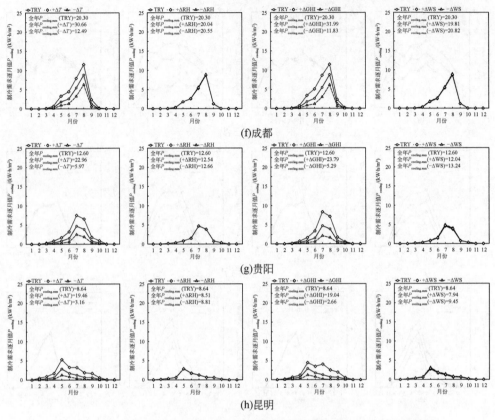

附图 4.4　TRY 与对比气象年模型组制冷需求模拟结果(三沙、南宁、福州、杭州、长沙、成都、贵阳、昆明,重质+轻质构造组)

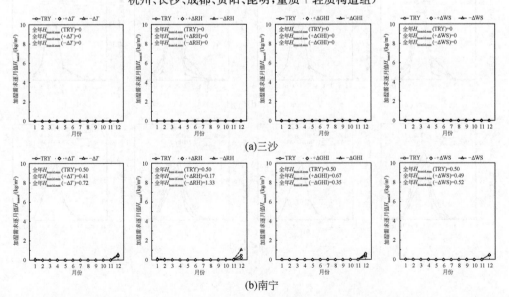

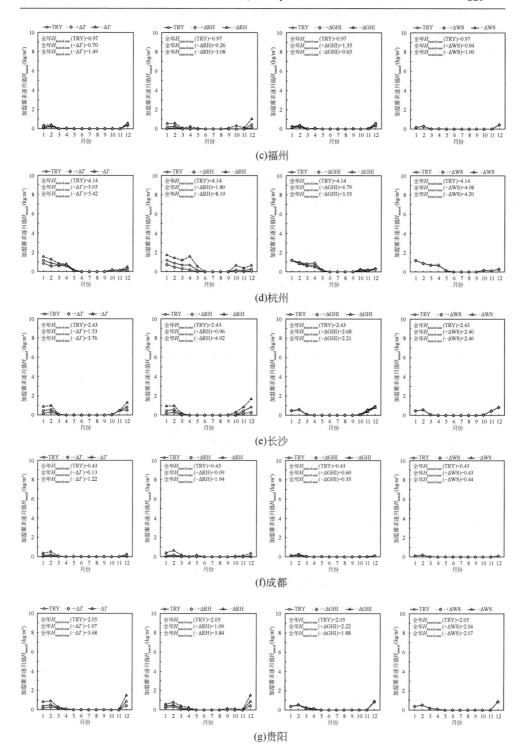

(c)福州

(d)杭州

(e)长沙

(f)成都

(g)贵阳

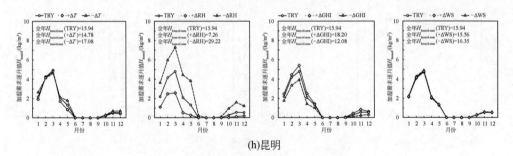

(h)昆明

附图 4.5　TRY 与对比气象年模型组加湿需求模拟结果（三沙、南宁、福州、
杭州、长沙、成都、贵阳、昆明，重质＋轻质构造组）

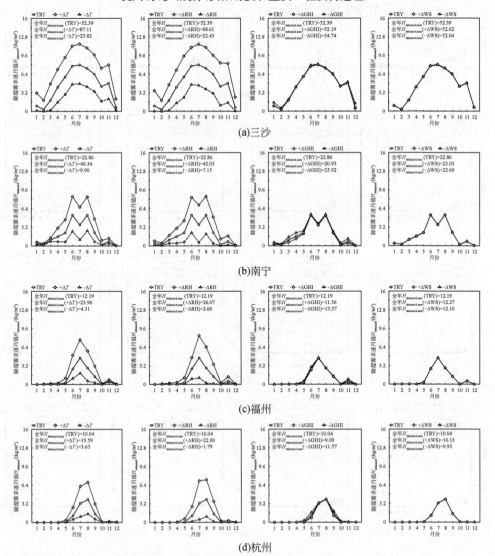

(a)三沙

(b)南宁

(c)福州

(d)杭州

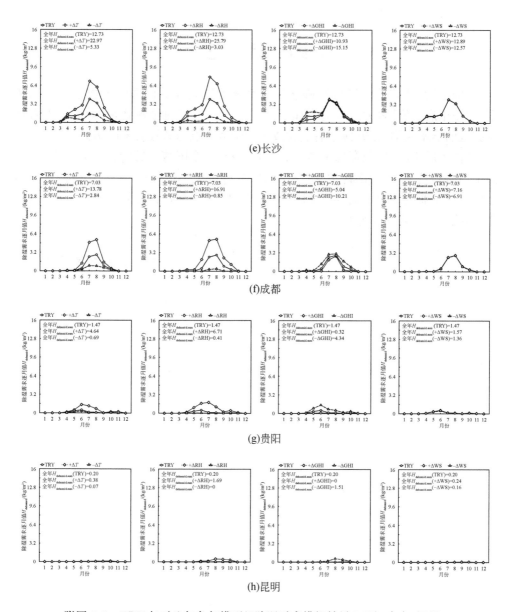

附图 4.6　TRY 与对比气象年模型组除湿需求模拟结果(三沙、南宁、福州、
杭州、长沙、成都、贵阳、昆明,重质＋轻质构造组)

编 后 记

"博士后文库"是汇集自然科学领域博士后研究人员优秀学术成果的系列丛书。"博士后文库"致力于打造专属于博士后学术创新的旗舰品牌,营造博士后百花齐放的学术氛围,提升博士后优秀成果的学术影响力和社会影响力。

"博士后文库"出版资助工作开展以来,得到了全国博士后管委会办公室、中国博士后科学基金会、中国科学院、科学出版社等有关单位领导的大力支持,众多热心博士后事业的专家学者给予积极的建议,工作人员做了大量艰苦细致的工作。在此,我们一并表示感谢!

"博士后文库"编委会